大学数学教学与改革丛书

概率论与数理统计
（第二版）

冯建中　杨先山　主编

科学出版社
北　京

内 容 简 介

本书介绍概率论与数理统计的基本概念、基本理论和方法，并结合 MATLAB 数学软件解决一些简单的概率统计问题. 内容包括概率论的基本概念、随机变量与多维随机变量及其分布、随机变量的数字特征、大数定律及中心极限定理、样本及抽样分布、参数估计、假设检验、方差分析与回归分析、数学软件与应用实例等. 每章均配有习题，书后附有习题答案，供学生练习参考之用.

本书可作为高等学校非数学类专业本科生、专科生的教材，也可供大学教师及相关技术人员参考使用.

图书在版编目（CIP）数据

概率论与数理统计/冯建中，杨先山主编. —2 版. —北京：科学出版社，2022.1
（大学数学教学与改革丛书）
ISBN 978-7-03-071363-6

Ⅰ.① 概…　Ⅱ.① 冯…　②杨…　Ⅲ.① 概率论-高等数学-教材　②数理统计-高等数学-教材　Ⅳ.① O21

中国版本图书馆 CIP 数据核字（2022）第 006853 号

责任编辑：王　晶/责任校对：高　嵘
责任印制：彭　超/封面设计：无极书装

科学出版社 出版
北京东黄城根北街 16 号
邮政编码：100717
http://www.sciencep.com
武汉市首壹印务有限公司印刷
科学出版社发行　各地新华书店经销
*
开本：787×1092　1/16
2022 年 1 月第　二　版　印张：15 1/2
2023 年 12 月第四次印刷　字数：395 000
定价：**59.00 元**
（如有印装质量问题，我社负责调换）

F 前 言
FOREWORD

  概率论与数理统计是高等学校理工类和经管类各专业学生必修的一门重要的学科基础课程，也是应用性很强的一门学科. 鉴于教材改革是教学改革的重要内容之一，我们参照全国高等学校公共数学教学指导委员会《概率论与数理统计课程教学基本要求（修订稿）》，集多年教学经验，编写本书.

  本书在选材和叙述上尽量联系工科专业的实际，注重概率论与数理统计思想的介绍，力图将概念写得清晰易懂，便于教学. 例题和习题的配置注重贴近实际，尽量做到具有启发性和应用性.

  考虑到大学理论课程学时不断压缩的实际，全书以概率论与数理统计的基本概念和基本思想方法为核心，略去一些较难和叙述较烦琐的证明，突出重点，简明扼要.

  本课程课内教学需 50～60 学时，教师可根据需要酌情选用标注"*"的章节.

  本书共 10 章，分三个部分. 第 1～5 章为概率论部分，作为基础知识；第 6～9 章主要讲述样本及抽样分布、参数估计和假设检验，并对方差分析和回归分析作简要介绍；第 10 章为数学软件部分，介绍 MATLAB 软件及其在概率论与数理统计中的应用，可用于计算机辅助教学，读者可根据需要选用. 本书可作为高等学校非数学类专业本科生、专科生的教材，也可供大学教师及相关技术人员参考使用.

  本书由冯建中、杨先山任主编，李正耀、周德强任副主编. 第 1、6、10 章由周德强编写，第 2、3 章由杨先山编写，第 4、5 章由冯建中编写，第 7、8、9 章由李正耀编写. 在编写工作中，陈忠教授、何先平教授认真审阅了全书，吕一兵教授、张涛教授参与提纲和编写方案的讨论，成庭荣、潘大勇、熊骏、李克娥、李向军、曹静、熊凯俊、曹小玲等参与习题、习题答案及资料收集整理工作，并提出许多宝贵意见. 在此一并深表谢意！

  由于编者水平有限，书中不妥之处难免，恳请专家、同行、读者批评指正.

编 者

2021 年 10 月

C目 录
ONTENTS

第 1 章 概率论的基本概念

1.1 引 言

在自然界和人类社会生活中, 经常会接触到两类现象, 先从实例来分析这两类现象.

例 1.1.1 水在一个标准大气压下加热到 100 ℃会沸腾.

例 1.1.2 函数在间断点处不存在导数.

例 1.1.3 同性电荷必然互斥.

例 1.1.4 在一个标准大气压下 20 ℃的水会结冰.

例 1.1.1～例 1.1.3 说明是在一定条件下必然发生的现象, 而例 1.1.4 表述的是一定条件下不可能发生的现象, 这些现象都具有确定性.

把在一定条件下必然发生或必然不发生的现象, 称为**确定性现象**或**必然现象**.这类现象的特征是: 条件完全决定结果.与此同时, 在自然界和人类社会生活当中, 人们还发现发生不同结果的另一类现象.

例 1.1.5 在相同条件下掷一枚均匀的硬币, 落地后可能正面(指币值面)朝上, 也可能反面朝上.

例 1.1.6 用同一门炮向同一目标发射同一类型炮弹多发, 弹着点会各不相同.

例 1.1.7 过马路交叉口时, 可能遇上各种颜色的交通指挥灯.

例 1.1.8 在合格率为 99%的产品中任取一件产品, 可能抽到正品, 也可能抽到次品.

例 1.1.5～例 1.1.8 描述的现象具有共性: 发生的结果预先可以知道但事前又不能完全确定.把在一定条件下可能发生也可能不发生的现象称为**随机现象**.这类现象的特征: 条件不能完全决定结果.人们经过长期实践并深入研究后发现, 随机现象在个别试验中其结果呈现出不确定性, 但在大量重复试验中其结果又呈现出固有的规律性, 这就是**统计规律性**.

思考题 1.1.1 下面哪些是随机现象?

(A) 太阳从东方升起   (B) 明天的最低温度

(C) 新生婴儿的身高   (D) 上抛物体一定下落

概率论与数理统计是研究和揭示随机现象统计规律性的一门学科, 是一个重要的数学分支.概率论与数理统计在金融工程、经济规划和管理、产品质量控制、经营管理、医药卫生、交通工程、人文科学和社会科学等领域有着广泛应用.概率论与数理统计的思想和方法在科学和工程技术的众多领域中取得了令人瞩目的成就, 对某些新学科的产生和发展起到重要的作用, 现已出现了随机信号处理、生物统计、统计物理等边缘学科.同时, 概率论与数理统计也是信息论、人工智能、模式识别、控制论、可靠性理论、风险分析与决策等学科的基础.

人们是通过研究**随机试验**来研究随机现象的.这里试验的含义十分广泛, 它包括各种各样的科学实验, 也包括对事物某一特征的观察.下面列举一些试验的例子.

E_1: 将一枚硬币连续抛两次, 观察正面(H)、反面(T)出现的情况;

E_2: 抛掷一颗骰子, 观察出现的点数;

E_3: 观察某一时间段通过某一路口的车辆数;

E_4: 观察某一电子元件(如灯泡)的寿命;

E_5: 观察某城市居民(单位: 户)烟、酒的年支出费用(单位: 元).

上述试验具有以下特点.

(1) 可以在相同的条件下重复进行;

(2) 每次试验的可能结果不止一个, 并且能事先明确试验的所有可能结果;

(3) 进行一次试验之前不能确定哪一个结果会出现.

将满足上述三个条件的试验称为**随机试验**.记为 E. 注意, 本书中以后提到的试验都是指随机试验.

1.2 样本空间、随机事件

1.2.1 样本空间

对于随机试验, 尽管在进行一次试验之前不能确定哪一个结果会出现, 但试验的所有可能结果组成的集合是已知的.将随机试验 E 的所有可能结果组成的集合称为 E 的**样本空间**, 记为 S.样本空间的元素, 即 E 的每个结果, 称为**样本点**(也称为**基本事件**).

下面写出 1.1 节中试验 E_k $(k=1,2,\cdots,5)$ 的样本空间 S_k.

E_1: $S_1 = \{HH, HT, TH, TT\}$;

E_2: $S_2 = \{1,2,3,4,5,6\}$;

E_3: $S_3 = \{0,1,2,3,\cdots\}$;

E_4: $S_4 = \{t \mid t \geq 0\}$; (样本点是一非负数, 由于不能确知寿命的上界, 所以可以认为任一非负实数都是一个可能结果.)

E_5: $S_5 = \{(x,y) \mid M_0 \leq x, y \leq M_1\}$. (烟、酒的年支出, 结果可以用 (x,y) 表示, x,y 分别是烟、酒年支出的费用.因此, 样本空间由坐标平面第一象限内一定区域内一切点构成.也可以按某种标准把年支出分为高、中、低三档.这时, 样本点有(高, 高), (高, 中), $\cdots$, (低, 低)等 9 种情况, 样本空间就由这 9 个样本点构成.)

试验 E_5 说明, 样本空间的元素是由**试验的目的**所确定的, 试验的目的不一样, 其样本空间也不一样.样本空间可分为下面两种类型.

(1) 有限样本空间: 样本空间中的样本点数是有限的, 如 S_1, S_2, S_5.

(2) 无限样本空间: 样本空间中的样本点数是无限的, 如 S_3, S_4.

1.2.2 随机事件

在实际进行的随机试验中, 人们常常关心满足某种条件的那些样本点组成的集合.例如, 若规定某种灯泡的寿命(单位: h)小于 500 为次品, 则 E_4 中关心灯泡的寿命是否有 $t \geq 500$.满足这一条件的样本点组成 S_4 的一个子集: $A = \{t \mid t \geq 500\}$.称 A 为试验 E_4 的一个随机事件.显然, 当且仅当子集 A 中的一个样本点出现时, 有 $t \geq 500$, 即随机事件 A 发生.

一般, 称试验 E 的样本空间 S 的子集为 E 的**随机事件**, 简称**事件**, 记为 $A, B, C, \cdots$. 由此可见, 随机事件是由一个或多个样本点组成的样本空间的子集, 在一次随机试验中, 可能出现也可能不出现. 在每次试验中, 当且仅当这一子集中的一个样本点出现时, 称这一事件发生.

随机事件可以分为以下几种类型.

(1) **基本事件** 只含一个样本点的随机事件为基本事件. 例如, 试验 E_2 中, "出现 1 点", "出现 2 点", ……, "出现 6 点", 都是基本事件.

(2) **复合事件** 由两个或两个以上的样本点组成的事件为复合事件. 例如, 试验 E_2 中, "点数小于 5" "点数为偶数" 都是复合事件.

(3) **必然事件** 样本空间 S 是由全体样本点组成的事件. 它作为样本空间自身的子集, 在每次试验中必然发生的, 称为必然事件. 例如, 试验 E_2 中 "点数小于 7" 就是必然事件.

(4) **不可能事件** $\varnothing$ 不包含任何样本点, 它作为样本空间的子集, 在每次试验中是绝不会发生的, 称为不可能事件.

例 1.2.1 在抛掷骰子试验中, 观察掷出的点数.

(1) "掷出点数小于 7" 是必然事件;

(2) "掷出点数 8" 是不可能事件;

(3) 事件 $A_i = \{$掷出 i 点$\}$ $(i = 1, 2, \cdots, 6)$ 是**基本事件**;

(4) 事件 $B = \{$掷出奇数点$\}$; 事件 $C = \{2, 4, 6\}$ 表示 "出现偶数点"; 事件 $D = \{1, 2, 3, 4\}$ 表示 "出现的点数不超过 4", 均是**复合事件**.

上述事件显然都是样本空间的**子集**. 下面可借助**集合**研究事件间的关系.

1.2.3 事件间的关系与事件的运算

事件是一个集合, 自然可以用集合论中有关集合的关系和运算来刻画事件间的关系和运算.

设试验 E 的样本空间为 S, 而 A, B, A_i $(i = 1, 2, \cdots)$ 是 S 的子集.

1. 事件的包含和相等

若事件 A 发生必然导致事件 B 发生, 则称事件 B 包含事件 A 或称事件 A 包含于事件 B, 并记作 $B \supset A$ 或 $A \subset B$.

若 $A \subset B$ 且同时 $B \subset A$, 则称事件 A 与事件 B 相等(等价), 记为 $A = B$.

2. 事件的和(并)

事件 $A \cup B = \{x \mid x \in A \text{ 或 } x \in B\}$ 称为事件 A 与事件 B 的和事件(或并事件). 当且仅当事件 A, B 中至少一个发生时, 事件 $A \cup B$ 发生.

推广 $A_1 \cup A_2 \cup \cdots \cup A_n = \bigcup\limits_{i=1}^{n} A_i$ 称为事件 $A_1, A_2, \cdots, A_n$ 的和事件. 更一般地, 可列个事件 $A_1, A_2, \cdots, A_n, \cdots$ 的和事件, 记为 $\bigcup\limits_{i=1}^{\infty} A_i$.

3. 事件的积(交)

事件 $A \cap B = AB = \{x \mid x \in A$ 且 $x \in B\}$ 称为事件 A 与事件 B 的积事件(或交事件). 当且仅当事件 A，B 同时发生时，事件 $A \cap B$ 发生.

推广 $A_1 \cap A_2 \cap \cdots \cap A_n = \bigcap\limits_{i=1}^{n} A_i$ 称为事件 $A_1, A_2, \cdots, A_n$ 的积事件；更一般地，可列个事件 $A_1, A_2, \cdots, A_n, \cdots$ 的积事件，记为 $\bigcap\limits_{i=1}^{\infty} A_i$.

思考题 1.2.1   考察这些事件间有何包含关系：AB，A，B，$A \cup B$.

4. 两事件的差

事件 $A - B = \{x \mid x \in A$ 且 $x \notin B\}$ 称为事件 A 与事件 B 的差事件. 当且仅当事件 A 发生，事件 B 不发生时，事件 $A - B$ 发生.

5. 互不相容(互斥)事件

若 $A \cap B = \varnothing$ (即 A, B 两事件不可能同时发生)，则称事件 A，B 是互不相容(或互斥)的事件. 由互不相容的定义可知，基本事件是两两互不相容的.

6. 互逆事件(互相对立事件)

若 $A \cap B = \varnothing$ 且 $A \cup B = S$，则称事件 A 与 B 互为**逆事件**或互为**对立事件**.

A 的对立事件记作 $\overline{A} = S - A$，称 $\overline{A}$ 为 A 的逆事件或 A 的对立事件，显然 A 也是 $\overline{A}$ 的对立事件，即 A 与 $\overline{A}$ 互为对立事件 $\Leftrightarrow A \cap \overline{A} = \varnothing$，$A \cup \overline{A} = S$，此外，$\overline{\overline{A}} = A$.

思考题 1.2.2 $A - B = A - AB = A\overline{B}$ 成立吗？

思考题 1.2.3   互不相容与互为对立事件有何区别？

事件间的关系与事件的运算可用图 1.2.1 表示，这种图称为维恩图. 其中长方形表示样本空间 S，圆 A、圆 B 表示事件 A 与事件 B.

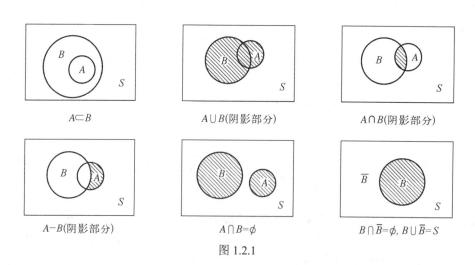

图 1.2.1

7. 事件运算的主要性质

(1) 交换律: $A \cup B = B \cup A$, $A \cap B = B \cap A$;

(2) 结合律: $(A \cup B) \cup C = A \cup (B \cup C)$, $(A \cap B) \cap C = A \cap (B \cap C)$;

(3) 分配律: $(A \cup B) \cap C = (A \cap C) \cup (B \cap C)$, $(A \cap B) \cup C = (A \cup C) \cap (B \cup C)$;

(4) 德·摩根律(对偶律): $\overline{\bigcup_{i=1}^{n} A_i} = \bigcap_{i=1}^{n} \overline{A_i}$, $\overline{\bigcap_{i=1}^{n} A_i} = \bigcup_{i=1}^{n} \overline{A_i}$.

对于一个具体事件, 要学会用数学符号表示; 反之, 对于用数学符号表示的事件, 要清楚其具体含义是什么, 也就是说, 要正确无误地"互译"出来, 方法可以有多种.

例 1.2.2 从一批产品中任取两件, 观察合格品的情况. 记 $A = \{$两件产品都是合格品$\}$, $B_i = \{$取出的第 i 件是合格品$\}$ $(i=1, 2)$, 则 $\overline{A} = \{$两件产品中至少有一个是不合格品$\}$; 用 B_i $(i=1, 2)$ 表示 A 和 $\overline{A}$, 分别为 $A = B_1 B_2$; $\overline{A} = \overline{B_1 B_2} = \overline{B_1} \cup \overline{B_2}$.

例 1.2.3 在 S_4 中记事件 $A = \{t | t < 1000\}$ 表示"产品是次品", 事件 $B = \{t | t \geq 1000\}$ 表示"产品是合格品", 事件 $C = \{t | t \geq 1500\}$ 表示"产品是一级品", 则 A 与 B 是互为对立事件; A 与 C 是互不相容事件; $B - C$ 表示"产品是合格品但不是一级品"; BC 表示"产品是一级品"; $B \cup C$ 表示"产品是合格品".

1.3 频率与概率

随机现象中事件发生的可能性大小是客观存在的, 人们常常希望知道某些事件在一次试验中发生的可能性究竟有多大, 即希望用合适的数量指标对这种可能性大小进行度量. 例如, 常说"这事儿有百分之百把握""那事儿有七成把握"等都是用 0 到 1 之间的一个实数来表示事件发生的可能性大小. 为此, 首先引入描述事件发生频繁程度的数——频率, 进而引出表征事件在一次试验中发生可能性大小的实数——概率.

1. 频率的定义和性质

定义 1.3.1 在相同的条件下, 进行了 n 次试验, 在这 n 次试验中, 事件 A 发生的次数 n_A 称为事件 A 发生的**频数**. 比值 $\dfrac{n_A}{n}$ 称为事件 A 发生的**频率**, 并记为 $f_n(A)$.

由频率定义, 易知频率具有以下性质:

(1) 非负性 $0 \leq f_n(A) \leq 1$;

(2) 规范性 $f_n(S) = 1$;

(3) 有限可加性 若 $A_1, A_2, \cdots, A_k$ 是两两互不相容的事件, 则

$$f_n(A_1 \cup A_2 \cup \cdots \cup A_k) = f_n(A_1) + f_n(A_2) + \cdots + f_n(A_k)$$

由频率的定义知道, 其大小表示事件在 n 次试验中发生的频繁程度. 频率大, 事件 A 发生就频繁, 这意味着事件 A 在一次试验中发生可能性就大. 反之亦然. 因此, 频率在一定程度上反映了事件发生的**可能性**大小, 但能否直接用频率表示事件在一次试验中发生的可能性大小? 先看下面的例子.

例 1.3.1 考虑抛掷硬币, 观察正面 H 出现次数的试验. 将一枚硬币抛掷 5 次、50 次、500 次, 各做 10 遍.得到数据见表 1.3.1(其中 n 表示试验次数, n_H 表示 H 发生的频数, $f_n(H)$ 表示 H 发生的频率).

表 1.3.1

实验序号	$n=5$		$n=50$		$n=500$	
	n_H	$f_n(H)$	n_H	$f_n(H)$	n_H	$f_n(H)$
1	2	0.4	22	0.44	251	0.502
2	3	0.6	25	0.50	249	0.498
3	1	0.2	21	0.42	256	0.512
4	5	1.0	25	0.50	253	0.506
5	1	0.2	24	0.48	251	0.502
6	2	0.4	21	0.42	246	0.492
7	4	0.8	18	0.36	244	0.488
8	2	0.4	24	0.48	258	0.516
9	3	0.6	27	0.54	262	0.524
10	3	0.6	31	0.62	247	0.494

在历史上有人做过这种试验, 得到数据见表 1.3.2.

表 1.3.2

试验者	n	n_H	$f_n(H)$
德·摩根	2 048	1 061	0.518 1
蒲丰	4 040	2 048	0.506 9
皮尔逊	12 000	6 019	0.506 1
皮尔逊	24 000	12 012	0.500 5
维尼	30 000	14 994	0.499 8

上述统计数据表明: 抛硬币次数 n 较小时, 频率 $f_n(H)$ 在 0 与 1 之间随机波动, 频率差异较大, 但随着试验次数 n 增大, 频率 $f_n(H)$ 虽然不是一个确定的数, 但是波动却减少, 并且呈现出稳定性, 稳定在 0.5 附近.

某事件出现的频率本身是不确定的, 但大量试验证实, 当重复试验次数逐渐增大时, 随机事件 A 发生的频率呈现出**稳定性**, 即当试验次数 n 很大时, 频率 $f_n(A)$ 在一个稳定的值 $p\ (0<p<1)$ 附近摆动, 尽管每进行一连串(n 次)试验, 所得到的频率可以各不相同, 但只要 n 相当大, 频率与某个稳定的值是会非常接近的, 这个性质称为**频率的稳定性**, 即通常所说的统计规律性.因此,重复试验大量次数, 计算出频率 $f_n(A)$, 用它来表征事件 A 发生可能性大小是合适的.

但是, 实际中, 不可能对每一件事件都做大量的试验, 因此, 直接用频率表征事件发生可能性的大小是不现实的.同时, 为了理论研究的需要, 结合频率的稳定性和自身的性质, 频率的稳定性表明, 某个稳定的值是客观存在的一个常数, 与所做的若干具体实验无关, 它反映了事件本身所蕴含的规律性, 反映了事件出现的可能性大小, 这个常数就是事件的概率, 即事件 A 的概率就是事件 A 发生的频率的稳定值. 因此, 用这个常数表征事件发生的可能性大小既具有现实意义又具有理论意义.

2. 概率的定义及性质

定义 1.3.2 设 E 是随机试验, S 是它的样本空间, 对于 E 的每一个事件 A 赋予一个实数, 记为 $P(A)$, 称为事件 A 的**概率**, 如果集合函数 $P(\cdot)$ 满足条件:

(1) 非负性 对于每一个事件 A 有 $P(A) \geqslant 0$;

(2) 规范性 对于必然事件 S 有 $P(S) = 1$;

(3) 可列可加性 设 $A_1, A_2, \cdots$ 是可列个两两互不相容的事件, 即对于

$$A_i A_j = \varnothing \quad (i \neq j; i, j = 1, 2, \cdots)$$

有可列可加性成立, 即

$$P(A_1 \bigcup A_2 \bigcup \cdots) = P(A_1) + P(A_2) + \cdots \tag{1.3.1}$$

由概率的定义知, 事件的概率值可以看成以事件为自变量的一个函数值, 它们在区间 $[0, 1]$. 由此, 可以推导出概率的若干性质.

性质 1.3.1 $P(\varnothing) = 0$.

证 由 P 的可列可加性及规范性, 有

$$1 = P(S) = P(S \bigcup \varnothing \bigcup \varnothing \bigcup \cdots) = P(S) + P(\varnothing) + P(\varnothing) + \cdots = 1 + P(\varnothing) + P(\varnothing) + \cdots$$

而 $P(\varnothing) + P(\varnothing) + \cdots = 0$, 注意 $P(\varnothing) \geqslant 0$, 故必有 $P(\varnothing) = 0$.

性质 1.3.2(有限可加性) 若 $A_1, A_2, \cdots, A_n$ 是两两互不相容的事件, 则

$$P(A_1 \bigcup A_2 \bigcup \cdots \bigcup A_n) = P(A_1) + P(A_2) + \cdots + P(A_n) \tag{1.3.2}$$

证 令 $A_{n+1} = A_{n+2} = \cdots = \varnothing$, 则有 $A_i A_j = \varnothing (i \neq j; i, j = 1, 2, \cdots)$, 由可列可加性得

$$P(A_1 \bigcup A_2 \bigcup \cdots \bigcup A_n) = P\left(\bigcup_{k=1}^{\infty} A_k\right) = \sum_{k=1}^{\infty} P(A_k) = \sum_{k=1}^{n} P(A_k) + 0 = P(A_1) + P(A_2) + \cdots + P(A_n)$$

性质 1.3.3(单调性) 若 $A \subset B$, 则有

$$P(B - A) = P(B) - P(A) \tag{1.3.3}$$
$$P(B) \geqslant P(A) \tag{1.3.4}$$

证 由 $A \subset B$ 知, $B = A \bigcup (B - A)$, 且 $A \bigcap (B - A) = \varnothing$, 由概率的可加性有

$$P(B) = P(A) + P(B - A)$$

从而 $P(B - A) = P(B) - P(A)$, 又由非负性有 $P(B - A) \geqslant 0$, 知 $P(B) \geqslant P(A)$.

思考题 1.3.1 证明 $P(B - A) = P(B) - P(AB)$.

性质 1.3.4 对任一事件 A, 有 $P(A) \leqslant 1$.

证 因为 $A \subset S$, 由性质 1.3.3 知, $P(A) \leqslant P(S) = 1$.

性质 1.3.5(逆事件的概率) 对任一事件 A 有 $P(\bar{A}) = 1 - P(A)$.

证 因为 $A \bigcup \bar{A} = S$, 且 $A\bar{A} = \varnothing$, $1 = P(S) = P(A \bigcup \bar{A}) = P(A) + P(\bar{A})$, 从而得证.

性质 1.3.5 在概率的计算上很有用, 如果正面计算事件 A 的概率不容易, 而计算其对立事

件的概率较易时,可以先计算对立事件的概率,再计算 $P(A)$.

例 1.3.2 将一颗骰子抛掷 4 次,求 $A=\{4$ 次抛掷中至少有一次出"6"点$\}$的概率.

解 因为将一颗骰子抛掷 4 次,共有 $6\times6\times6\times6=1\ 296$ 种等可能结果,而导致事件 $\overline{A}=\{4$ 次抛掷中都未出"6"点$\}$的结果有 $5\times5\times5\times5=625$ 种,所以 $P(\overline{A})=\dfrac{625}{1\ 296}=0.482$,可得 $P(A)=1-P(\overline{A})=0.518$.

例 1.3.3 设 $P(A)=\dfrac{1}{3}$, $P(B)=\dfrac{1}{2}$.若:

(1) 事件 A 与 B 互不相容,求 $P(A\overline{B})$;

(2) $A\subset B$,求 $P(A\overline{B})$;

(3) $P(AB)=\dfrac{1}{8}$,求 $P(A\overline{B})$.

解 因 $P(A)=P(AS)=P(A\bigcap(B\bigcup\overline{B}))=P(AB\bigcup A\overline{B})$,且 $AB\bigcap A\overline{B}=\varnothing$,故
$$P(A)=P(AB)+P(A\overline{B})$$

(1) 已知 $AB=\varnothing$,故 $P(A)=P(AB)+P(A\overline{B})=P(A\overline{B})=\dfrac{1}{3}$;

(2) 由 $A\subset B$,得 $P(A)=P(AB)+P(A\overline{B})=P(A)+P(A\overline{B})$,从而 $P(A\overline{B})=0$;

(3) 由 $P(AB)=\dfrac{1}{8}$,得 $P(A\overline{B})=P(A)-P(AB)=\dfrac{5}{24}$.

性质 1.3.6(加法公式) 对于任意两个事件 A, B 有
$$P(A\bigcup B)=P(A)+P(B)-P(AB) \tag{1.3.5}$$

证 因为 $A\bigcup B=A\bigcup(B-AB)$,且 $A\bigcap(B-AB)=\varnothing$,$AB\subset B$,所以由式(1.3.2)及式(1.3.3)得
$$P(A\bigcup B)=P(A)+P(B-AB)=P(A)+P(B)-P(AB)$$

加法公式还能推广到多个事件的情况.例如,设 A, B, C 为任意三个事件,则有
$$P(A\bigcup B\bigcup C)=P(A)+P(B)+P(C)-P(AB)-P(AC)-P(BC)+P(ABC) \tag{1.3.6}$$
一般,对于任意 n 个事件 $A_1,A_2,\cdots,A_n$,用归纳法可以证得
$$P\left(\bigcup_{i=1}^{n}A_i\right)=\sum_{i=1}^{n}P(A_i)-\sum_{1\leqslant i<j\leqslant n}P(A_iA_j)+\sum_{1\leqslant i<j<k\leqslant n}P(A_iA_jA_k)+\cdots+(-1)^{n-1}P(A_1A_2\cdots A_n) \tag{1.3.7}$$

1.4 等可能概型(古典概型)

在上一节的学习中,已经知道概率的定义,概率论的主要任务就是要计算随机事件的概率.通常可以根据随机试验的特点,将它们分成不同类型的概率模型加以研究.

从 1.1 节中例举的试验 E_1, E_2 中有两个共同特点:

(1) 样本空间的元素只有有限个;

(2) 每个基本事件发生的概率相同.

上述两个特点可简单概括为**有限等可能**.把这类试验称为**等可能概型**.它在概率论早期发展中曾是主要的研究类型,又把它称为**古典概型**.这是常碰到的也是最简单的一类随机现象的概率模型,具有直观性、容易理解的特点,有着广泛的应用.在计算概率的过程中常用到初

等数学中的排列组合知识.

下面讨论等可能概型中事件概率的一般计算公式.

设试验的样本空间为 $S=\{e_1,e_2,\cdots,e_n\}$，由古典概型的等可能性，得

$$P(\{e_1\})=P(\{e_2\})=\cdots=P(\{e_n\})$$

又因基本事件两两互不相容，故

$$1=P\{S\}=P\left(\bigcup_{i=1}^{n}\{e_i\}\right)=P(\{e_1\})+P(\{e_2\})+\cdots+P(\{e_n\})$$

从而 $P(\{e_i\})=\dfrac{1}{n}$ $(i=1,2,\cdots,n)$.

设事件 A 包含 k 个基本事件，即 $A=\{e_{i_1}\}\bigcup\{e_{i_2}\}\bigcup\cdots\bigcup\{e_{i_k}\}$ （这里 $i_1,i_2,\cdots,i_k$ 是 $1,2,\cdots,n$ 中某 k 个不同的数），则有

$$P(A)=\sum_{j=1}^{k}P(\{e_{i_j}\})=\frac{k}{n}=\frac{A\text{包含的基本事件数}}{S\text{中基本事件总数}} \tag{1.4.1}$$

例 1.4.1 袋中装有外形完全相同的 2 只白球和 2 只黑球，不放回依次从中取出两球．记 $A=\{$第一次摸的白球$\}$，$B=\{$第二次摸的白球$\}$，$C=\{$两次均摸的白球$\}$．求 A,B,C 的概率.

解 可用枚举法找出该试验的全体样本点.不妨对球编号，2 只白球编号为奇数 1，3，而 2 只黑球编号为偶数 2，4，数对 (i,j) 表示第一次摸到 i 号球、第二次摸到 j 号球这一结果，于是可将试验对应的样本空间所包含的样本点一一列出，样本空间 $S=\{(1,\ 2)(1,\ 3)(1,\ 4)(2,\ 1)(2,3)(2,4)(3,1)(3,2)(3,4)(4,1)(4,2)(4,3)\}$ 共有 12 个样本点.

因球的外形完全相同，故样本点的出现具有等可能性，这是一个古典概型，又事件

$$A=\{(1,2)(1,3)(1,4)\ (3,1)(3,2)(3,4)\}$$
$$B=\{(1,3)\ (2,1)(2,3)(3,1)(4,1)(4,3)\}$$
$$C=\{(1,3)\ (3,1)\}$$

据式(1.4.1)有

$$P(A)=\frac{6}{12}=\frac{1}{2},\quad P(B)=\frac{6}{12}=\frac{1}{2},\quad P(C)=\frac{2}{12}=\frac{1}{6}$$

由例 1.4.1 看出，用式(1.4.1)计算古典概率的关键，是要正确求出 n 和 k，然而并非每次计算 n 和 k 都像例 1.4.1 那样简单，许多时候是比较费神而富于技巧的，计算中经常要用到两条基本原理——**乘法原理和加法原理**，及由之而导出的**排列、组合**等公式.

例 1.4.2 一口袋装有 6 只球，其中 4 只白球，2 只红球.从袋中取球 2 次，每次随机取一只.分别采用放回抽样和不放回抽样(第一次取一只球，观察其颜色后放回袋中，搅匀后再取一球，这种取球方式为放回抽样；第一次取一只球不放回袋中，第二次从剩余的球中再取一球，这种取球方式为不放回抽样)，求两种取球方式下，下列事件的概率.

(1) 取到的两只球都是白球；(2) 取到的两只球颜色相同；(3) 取到的两只球中至少有一只是白球.

解 设 $A=\{$取到的两只球都是白球$\}$，$B=\{$取到的两只球都是红球$\}$，$C=\{$取到的两只球中至少有一只是白球$\}$.易知"取到的两只球颜色相同"这一事件为 $A\bigcup B$，而 $C=\bar{B}$.

① **放回抽样** 由乘法原理，样本空间总数为 $6\times 6=36$，A 包含的基本事件总数为 $4\times 4=16$；B 包含的基本事件总数为 $2\times 2=4$，于是

$$P(A) = \frac{4 \times 4}{6 \times 6} = \frac{4}{9}, \qquad P(B) = \frac{2 \times 2}{6 \times 6} = \frac{1}{9}$$

由于 $AB = \varnothing$，从而

$$P(A \cup B) = P(A) + P(B) = \frac{5}{9}, \qquad P(C) = P(\bar{B}) = 1 - P(B) = \frac{8}{9}$$

② **不放回抽样**　样本空间总数为 $6 \times 5 = 30$，A 包含的基本事件总数为 $4 \times 3 = 12$；B 包含的基本事件总数为 $2 \times 1 = 2$，于是

$$P(A) = \frac{4 \times 3}{6 \times 5} = \frac{2}{5}, \qquad P(B) = \frac{2 \times 1}{6 \times 5} = \frac{1}{15}$$

由于 $AB = \varnothing$，从而

$$P(A \cup B) = P(A) + P(B) = \frac{7}{15}, \qquad P(C) = P(\bar{B}) = 1 - P(B) = \frac{14}{15}$$

下面一个例子有典型意义，它还引出两类重要的概率分布规律.

例 1.4.3　一批产品共有 N 件，其中有 M 件次品 $(M < N)$，采用有放回和不放回两种抽样方式从中逐一抽 n 件产品，问正好抽到 k 件次品(记此事件为 A)的概率是多少？

解　① **有放回抽样**　不妨设想将 N 件产品进行编号，有放回抽 n 次，每次都是在 N 件产品中任意抽取，并且这 N 件产品都是等可能被抽取，因此样本空间的样本点个数为 N^n. 为求事件 A 包含的基本事件点数，先假定前 k 次都抽到次品，那么后 $n-k$ 次就只能抽到正品了，k 件次品的抽取应有 M^k 种等可能的情况，$n-k$ 件正品应有 $(N-M)^{n-k}$ 种等可能的情况，则符合事件 A 要求的样本点数应该为 $M^k(N-M)^{n-k}$. 因为要抽取 n 次，而 n 次抽取中究竟哪 k 次都抽到次品(另外 $n-k$ 次应该抽到正品)是没有限制的，所以事件 A 包含的基本事件点数是

$$C_n^k M^k (N-M)^{n-k}$$

故所求概率为

$$b_k = \frac{C_n^k M^k (N-M)^{n-k}}{N^n} \quad (k = 0, 1, 2, \cdots, n) \tag{1.4.2}$$

将式 (1.4.2) 改写为 $b_k = C_n^k \left(\dfrac{M}{N}\right)^k \left(1 - \dfrac{M}{N}\right)^{n-k}$，并令 $p = \dfrac{M}{N}$，$q = 1 - p = 1 - \dfrac{M}{N}$，则

$$b_k = C_n^k p^k q^{n-k} \quad (k = 0, 1, 2, \cdots, n) \tag{1.4.3}$$

容易看到，每一次抽取都是一个古典概型，p 实际是任意一次抽取中抽到次品的概率，q 是任意一次抽取中抽到正品的概率，因此式 (1.4.3) 的概率意义就十分明显了. 因为式 (1.4.3) 右边是 $(p+q)^n$ 二项展开式中含有 p^k 的项，所以这一类有放回抽取的概率模型称为**二项概型**，式 (1.4.3) 确定的数列 $\{b_k\}$ 称为**二项分布**.

② **不放回抽样**　从 N 件产品中取出 n 件的所有不同取法对应组合数 C_N^n. 每一种取法为一基本事件，且对称性知每个基本事件发生的可能性相同. 因此，由乘法原理知事件 A 包含的样本点数为 $C_M^k \, C_{N-M}^{n-k}$，故所求的概率为

$$h_k = \frac{C_M^k C_{N-M}^{n-k}}{C_N^n} \quad (k = 0, 1, 2, \cdots, n) \tag{1.4.4}$$

此外还应有 $k \leqslant M$, $n-k \leqslant N-M$. 由式 (1.4.4) 确定的这一类概率称为**超几何概型**.

由例 1.4.3 看出，抽样方法不同，计算出的概率也是不同的，尤其是产品总数 N 不大时，

b_k 和 h_k 的差别更是显而易见的. 但当产品总数 N 较大而抽取的产品数 n 相对较小时, b_k 和 h_k 的差别可以忽略. 人们在实践中正是利用这一点, 把抽取对象较大的不放回抽样当作有放回抽样来处理, 这样用二项分布式 (1.4.3) 计算概率比用**超几何分布**式 (1.4.4) 简便得多, 可少计算两个组合数, 并且有专门编制的二项分布表可查. 在工厂企业及社会经济问题调查中进行的抽样几乎都是这种情况.

例 1.4.4 袋中有 a 只白球, b 只黑球. 从中将球取出依次排成一列, 求第 k 次取出的球是黑球的概率.

解 设 $A=\{$第 k 次取出的球是黑球$\}$. 从 $a+b$ 只球中将球取出依次排成一列共有 $(a+b)!$ 种不同的排法. 第 k 次可从 b 只黑球中任意取出一只, 有 b 种取法, 而对于这每一种取法, 前 $k-1$ 次将剩余的 $a+b-1$ 个球排成一列共有 $(a+b-1)!$ 种不同的排法, 由乘法原理, 可得所求概率为

$$P(A) = \frac{b \cdot (a+b-1)!}{(a+b)!} = \frac{b}{a+b}$$

可见第 k 次摸到黑球的概率与 k 并无关系, 这一有趣的结果具有现实意义. 例如, 日常生活中人们常爱用"抽签"的办法解决难于确定的问题, 本题结果可知, 抽中的概率与"抽签"的先后次序无关.

例 1.4.5 将 n 只球随机地放入 $N\,(N \geqslant n)$ 个盒子中去, 求每个盒子至多有一只球的概率 (设盒子的容量不限).

解 将 n 只球放入 N 个盒子中去, 每一种方法是一个基本事件, 这是古典概型. 因每一只球都可以放入 N 个盒子中的任一个中, 故共有 $N \cdot N \cdots\cdots N = N^n$ 种不同的放法, 而每个盒子中至多放一只球, 共有

$$N \cdot (N-1) \cdots\cdots [N-(n-1)] = P_N^n$$

种不同的放法, 故所求概率为

$$p = \frac{N \cdot (N-1) \cdots\cdots [N-(n-1)]}{N^n} = \frac{P_N^n}{N^n}$$

思考题 1.4.1 在例 1.4.5 的条件下, 怎样求下述问题?

(1) 某指定的 n 个盒子中各有一球的概率;

(2) 任意 n 个盒子中各有一球的概率.

思考题 1.4.2 生活中你遇到哪些问题类似于这种古典概率模型? (比如生日问题: 有 n 个人, 设每个人的生日是 365 天的任何一天是等可能的, 试求事件 "至少有两人同生日" 的概率.)

例 1.4.6 30 名学生中有 3 名运动员, 将这 30 名学生平均分成 3 组, 求:

(1) 每组有 1 名运动员的概率;

(2) 3 名运动员集中在一个组的概率.

解 设 $A=\{$每组有 1 名运动员$\}$, $B=\{$3 名运动员集中在一组$\}$. 30 名学生平均分配到三个组的分法总数为

$$n_S = C_{30}^{10} C_{20}^{10} C_{10}^{10} = \frac{30!}{10!10!10!}$$

(1) 将 3 名运动员平均分配到三个组, 使每组有一名运动员的分法共 3! 种, 对于这每一种

分法, 其余 27 名学生平均到 3 组中的分法共有 $\dfrac{27!}{9!9!9!}$ 种, 因此, 将这 30 名学生平均分成 3 组, 每组有一名运动员的概率为

$$P(A) = \frac{n_A}{n_S} = \frac{3! \cdot \dfrac{27!}{9!9!9!}}{\dfrac{30!}{10!10!10!}} = \frac{50}{203}$$

(2) 将 3 名运动员集中在一个组的分法共 3 种, 对于这每一种分法, 其余 27 名学生分到 3 组中的分法(一个组 7 名, 另两个组 10 名)有 $\dfrac{27!}{7!10!10!}$ 种, 于是, 所求概率为

$$P(B) = \frac{n_B}{n_S} = \frac{3 \cdot \dfrac{27!}{9!9!9!}}{\dfrac{30!}{10!10!10!}} = \frac{18}{203}$$

实际中, 很多古典概型问题是较为复杂的, 在计算概率时, 除了借助乘法原理和加法原理思考问题以外, 还要善于利用复杂事件的关系运算, 并结合概率的公式对问题进行求解.

例 1.4.7 在 1~2 000 的整数中随机取一个数, 问取到的整数既不能被 6 整除, 又不能被 8 整除的概率是多少?

解 设 $A = \{$取到的整数能被 6 整除$\}$, $B = \{$取到的整数能被 8 整除$\}$, 则所求概率为
$$P(\overline{A}\overline{B}) = P(\overline{A \cup B}) = 1 - P(A \cup B) = 1 - [P(A) + P(B) - P(AB)]$$
由 $333 < \dfrac{2\,000}{6} < 334$, 得 $P(A) = \dfrac{333}{2\,000}$; 由 $\dfrac{2\,000}{8} = 250$, 得 $P(B) = \dfrac{250}{2\,000}$; 由 $83 < \dfrac{2\,000}{2 \times 3 \times 4} < 84$, 得 $P(AB) = \dfrac{83}{2\,000}$. 于是所求概率为

$$P(\overline{A}\overline{B}) = 1 - \left(\frac{333}{2\,000} + \frac{250}{2\,000} - \frac{83}{2\,000} \right) = \frac{3}{4}$$

思考题 1.4.3 从 1~9 这 9 个数中有放回地取出 n 个. 试求取出的 n 个数的乘积能被 10 整除的概率.

例 1.4.8(配对问题) 某班有战士 n 人, 在夜间紧急集合时每人随机地取一支枪, 求至少有一人拿到自己枪的概率.

解 设 $A = \{$至少有一人拿到自己的枪$\}$, $A_k = \{$第 k 名战士拿到自己的枪$\}$, 则所求概率可表示为 $P(A) = P\left(\bigcup_{k=1}^{n} A_k \right)$. 由例 1.4.4 中摸球问题的思路可知

$$P(A_k) = \frac{(n-1)!}{n!}$$

$$P(A_k A_j) = \frac{(n-2)!}{n!}$$

$$\cdots\cdots$$

$$P(A_{i_1} A_{i_2} \cdots A_{i_r}) = \frac{(n-r)!}{n!}$$

$$P(A_1 A_2 \cdots A_n) = \frac{1}{n!}$$

从而

$$\sum_{k=1}^{n} P(A_k) = \sum_{k=1}^{n} \frac{(n-1)!}{n!} = n \cdot \frac{(n-1)!}{n!} = 1$$

$$\sum_{1 \leqslant i < j \leqslant n} P(A_i A_j) = C_n^2 \frac{(n-2)!}{n!} = \frac{1}{2!}$$

......

$$\sum_{1 \leqslant i_1 < i_2 < \cdots \leqslant n} P(A_{i_1} A_{i_2} \cdots A_{i_r}) = C_n^r \frac{(n-r)!}{n!} = \frac{1}{r!}$$

于是由 n 个事件的加法公式(1.3.7)可得

$$P(A) = P\left(\bigcup_{k=1}^{n} A_k\right) = 1 - \frac{1}{2!} + \frac{1}{3!} - \cdots + (-1)^{n-1} \frac{1}{n!} \approx 1 - e^{-1} \approx 0.632$$

从以上例子可看出应用概率公式求解古典概率问题的重要性.

对于古典概型, 其基本事件有限且等可能, 而对于基本事件无限且"等可能"的概率问题又怎样处理?

先看这样一个例子, 从一个固定面积的区域上方扔一个乒乓球, 允许选择几个不同大小的盒子去接, 你一定会选择最大的盒子去接, 因为这个盒子的承接面积最大, 准确地说是它的面积与这块区域的面积之比最大, 接到这个乒乓球的概率也就最大.至于在该区域的什么地方去接, 没有关系, 因为从上方掉向该区域任何一个"面积元"dS 上, 都是等可能的, 这就是**几何概型**.以下给出几何概型中对应事件的几何概率求法.

如果随机试验的样本空间是一个区域(可以是直线上的区间、平面或空间中的区域), 且样本空间中每个试验结果的出现具有等可能性, 那么规定事件 A 的概率(**几何概率**)为

$$P(A) = \frac{\mu(A)}{\mu(S)}$$

其中: $\mu(S)$ 为样本空间的度量(长度、面积或体积); $\mu(A)$ 为事件 A 的度量(长度、面积或体积).

例 1.4.9(会面问题)   甲乙二人约定在 $[0,T]$ 时段内去某地会面, 规定先到者等候一段时间 t $(t \leqslant T)$ 再离去, 试求事件 $A = \{$甲、乙将会面$\}$ 的概率.

解   分别以 x, y 表示甲、乙到达会面地点的时间, 则样本点是坐标平面上一个点 (x,y), 而样本空间 $\Omega = \{(x,y) \mid 0 \leqslant x, y \leqslant T\}$ 是边长为 T 的正方形.由于二人到达时刻的任意性, 样本点在 Ω 中均匀分布, 属几何概率, 所以

$$A = \{甲、乙将会面\} = \{(x,y) \in \Omega \mid |x-y| \leqslant t\}$$

(图 1.4.1) 事件 A 是正方形中夹于直线 $x-y=t$ 与直线 $x-y=-t$ 中间的阴影部分.由公式, 得

$$P(A) = \frac{T^2 - 2 \times \frac{1}{2}(T-t)^2}{T^2} = 1 - \left(1 - \frac{t}{T}\right)^2$$

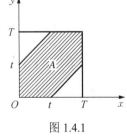

图 1.4.1

概率模型是数学建模中一类重要的数学模型.与上述的会面问题相似, 生活中还有很多问题, 可通过合理的假设、简化, 将实际问题转化成一定的**概率模型**(或其他**数学模型**)加以求解.下面的例子说明概率论中实际推断原理的思想在处理实际问题中的应用.

例 1.4.10 某厂家称一批数量为 1000 件的产品的次品率为 5%. 现从该批产品中有放回地抽取了 30 件, 经检验发现有次品 5 件, 问该厂家是否谎报了次品率?

解 假设厂家没有谎报次品率, 即认为这批产品的次品率为 5%, 那么 1000 件产品中有次品 50 件. 这时有放回地抽取 30 件, 次品有 5 件的概率为

$$p = C_{30}^5 \left(\frac{5}{100}\right)^5 \left(1 - \frac{5}{100}\right)^{25} \approx 0.014$$

人们在长期的实践中总结得到"概率很小的事件在一次实验中几乎是不发生的"(这种经验称为**实际推断原理**). 现在概率很小的事件在一次实验中竟然发生了, 因此有理由怀疑假设的正确性, 从而推断该厂家谎报了次品率.

概率很小的事件称为**小概率事件**. 但是可以证明, 在随机试验中某一事件 A 出现的概率 $\varepsilon > 0$ 不论多么小, 只要不断地、独立重复试验, 则事件 A 迟早会出现的概率为 1.

1.5 条 件 概 率

1.5.1 条件概率的概念

条件概率是概率论中一个重要而实用的概念. 它所考虑的是事件 A 已经发生的条件下事件 B 发生的概率. 下面以一个例子说明.

引例 1.5.1 考察有两个小孩的家庭, 其样本空间为 $S = \{bb, bg, gb, gg\}$, 其中 b 代表男孩, g 代表女孩, bg 表示大的是男孩、小的是女孩, 其他样本点可类似说明.

在 S 中 4 个样本点等可能情况下, 可根据古典概型计算如下一些事件的概率:

(1) 事件 $B = \{$家中至少有一个女孩$\}$ 发生的概率为 $P(B) = \frac{3}{4}$;

(2) 若已知事件 $A = \{$家中至少有一个男孩$\}$ 发生, 再求事件 B 发生的概率为 $P(B|A) = \frac{2}{3}$.

这是因为事件 A 的发生, 排除了 gg 发生的可能性, 这时样本空间 S 也随之改变为 $S_A = \{bb, bg, gb\}$, 而在 S_A 中事件 B 只含 2 个样本点, 故 $P(B|A) = \frac{2}{3}$, 这就是条件概率, 它与 (无条件) 概率 $P(B)$ 是两个不同的概念.

若将上述条件概率的分子、分母分别除以 4(原样本空间 S 包含的样本点数), 则可得

$$P(B|A) = \frac{2/4}{3/4} = \frac{P(AB)}{P(A)}$$

其中: $P(A) = \frac{3}{4}$; $P(AB) = \frac{2}{4}$; $P(B|A) = \frac{2}{3} = \frac{2/4}{3/4}$. 故有

$$P(B|A) = \frac{P(AB)}{P(A)} \tag{1.5.1}$$

由引例 1.5.1 可以看到, 当考虑一事件 A 的发生可能影响到事件 B 的发生时, 就要引入条件概率的定义. 正如式(1.5.1)所呈现的关系, 条件概率是两个无条件概率的商. 对于一般古典概型问题, 若以 $P(B|A)$ 表示事件 A 已经发生的条件下事件 B 发生的概率, 这个关系仍然成

立.事实上,设试验的基本事件总数为 n,A 包含的基本事件数为 $m\,(m>0)$,AB 包含的基本事件数为 k,则有

$$P(B\,|\,A)=\frac{k}{m}=\frac{k/n}{m/n}=\frac{P(AB)}{P(A)}$$

一般,将上述关系式作为条件概率的定义.

定义 1.5.1 设 A,B 是某随机试验中的两个事件,且 $P(A)>0$,称

$$P(B\,|\,A)=\frac{P(AB)}{P(A)} \tag{1.5.2}$$

为在事件 A 发生的条件下,事件 B 发生的**条件概率**.

容易验证,条件概率 $P(\cdot\,|\,A)$ 也满足概率定义中三个公理化的条件,即

(1) 非负性   对于每一事件 B,有 $P(B\,|\,A)\geqslant 0$;

(2) 规范性   对于必然事件 S,有 $P(S\,|\,A)=1$;

(3) 可列可加性   设 $B_1,B_2,\cdots$ 是两两互不相容的事件,则有

$$P\left(\bigcup_{i=1}^{\infty}B_i\,\middle|\,A\right)=\sum_{i=1}^{\infty}P(B_i\,|\,A)$$

既然条件概率符合上述三个条件,所以前面对概率所证明的一些重要结果都适用于条件概率.例如,对于任意事件 B_1,B_2,有

$$P\left(B_1\bigcup B_2\,\middle|\,A\right)=P(B_1\,|\,A)+P(B_2\,|\,A)-P(B_1B_2\,|\,A)$$

例 1.5.1 设某样本空间 S 含有 25 个等可能的样本点,事件 A 含有 15 个样本点,事件 B 含有 7 个样本点,交事件 AB 含有 5 个样本点,试求 $P(B\,|\,A)$.

解 由条件概率的定义,计算

$$P(A)=\frac{15}{25},\quad P(B)=\frac{7}{25},\quad P(AB)=\frac{5}{25}$$

则在事件 A 发生的条件下,事件 B 发生的条件概率为

$$P(B\,|\,A)=\frac{P(AB)}{P(A)}=\frac{5/25}{15/25}=\frac{1}{3}$$

由条件概率的含义,此结果也可如此考虑:事件 A 发生,表明事件 $\overline{A}$ 不可能发生,因此 $\overline{A}$ 中的 10 个样本点可以不予考虑.此时在 A 中 15 个样本点中属于 B 的只有 5 个,所以 $P(B\,|\,A)=\frac{5}{15}=\frac{1}{3}$,这意味在计算条件概率 $P(B\,|\,A)$ 时,样本空间 S 缩小为 $S_A=A$.

在上一节等可能概型例 1.4.4 中,讨论过摸球问题,在此基础上,进一步求解下面的条件概率问题.

例 1.5.2 袋中有 a 只白球,b 只黑球.从中将球取出依次排成一列,若已知第 1 次取出的球是黑球,求第 2 次取出的球也是黑球的概率($b\geqslant 2$).

解 设 $A_i=\{$第 i 次取出的球是黑球$(i=1,2)\}$,则第 1 次取出的球是黑球的概率为

$$P(A_1)=\frac{b(a+b-1)!}{(a+b)!}=\frac{b}{a+b}$$

第 1 次取出的球是黑球同时第 2 次取出的球也是黑球的概率为

$$P(A_1 A_2) = \frac{P_b^2 (a+b-2)!}{(a+b)!} = \frac{b(b-1)}{(a+b)(a+b-1)}$$

由条件概率公式有

$$P(A_2 | A_1) = \frac{P(A_1 A_2)}{P(A_1)} = \frac{b-1}{a+b-1}$$

1.5.2 乘法定理

由条件概率的计算公式(1.5.2), 立即可得下述定理.

定理 1.5.1(乘法定理) 设 $P(A) > 0$, 则有

$$P(AB) = P(B|A)P(A) \tag{1.5.3}$$

该公式称为**乘法公式**.

若 $P(B) > 0$, 类似可定义在事件 B 发生的条件下, 事件 A 发生的条件概率, 以及相应的乘法公式:

$$P(A|B) = \frac{P(AB)}{P(B)}, \qquad P(AB) = P(A|B)P(B)$$

上式容易推广到多个事件的积事件的情形, 一般地, 设 $A_1, A_2, \cdots, A_n$ 为 n 个事件, $n \geqslant 2$, 且 $P(A_1 A_2 \cdots A_{n-1}) > 0$, 则有

$$P(A_1 A_2 \cdots A_n) = P(A_1)P(A_2 | A_1) \cdots P(A_{n-1} | A_1 A_2 \cdots A_{n-2})P(A_n | A_1 A_2 \cdots A_{n-1}) \tag{1.5.4}$$

思考题 1.5.1 为何在式(1.5.4)中没有规定 $P(A_1) > 0$, $P(A_1 A_2) > 0, \cdots, P(A_1 A_2 \cdots A_{n-2}) > 0$?

例 1.5.3 设袋中装有 r 只红球, t 只白球 $(t, r > 4)$, 每次自袋中任取一只, 不放回抽样, 连续取 4 只, 求第一次、第二次取出的是红球, 第三次、第四次取出的是白球的概率.

解 设 $A_i = \{$第 i 次取到红球 $(i = 1, 2, 3, 4)\}$. 这是一个求多事件的积事件概率的问题, 要用乘法定理, 注意先把发生的事件作条件, 则所求概率为

$$P(A_1 A_2 \overline{A_3} \overline{A_4}) = P(A_1)P(A_2 | A_1)P(\overline{A_3} | A_1 A_2)P(\overline{A_4} | A_1 A_2 \overline{A_3})$$

$$= \frac{r}{r+t} \cdot \frac{r-1}{r+t-1} \cdot \frac{t}{r+t-2} \cdot \frac{t-1}{r+t-3}$$

1.5.3 全概率公式和贝叶斯公式

有些复杂事件的概率往往难以直接计算, 如果该事件伴随一系列事件的发生而发生, 人们常会将这些伴随的系列事件分割成一些简单情况下的计算, 然后进行综合, 得到此事件全面完整的计算, 全概率公式就是源于这种思想的一种表达. 下面先给出样本空间划分的概念.

定义 1.5.2 设 S 为试验 E 的样本空间, $B_1, B_2, \cdots, B_n$ 为 E 的一组事件. 若满足:

(1) $B_i B_j = \varnothing \ (i \neq j; i, j = 1, 2, \cdots, n)$;

(2) $B_1 \cup B_2 \cup \cdots \cup B_n = S$.

则称 $B_1, B_2, \cdots, B_n$ 为样本空间 S 的一个**划分**.

注 (1) 若 $B_1, B_2, \cdots, B_n$ 是样本空间的一个划分，那么，对每次试验，事件 $B_1, B_2, \cdots, B_n$ 中必有且仅有一个发生.

(2) 样本空间的划分不是唯一的，因此选取合适的分割 S 是自由的.

定理 1.5.2(全概率公式) 设试验 E 的样本空间为 S，A 为 E 的试验，$B_1, B_2, \cdots, B_n$ 是 S 的一个划分，且 $P(B_i) > 0$ $(i = 1, 2, \cdots, n)$，则

$$P(A) = \sum_{i=1}^{n} P(A|B_i)P(B_i) \tag{1.5.5}$$

证 因为 $A = AS = A(B_1 \bigcup B_2 \bigcup \cdots \bigcup B_n) = AB_1 \bigcup AB_2 \bigcup \cdots \bigcup AB_n$. 由假设 $P(B_i) > 0$ $(i = 1, 2, \cdots, n)$，且 $(AB_i)(AB_j) = \varnothing$ $(i \neq j; i, j = 1, 2, \cdots, n)$，于是

$$P(A) = P(AS) = P\left(\bigcup_{i=1}^{n} AB_i\right) = \sum_{i=1}^{n} P(AB_i) = \sum_{i=1}^{n} P(B_i)P(A|B_i)$$

全概率公式可以从另一个角度去理解，把 B_i 看作是引起事件 A 发生的一种"可能原因"，若不同的原因引起 A 发生，则发生的概率，也就是相应的条件概率 $P(A|B_i)$ 也会不同. 但是，事先并不知道哪个原因引起了 A 发生，换言之，原因的选择是随机的，这样就导致了不同原因引起 A 发生的可能性也会存在差异，这就是 $P(B_i)$ 所表达的含义. 这样一来，最终所要求的 $P(A)$ 实际上就是一个不同原因概率的加权平均.

注 (1) 在许多实际问题中，$P(A)$ 不易直接求得，但却容易找到 S 的一个划分 $B_1, B_2, \cdots, B_n$，且 $P(B_i)$ 和 $P(A|B_i)$ 或为已知，或容易求得，则可利用全概率公式求出 $P(A)$，将事件 A 的概率表示成在 $B_1, B_2, \cdots, B_n$ 发生条件下事件 A 的条件概率的加权和.

(2) 事实上，实际计算 $P(A)$ 时，可以不必要求 $B_1, B_2, \cdots, B_n$ 为样本空间 S 的一个完备事件群，计算中实际只留下与 A 确实有关系的那些 B_i 就行了.

例 1.5.4 有外形相同的球分装在三个盒子里，每盒装 10 个，其中第一个盒中 7 个球标有 A，3 个球标有 B，第二个盒中红球、白球各 5 个，第三个盒中红球 8 个，白球 2 个，现作如下试验：先在第一个盒中任取一球，若是 A 球，则在第二个盒中任取一球；若先在第一个盒中取到的是 B 球，则在第三个盒中任取一球，求第二次取出的是红球的概率.

解 记 $B_1 = \{$第一次取出的是 A 球$\}$，$B_2 = \{$第一次取出的是 B 球$\}$，$D = \{$第二次取出的是红球$\}$. "第二次取出的是红球"这一事件依赖于第一次取的结果，像这样的事件的概率计算，一般都可使用全概率公式. 第一次取出的结果只有两种："取出的是 A 球""取出的是 B 球"，这两事件构成一样本空间的划分. 由全概率公式，得

$$P(D) = P(B_1)P(D|B_1) + P(B_2)P(D|B_2) = \frac{7}{10} \cdot \frac{5}{10} + \frac{3}{10} \cdot \frac{8}{10} = 0.59$$

由条件概率的定义、乘法公式及全概率公式，易得**贝叶斯公式**.

定理 1.5.3 设试验 E 的样本空间为 S，A 为 E 的试验，$B_1, B_2, \cdots, B_n$ 是 S 的一个划分，且 $P(A) > 0, P(B_i) > 0$ $(i = 1, 2, \cdots, n)$，则

$$P(B_i|A) = \frac{P(B_i)P(A|B_i)}{\sum\limits_{j=1}^{n} P(B_j)P(A|B_j)} \quad (i = 1, 2, \cdots, n) \tag{1.5.6}$$

上述公式称为**贝叶斯公式**,其中 $P(B_i)$ 一般被称为**先验概率**,而 $P(B_i|A)$ 被称为**后验概率**.

可见,条件概率的定义加上全概率公式一起可推导出贝叶斯公式,但它所表达的意义却非常深刻.如前所述,在全概率公式中,如果将 A 看成是"结果",B_i 看成是引起结果发生的诸多"原因"之一,那么全概率公式就是一个"由因导果"的过程.但贝叶斯公式却恰恰相反.在贝叶斯公式中,当知道结果 A 已经发生了,所要做的是反过来研究造成结果发生是某个原因造成的可能性有多大,即"**由果溯因**"的过程.

例 1.5.5 某工厂里有甲、乙、丙三台机器生产轴承,它们的产量各占 25%,35%,40%,并在各自的产品里,次品率分别为 5%,4%,2%.现从该工厂的产品中任取一只,(1)求取得的是次品的概率;(2)若已知取出的是次品,求它是甲机器生产的概率.

解 设 $A_1=\{$任取一只产品,为甲生产$\}$,$A_2=\{$任取一只产品,为乙生产$\}$,$A_3=\{$任取一只产品,为丙生产$\}$,$B=\{$任取一只产品,恰为次品$\}$,则

$$P(A_1)=25\%,\quad P(A_2)=35\%,\quad P(A_3)=40\%$$
$$P(B|A_1)=5\%,\quad P(B|A_2)=4\%,\quad P(B|A_3)=2\%$$

(1) 取得的是次品的概率为 $P(B)=\sum_{i=1}^{3}P(A_i)\cdot P(B|A_i)=0.0345$;

(2) 次品为甲生产的概率为 $P(A_1|B)=P(A_1)\cdot P(B|A_1)/P(B)=\dfrac{25}{69}=0.362$.

例 1.5.6 根据以往的临床记录,某种诊断癌症的试验具有如下的效果:若 $A=\{$试验反应为阳性$\}$,$C=\{$被诊断者患有癌症$\}$,则 $P(A|C)=0.95$,$P(\bar{A}|\bar{C})=0.95$.现在对自然人群进行普查,设被试验的人患有癌症的概率为 0.005,即 $P(C)=0.005$,试求 $P(C|A)$.

解 已知 $P(A|C)=0.95$,$P(A|\bar{C})=1-P(\bar{A}|\bar{C})=0.05$,$P(C)=0.005$,$P(\bar{C})=0.995$,由贝叶斯公式,有

$$P(C|A)=\frac{P(A|C)P(C)}{P(A|C)P(C)+P(A|\bar{C})P(\bar{C})}=0.087$$

这表明,在试验反应为阳性的人中,患有癌症的比例不到 10%,这个结果可能让人吃惊,但仔细分析一下就可理解.因为设被试验的人患有癌症的比例很低(为 0.005),1000 个被试验者中,只有约 5 个患有癌症,995 个健康人中,试验反应为阳性的约为 $995\times0.05\approx50$ 个,5 个患有癌症的人中试验反应为阳性的有 $5\times0.95\approx5$ 个,可见,试验反应为阳性的 55 人中,健康人占了绝大多数.

思考题 1.5.2 若某个试验反应为阳性的人再次做试验,其结果仍为阳性,那么他患有癌症的概率是多大?

现实生活中还有很多有趣的问题,可通过建立数学模型,用全概率公式或贝叶斯公式加以解决.

例 1.5.7 某村盗窃风气盛行,且偷窃者屡教不改.根据过往的案件记录,得知该地 3 人有偷盗行为,推断 A 今晚作案的概率是 0.8,B 今晚作案的概率是 0.1,C 今晚作案的概率是 0.5,除此之外,还推断出 A 的得手率是 0.1,B 的得手率是 1.0,C 的得手率是 0.5.那么,今晚村里有东西被偷的概率是多少?

分析 通过题目信息，对 A、B、C 三人有了一个初步的印象. A 特别喜欢盗窃，但是技术不行；B 看来是个江湖高手，追求的是效率，所以他一般不出手，但一出手就绝不失手；C 大概是追求中庸，各方面都很均衡. 如果今晚村里有东西被偷，那么这三人都会有嫌疑. 对于该问题先将文字描述转换为数学语言，并通过数学模型加以解决.

解 设 $S = \{$今晚村里有东西被偷$\}$，$A = \{A$ 今晚作案$\}$，$B = \{B$ 今晚作案$\}$，$C = \{C$ 今晚作案$\}$. 根据作案频率可知

$$P(A) = 0.8, \quad P(B) = 0.1, \quad P(C) = 0.5$$

根据得手率可得

$$P(S \mid A) = 0.1, \quad P(S \mid B) = 1, \quad P(S \mid C) = 0.5$$

由全概率公式可得

$$P(S) = P(S \mid A) \cdot P(A) + P(S \mid B) \cdot P(B) + P(S \mid C) \cdot P(C) = 0.43$$

思考题 1.5.3 若已知今晚村里有东西被偷，你如何评论这件事情？

1.6 独 立 性

1.6.1 事件独立性的定义

设 A，B 是试验 E 的两事件，若 $P(A) > 0$，根据条件概率，可以定义 $P(B \mid A)$. 一般地，A 的发生对 B 的发生是有影响的，这时 $P(B \mid A) \neq P(B)$. 然而客观现实中还有另一类现象，即 A 的发生对 B 的发生不产生影响，这时又会有什么结论呢？请看以下引例.

引例 1.6.1 设试验 E 为"抛甲、乙两枚硬币，观察正反面出现的情况"，设事件 $A = \{$甲币出现正面 $H\}$，事件 $B = \{$乙币出现正面 $H\}$. 若已知事件 A 发生（$P(A) > 0$），试验证 $P(B \mid A) = P(B)$.

证 样本空间 $S = \{HH, HT, TH, TT\}$ 含 4 个等可能的基本事件，$A = \{HH, HT\}$，$B = \{HH, TH\}$，则 $AB = \{HH\}$，于是

$$P(A) = P(B) = \frac{2}{4} = \frac{1}{2}, \quad P(AB) = \frac{1}{4}, \quad P(B \mid A) = \frac{P(AB)}{P(A)} = \frac{1}{2}$$

从而 $P(B \mid A) = P(B)$.

显然，引例中 A 的发生是不会影响到 B 的发生的. 因此，出现 $P(B \mid A) = P(B)$，这时就有 $P(AB) = P(A)P(B)$. 由此可得到事件独立性的定义.

定义 1.6.1 设 A，B 是两个随机事件，若

$$P(AB) = P(A)P(B) \tag{1.6.1}$$

则称 A 与 B 是相互独立的，简称 A 与 B 独立.

独立的直观含义就是：**事件 B 发生和事件 A 发生是互不影响的**. 这种特性在实际问题中是很多的，比如引例中，A，B 就是相互独立的.

1.6.2 事件独立性的性质

定理 1.6.1 若事件 A 与 B 相互独立, 且 $P(A) > 0$, 则 $P(B|A) = P(B)$, 反之也成立.

证 因事件 A 与 B 相互独立, 故 $P(AB) = P(A)P(B)$, 由 $P(A) > 0$, 可得

$$P(B|A) = \frac{P(AB)}{P(A)} = \frac{P(A)P(B)}{P(A)} = P(B)$$

反过来, 若 $P(B|A) = P(B)$, 则有

$$P(AB) = P(A)P(B|A) = P(A)P(B)$$

即 A 与 B 相互独立.

定理 1.6.2 必然事件 S、不可能事件 $\varnothing$ 与任意随机事件 A 相互独立.

证 由 $P(SA) = P(A) = 1 \cdot P(A) = P(S)P(A)$, 可知必然事件 S 与任意事件 A 相互独立. 由

$$P(\varnothing A) = P(\varnothing) = 0 \cdot P(A) = P(\varnothing)P(A)$$

可知不可能事件 $\varnothing$ 与任意随机事件 A 相互独立.

定理 1.6.3 若随机事件 A 与 B 相互独立, 则下列各对事件也相互独立: $\overline{A}$ 与 B, A 与 $\overline{B}$, $\overline{A}$ 与 $\overline{B}$.

证 为方便起见, 只证 $\overline{A}$ 与 B 相互独立即可. 由于 $P(\overline{A}B) = P(B - AB)$, 注意 $AB \subset B$, 于是

$$P(\overline{A}B) = P(B) - P(AB) = P(B) - P(A)P(B) = [1 - P(A)]P(B) = P(\overline{A})P(B)$$

所以, 事件 $\overline{A}$ 与 B 相互独立. 由此可推出 A 与 $\overline{B}$ 相互独立, 再由 $\overline{\overline{A}} = A$, 又可推出 $\overline{A}$ 与 $\overline{B}$ 相互独立.

例 1.6.1 设事件 A 与 B 满足: $P(A)P(B) \neq 0$, 若事件 A 与 B 相互独立, 则 $AB \neq \varnothing$; 若 $AB = \varnothing$, 则事件 A 与 B 不相互独立.

证 由于事件 A 与 B 相互独立, 则有 $P(AB) = P(A)P(B) \neq 0$, 所以 $AB \neq \varnothing$; 若 $AB = \varnothing$, 则 $P(AB) = P(\varnothing) = 0$. 但是, 由假设 $P(A)P(B) \neq 0$, 所以 $P(AB) \neq P(A)P(B)$, 这表明, 事件 A 与 B 不相互独立.

此例说明: 若 $P(A) > 0$, $P(B) > 0$, 则 A, B 互不相容与 A, B 相互独立不能同时成立, 或者说 A 与 B 独立不互斥, 互斥不独立.

例 1.6.2(不独立事件的例子) 袋中有 a 只黑球, b 只白球. 每次从中取出一球, 取后不放回. 令 $A = \{$第一次取出白球$\}$, $B = \{$第二次取出白球$\}$, 则事件 A 与 B 不相互独立. 事实上, 因为

$$P(AB) = \frac{b(b-1)}{(a+b)(a+b-1)}, \qquad P(\overline{A}B) = \frac{ab}{(a+b)(a+b-1)}$$

所以

$$P(B) = P(AB) + P(\overline{A}B) = \frac{b(b-1)}{(a+b)(a+b-1)} + \frac{ab}{(a+b)(a+b-1)} = \frac{b}{a+b}$$

又 $P(A) = \dfrac{b}{a+b}$, 从而

$$P(AB) = \frac{b(b-1)}{(a+b)(a+b-1)} \neq P(A)P(B) = \frac{b^2}{(a+b)^2}$$

这表明, 事件 A 与 B 不相互独立. 事实上, 因为不放回摸球, 所以在第二次取球时, 袋中

球的总数变化了, 并且袋中的黑球与白球的比例也发生变化, 这样, 在第二次摸出白球的概率自然也应发生变化.或者说, 第一次的摸球结果对第二次摸球肯定是有影响的.

1.6.3 多个事件的独立性

首先研究三个事件的独立性.

定义 1.6.2 设 A, B, C 是三个随机事件, 如果

$$\begin{cases} P(AB) = P(A)P(B) \\ P(BC) = P(B)P(C) \\ P(AC) = P(A)P(C) \\ P(ABC) = P(A)P(B)P(C) \end{cases} \tag{1.6.2}$$

那么称 A, B, C 是相互独立的随机事件.

注 在三个事件独立性的定义中, 四个等式是缺一不可的, 即前三个等式的成立不能推出第四个等式的成立; 反之, 最后一个等式的成立也推不出前三个等式的成立.

例 1.6.3 袋中装有 4 个外形相同的球, 其中三个球分别涂有红、白、黑色, 另一个球涂有红、白、黑三种颜色.现从袋中任意取出一球, 令 $A = \{$取出的球涂有红色 $\}$, $B = \{$取出的球涂有白色$\}$, $C = \{$取出的球涂有黑色$\}$, 则

$$P(A) = P(B) = P(C) = \frac{1}{2}, \quad P(AB) = P(BC) = P(AC) = \frac{1}{4}, \quad P(ABC) = \frac{1}{4}$$

由此可见

$$P(AB) = P(A)P(B), \quad P(BC) = P(B)P(C), \quad P(AC) = P(A)P(C)$$

但是

$$P(ABC) = \frac{1}{4} \neq \frac{1}{8} = P(A)P(B)P(C)$$

这表明 A, B, C 这三个事件是两两独立的, 但不是相互独立的.

进一步推广, 可以定义三个以上事件的独立性.

定义 1.6.3 设 $A_1, A_2, \cdots, A_n$ 为 n 个随机事件, 如果下列等式同时成立,

$$\begin{cases} P(A_i A_j) = P(A_i)P(A_j), & 1 \leq i < j \leq n \\ P(A_i A_j A_k) = P(A_i)P(A_j)P(A_k), & 1 \leq i < j < k \leq n \\ \qquad\qquad \cdots\cdots \\ P(A_{i_1} A_{i_2} \cdots A_{i_m}) = P(A_{i_1})P(A_{i_2})\cdots P(A_{i_m}), & 1 \leq i_1 < i_2 < \cdots < i_m \leq n \\ \qquad\qquad \cdots\cdots \\ P(A_1 A_2 \cdots A_n) = P(A_1)P(A_2)\cdots P(A_n) \end{cases} \tag{1.6.3}$$

那么称 $A_1, A_2, \cdots, A_n$ 这 n 个随机事件相互独立.

特别要注意, 三个及三个以上事件的**两两独立**和**相互独立**是不同的, 事实上, n 个随机事件两两独立只要求 C_n^2 个等式成立, 而 n 个随机事件相互独立则需要 $\sum\limits_{k=2}^{n} C_n^k = 2^n - n - 1$ 个等式成立.然而, 一旦 n 个随机事件相互独立, 则式(1.6.3)中的任意一个式子都成立.

在实际问题中, 如果要验证这么多的等式, 那么将是一件难以想象的事情.对于事件的独

立性, 往往不是根据定义来判断, 而是根据实际意义来加以判断的. n 个随机事件相互独立, 具有下述性质.

性质 1.6.1 若事件 $A_1, A_2, \cdots, A_n \, (n \geq 2)$ 相互独立, 则其中任意 $k \, (2 \leq k \leq n)$ 个事件也是相互独立的.

性质 1.6.2 若事件 $A_1, A_2, \cdots, A_n \, (n \geq 2)$ 相互独立, 则将 $A_1, A_2, \cdots, A_n$ 中任意多个事件换成它们的对立事件, 所得的个事件仍相互独立.

利用事件的独立性定义和性质可以方便地求解许多概率问题.

例 1.6.4 利用事件的独立性证明 1.4 节末的问题"概率很小的事件称为**小概率事件**. 但是可以证明, 在随机试验中某一事件 A 出现的概率 $\varepsilon > 0$ 不论多么小, 只要不断地、独立重复试验, 则事件 A 迟早会出现的概率为 1."

证 记 $B_i = \{$第 i 次试验中 A 事件出现 $(i = 1, 2, \cdots, n)\}$, 则 n 次试验中 A 事件出现可表示为 $\bigcup\limits_{i=1}^{n} B_i$. 由已知, 得 $P(B_i) = \varepsilon$, 从而

$$P\left(\bigcup_{i=1}^{n} B_i\right) = 1 - P\left(\overline{\bigcup_{i=1}^{n} B_i}\right) = 1 - P\left(\bigcap_{i=1}^{n} \overline{B_i}\right) = 1 - (1-\varepsilon)^n$$

因为 $0 \leq 1 - \varepsilon < 1$, 当 n 趋于无穷时, $1 - (1-\varepsilon)^n$ 趋于 1, 可见在独立重复试验中, **小概率事件迟早会出现的概率为 1**.

随着电子技术、社会经济的发展, 可靠性的研究也不断发展, 现已成为一门新学科——可靠性理论. 独立性也广泛应用于可靠性理论中. 对一个元件或系统, 它能正常工作的概率称为它的**可靠度**.

例 1.6.5 系统由多个元件构成, 且各元件能否正常工作是相互独立的, 每个元件正常工作的概率均为 $r = 0.9$, 试求下列系统的可靠性: (1) 串联系统 S_1 (图 1.6.1); (2) 并联系统 S_2 (图 1.6.2); (3) 5 个元件组成的桥式系统 S_3 (图 1.6.3).

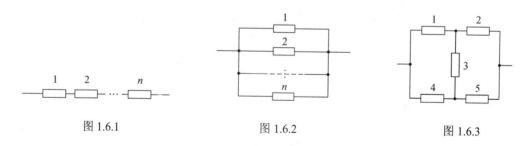

图 1.6.1   图 1.6.2   图 1.6.3

解 设 $S_i = \{$第 i 个系统正常工作$\}$, $A_i = \{$第 i 个元件正常工作$\}$.

(1) 对串联系统而言, "系统正常工作"相当于"所有元件正常工作", 即 $S_1 = A_1 A_2 \cdots A_n$, 所以

$$P(S_1) = P(A_1 A_2 \cdots A_n) = P(A_1) P(A_2) \cdots P(A_n) = r^n = 0.9^n$$

可见, 串联系统的可靠性是大大降低的.

(2) 对并联系统而言, "系统正常工作"相当于"至少一个元件正常工作", 即
$$S_2 = A_1 \bigcup A_2 \bigcup \cdots \bigcup A_n$$

所以

$$P(S_2) = P(A_1 \bigcup A_2 \bigcup \cdots \bigcup A_n) = 1 - P(\overline{A}_1 \overline{A}_2 \cdots \overline{A}_n)$$
$$= 1 - P(\overline{A}_1)P(\overline{A}_2)\cdots P(\overline{A}_n) = 1 - (1-r)^n = 1 - 0.1^n$$

可见, 并联系统的可靠性是可以大大提高的.

(3) 在桥式系统中, 第三个元件是关键, 先用全概率公式得

$$P(S_3) = P(A_3)P(S_3|A_3) + P(\overline{A}_3)P(S_3|\overline{A}_3)$$

因为在"第 3 个元件正常工作"的条件下, 系统成为先并后串系统, 所以

$$P(S_3|A_3) = P((A_1 \bigcup A_4)(A_2 \bigcup A_5)) = P(A_1 \bigcup A_4)P(A_2 \bigcup A_5)$$
$$= [1 - (1-r)^2]^2 = 0.980\,1$$

又因为在"第 3 个元件不正常工作"的条件下, 系统成为先串后并系统, 所以

$$P(S_3|\overline{A}_3) = P(A_1 A_2 \bigcup A_4 A_5) = 1 - (1-r^2)^2 = 0.963\,9$$

最后得

$$P(S_3) = r[1 - (1-r)^2]^2 + (1-r)[1 - (1-r^2)^2] = 0.978\,5$$

例 1.6.6 要验收一批(100 件)乐器. 验收方案如下: 从乐器中随机地抽取 3 件测试 (设 3 件乐器的测试是相互独立的), 如果有一件被测试为音色不纯, 那么拒绝接受这批乐器. 设一件音色不纯的乐器被测试出来的概率为 0.95, 而一件音色纯的乐器被误测为不纯的概率 为 0.01. 如果这件乐器中恰有 4 件是音色不纯的, 问这批乐器被接受的概率是多少?

解 设 $A = \{$这批乐器被接受$\}$, 即 3 件都被测试为音色纯的乐器, $H_i = \{$随机取出的 3 件乐 器中恰有 i 件音色不纯$\}$ $(i = 0,1,2,3)$, H_0, H_1, H_2, H_3 是 S 的一个划分. 由测试的相互独立 性得

$$P(A|H_0) = (0.99)^3, \qquad P(A|H_1) = (0.99)^2 \times 0.05$$
$$P(A|H_2) = 0.99 \times (0.05)^2, \quad P(A|H_3) = (0.05)^3$$

另外, 按照超几何分布的概率计算公式得

$$P(H_0) = C_{96}^3 / C_{100}^3, \qquad P(H_1) = C_4^1 C_{96}^2 / C_{100}^3$$
$$P(H_2) = C_4^2 C_{96}^1 / C_{100}^3, \quad P(H_3) = C_4^3 / C_{100}^3$$

由全概率公式, 可得

$$P(A) = \sum_{i=0}^{3} P(A|H_i)P(H_i) = 0.862\,9$$

1.7 部分问题的 MATLAB 求解

本章古典概型的计算经常要用到排列和组合公式, 计算量比较大, 往往易于出错. MATLAB 中有专门用于此类计算的函数, 可为求解相关问题带来方便.

有关排列和组合的常用 MATLAB 命令有:

factorial(n)	计算 n 的阶乘.
prod(1:n)	计算 n 的阶乘.
combntns(x,m)	列举出从 n 个元素中取出 m 个元素的组合, 其中, x 是含有 n 个元素的向量.
nchoosek(n,m)	计算从 n 个元素中取 m 个元素的所有组合数

下面两例给出了 MATLAB 中排列组合公式的应用方法.

例 1.7.1 有 n 个人, 设每个人的生日是 365 天的任何一天是等可能的, 试求事件"至少有两人同一天生日"的概率.

解 设 $A=\{n$ 个人生日各不相同$\}$, 则至少有两人同一天生日的概率可表示为

$$P(\overline{A})=1-\frac{P_{365}^{n}}{365^{n}}$$

上述式子中需要计算排列数, n 为一参数, 假如分别计算 n=10, 20, 30, 40, 50, 60, 70, 80 个人中至少有两人同一天生日的概率, 可用以下 MATLAB 代码实现.

输入命令:

```
for n=10:10:80
    p1(n)=prod(365-n+1:365)/365^n;
    p(n)=1-p1(n);
end
p(10:10:80)
```

结果为

```
0.1169  0.4114  0.7063  0.8912  0.9704  0.9941  0.9992  0.9999
```

可见尽管一年有 365 天, 但任意 40 个人中至少有两个人同一天生日的概率就高达 0.8912, 且随着总人数的增加这种可能性会更大.

例 1.7.2 一批产品的不合格率为 0.02, 现从中任取 40 件进行检查, 若发现两件或两件以上不合格品就拒收这批产品, 求拒收的概率.

解 设 A ="拒收这批产品", 则所求概率可表示为

$$P(A)=1-p(\overline{A})=1-C_{40}^{0}(0.02)^{0}(1-0.02)^{40}-C_{40}^{1}(0.02)^{1}(1-0.02)^{39}$$

上述式子中需要计算组合数, 可以用以下 MATLAB 代码进行计算.

输入命令:

```
p=1-nchoosek(40,0)*(0.02)^0*(1-0.02)^40-nchoosek(40,1)*(0.02)^1*
  (1-0.02)^39
```

结果为

```
p=0.1905
```

即

$$P(A)=1-p(\overline{A})=1-C_{40}^{0}(0.02)^{0}(1-0.02)^{40}-C_{40}^{1}(0.02)^{1}(1-0.02)^{39}=0.1905$$

习 题 1

A 类

1. 设 A,B,C 为三个随机事件, 用 A,B,C 的运算关系表示下列各事件.

(1) A,B 发生, C 不发生;

(2) A 发生, B,C 都不发生;

(3) A,B,C 都发生;

(4) A,B,C 至少有一个发生;

(5) A,B,C 都不发生;

(6) A,B,C 不多于一个发生;

(7) A,B,C 不多于两个发生;

(8) A,B,C 至少有两个发生.

2. (1)设 A,B,C 是三事件, 且 $P(A)=P(B)=P(C)=1/4, P(AB)=P(BC)=0, P(AC)=\dfrac{1}{8}$, 求 A,B,C 至少有一个发生的概率.

(2) 已知 $P(A)=0.7, P(A-B)=0.3$, 则 $P(\overline{AB})$ 为多少?

(3) 已知 $P(A|B)=P(B|A)=0.5, P(A)=1/3$, 求 $P(A\bigcup B)$; 事件 A,B 独立吗?

3. 某油漆公司发出 17 桶油漆, 其中白漆 10 桶, 黑漆 4 桶, 红漆 3 桶, 在搬运中所有标签脱落, 交货人随意将这些油漆发给顾客.问一个定货为 4 桶白漆、3 桶黑漆和 2 桶红漆的顾客, 能按所定颜色如数得到定货的概率是多少?

4. 在 1500 个产品中有 400 个次品, 1100 个正品.任取 200 个. 求:

(1) 恰有 90 个次品的概率;

(2) 至少有 2 个次品的概率.

5. 在一标准英语字典中有 55 个由两个不相同的字母所组成的单词.若从 26 个英文字母中任取两个字母予以排列, 求能排成上述单词的概率.

6. 在 11 张卡片上分别写上 probability 这 11 个字母, 从中任意连抽 7 张, 求其排列结果为 ability 的概率.

7. 已知在 10 只产品中有 2 只次品, 在其中取两次, 每次任取一只, 作不放回抽样.求下列事件的概率:

(1) 两只都是正品;

(2) 两只都是次品;

(3) 一只是正品, 一只是次品;

(4) 第二次取出的是次品.

8. 一套 5 卷的选集, 随机地放到书架上, 求各册自左至右或自右至左恰成 1, 2, 3, 4, 5 的顺序的概率.

9. (蒲丰投针问题)平面上画有等距离的平行线, 平行线间的距离为 $a(a>0)$, 向平面任意投掷一枚长为 $l(l<a)$ 的针, 试求针与平行线相交的概率.

10. n 个人用摸彩的方式决定谁得 1 张电影票, 依次摸彩, 求:

(1) 第 $k(k\leqslant n)$ 个人摸到的概率;

(2) 已知前 $k-1(k \leqslant n)$ 个人都没摸到, 求第 k 个人摸到的概率.

11. 据以往资料表明, 某 3 口之家, 患某种传染病的概率有以下规律: P {孩子得病}=0.6, P {母亲得病|孩子得病}=0.5, P {父亲得病|母亲及孩子得病}=0.4, 求母亲及孩子得病但父亲未得病的概率.

12. 设 $P(A) > 0$, 证明 $P(B|A) \geqslant 1 - \dfrac{P(\bar{B})}{P(A)}$.

13. 已知 $P(A) = 0.7$, $P(B) = 0.4$, $P(A\bar{B}) = 0.5$, 求 $P(B|A \cup \bar{B})$.

14. 一批灯泡共 100 只, 次品率为 10%, 不放回抽取三次, 每次取一只, 求第三次才取得合格品的概率.

15. 某射击小组共有 20 名射手, 其中一级射手 4 人, 二级射手 8 人, 三级射手 7 人, 四级射手一人, 一、二、三、四级射手能通过选拔进入决赛的概率分别是 0.9, 0.7, 0.5, 0.2, 求在一组内任选一名射手, 该射手能通过选拔进入决赛的概率.

16. 已知男子有 5% 是色盲患者, 女子有 0.25% 是色盲患者. 今从男女人数相等的人群中随机地挑选一人, 恰好是色盲患者, 问此人是男性的概率是多少?

17. 袋中装有 m 只正品硬币, n 只次品硬币(次品硬币的两面均印有国徽), 在袋中任取一只, 将它投掷 r 次, 已知每次都得到国徽. 问这只硬币是正品硬币的概率为多少?

18. 在某工厂里有甲、乙、丙三台机器生产螺丝钉, 它们的产量各占 25%, 35%, 40%, 并在各自的产品里, 不合格品各占 5%, 4%, 2%. 现在从产品中任取一只恰是不合格品, 问此不合格品是机器甲、乙、丙生产的概率分别等于多少?

19. 有朋友自远方来访, 他乘火车、轮船、汽车、飞机来的概率分别是 0.3, 0.2, 0.1, 0.4. 如果他乘火车、轮船、汽车来的话, 迟到的概率分别是 $\dfrac{1}{4}$, $\dfrac{1}{3}$, $\dfrac{1}{12}$, 而乘飞机不会迟到. 结果他迟到了, 试问他乘火车来的概率是多少?

20. 有两箱同种类的零件. 第一箱装 50 只, 其中 10 只一等品; 第二箱装 30 只, 其中 18 只一等品. 现从两箱中任取一箱, 然后从该箱中取零件两次, 每次任取一件, 作不放回抽样, 求: (1)第一次取到的零件是一等品的概率; (2) 第一次取到的零件是一等品的条件下, 第二次取到的零件也是一等品的概率.

21. 三人独立地破译一份密码, 已知各人能译出的概率分别为 1/5, 1/3, 1/4. 问三人中至少有一人能将此密码译出的概率是多少?

B 类

22. 设 A, B, C 为随机事件, A, C 互不相容, $P(AB) = \dfrac{1}{2}$, $P(C) = \dfrac{1}{3}$, 求 $P(AB|\bar{C})$.

23. 设 A, B 为随机事件, 若 $0 < P(A) < 1$, $0 < P(B) < 1$, 证明: $P(B|A) > P(B|\bar{A})$ 的充分必要条件是 $P(AB) > P(A)P(B)$.

24. 已知一个母鸡生 k 个蛋的概率为 $\dfrac{\lambda^k e^{-\lambda}}{k!} (\lambda > 0)$, 而每一个蛋能孵化成小鸡的概率为

p，证明：一只母鸡恰有 r 个下一代(即小鸡)的概率为 $\dfrac{(\lambda p)^r \mathrm{e}^{-\lambda p}}{r!}$.

25. 设甲袋中装有 n 只白球、m 只红球；乙袋中装有 N 只白球、M 只红球.今从甲袋中任意取一只球放入乙袋中，再从乙袋中任意取一只球.问取到白球的概率是多少?

26. 有一根木材不知道是桦木还是桉木，可以利用贝叶斯公式将木材类别的先验概率转化为待识别木材某种状态的后验概率，然后将待识别木材判为后验概率较大的一类，该方法称为贝叶斯决策.现假定两类木材的先验概率分别为 $P(\omega_1)=0.9$，$P(\omega_2)=0.1$，其中 ω_1，ω_2 分别表示木材是桦木与桉木这一事件，通过某种方式检测到这根木材平均亮度值为 X，并且知道 $P(X/\omega_1)=0.2$，$P(X/\omega_2)=0.4$.请根据贝叶斯决策方法，对这根木材的类别做出判断.

27. 12 个乒乓球中 9 个新的、3 个旧的，第一次比赛时，同时取出了 3 个，用完后放回去，第二次比赛又同时取出 3 个，求第二次取的 3 个球都是新球的概率.

28. 做一系列独立的试验，每次试验中成功的概率为 p，求在成功 n 次之前已失败了 m 次的概率.

精彩案例：用贝叶斯公式推断小孩的可信度

18 世纪英国数学家贝叶斯提出过一种看上去似乎显而易见的观点，用客观的新信息更新最初关于某个事物的信念后，就会得到一个新的、改进了的信念. 这个研究成果，因为简单而显得平淡无奇，直到他去世后的 1763 年由他的朋友理查德·普莱斯发表. 1774 年，法国数学家拉普拉斯独立地再次发现了贝叶斯公式.拉普拉斯关心的问题是：当存在着大量数据，但数据又可能有各种各样的错误和遗漏的时候，人们如何从中找到真实的规律.拉普拉斯研究了男孩和女孩的生育比例.有人观察到，似乎男孩的出生数量比女孩更高.这一假说到底成立不成立呢? 拉普拉斯不断地搜集新增的出生记录，并用之推断原有的概率是否准确.每一个新的记录都减少了不确定性的范围.拉普拉斯给出了现在所用的贝叶斯公式的表达.严格地讲，贝叶斯公式应被称为"贝叶斯-拉普拉斯公式".

贝叶斯公式虽然看起来很简单、很不起眼，但却有着深刻的内涵.生活中许多有趣的问题，都可以用贝叶斯公式加以推理，甚至连大数据、人工智能、海难搜救、生物医学、邮件过滤等这些看起来彼此不相关的领域，都会用到这个数学公式，有兴趣的同学可以查阅相关资料做进一步了解.这里我们来看一个用贝叶斯推理分析大家所熟知的伊索寓言《孩子与狼》的例子.

伊索寓言《孩子与狼》讲的是一个小孩每天到山上放羊，山里有狼出没.第一天，他在山上喊："狼来了!狼来了!"山下的村民闻声便去打狼，可到山上发现狼没有来.第二天仍是如此.第三天狼真的来了，可无论小孩怎么喊叫，也没有人来救他，因为前二次他说了谎，人们不再相信他了.

现在用贝叶斯推理来分析村民对这个小孩的可信程度是如何下降的.假设用 E 表示"小孩说谎"，用 H 表示"小孩可信"，并且假定村民过去对这个小孩的印象为 $P(H)=0.8$，则

$P(\overline{H}) = 0.2$. 在贝叶斯推断中还要用到概率 $P(E|H)$ 和 $P(E|\overline{H})$，前者为可信的孩子说谎的可能性，后者为不可信的孩子说谎的可能性. 因为这里只关心村民对这个小孩的可信程度是如何下降的，所以在此不妨假设 $P(E|H) = 0.1$，$P(E|\overline{H}) = 0.5$.

第一次村民上山打狼，发现狼没有来，即小孩说了谎. 村民根据这个信息，对这个小孩的可信程度改变为 $P(H|E) = \dfrac{0.8 \times 0.1}{0.8 \times 0.1 + 0.2 \times 0.5} = 0.444$，这表明村民上了一次当后，对这个小孩的可信程度由原来的 0.8 下降到 0.444. 在此基础上，再一次用贝叶斯推理来推断 $P(H|E)$，也即这个小孩第二次说谎后，村民对他的可信程度改变为 $P(H|E) = \dfrac{0.444 \times 0.1}{0.444 \times 0.1 + 0.556 \times 0.5} = 0.138$，这表明村民经过两次上当，对这个小孩的可信程度已经从 0.8 下降到 0.138，如此低的可信度，村民听到第三次呼叫时怎么会再上山打狼呢？

第2章 随机变量及其分布

第1章主要研究的是随机事件及其概率.由于事件的概率是孤立的、局部的,对全面了解随机现象的统计规律有很大的局限性.从本章开始,将通过引入随机变量的概念,利用数学分析的方法,对随机试验的所有结果和统计规律进行全面深入地研究和讨论.

2.1 随机变量的定义

在随机试验中,注意到有些试验的结果可以用数量来表示,有些试验的结果不是数量,但人们关心的是与实验结果联系着的某个数,或是可以将试验的结果与实数建立对应关系.

例 2.1.1 掷一颗骰子,观察出现的点数.试验的样本空间 $S=\{e\}=\{1, 2, 3, 4, 5, 6\}$,如果以 X 记掷得的点数,这样就引入了一个变量 X,变量 X 取不同的值就表示不同的事件.对于样本空间 $S=\{e\}$ 中的每一个样本点 e,X 都有一个确定的数与之对应.

例 2.1.2 观察某台电脑的使用寿命,如果以 X 记该电脑的寿命,这样就引入了一个变量 X,试验的每一个结果对应一个实数,那么,对于样本空间 $S=\{e\}$ 中的每一个样本点 e,X 都有一个确定的数与之对应.

例 2.1.3 将一枚硬币抛掷 3 次.样本空间 $S=\{e\}=\{TTT, TTH, THT, HTT, THH, HTH, HHT, HHH\}$,感兴趣的是三次抛掷中,出现 H 的次数,而对于 H,T 出现的顺序不关心.以 X 记三次抛掷中出现 H 的总次数,那么,对于样本空间 $S=\{e\}$ 中的每一个样本点 e,X 都有一个确定的数与之对应(表 2.1.1).

表 2.1.1

样本点	TTT	TTH	THT	HTT	THH	HTH	HHT	HHH
X 的值	0	1	1	1	2	2	2	3

例 2.1.4 对任给的一道判断题进行判断,结果有两种:"正确"和"错误",这样的试验结果也不是数量,这时可以人为地取一些数来表示其结果,例如记 $X=1$ 表示"正确",$X=0$ 表示"错误".

上述 4 个例子中 X 是一个变量,它的取值依赖于样本点,对于样本空间中的每一个样本点,X 都有一个确定的数与之对应,因而 X 是定义在样本空间 S 上的一个函数.

定义 2.1.1 设随机试验的样本空间为 $S=\{e\}$.$X=X(e)$ 是定义在样本空间 S 上的单值实值函数.称 $X=X(e)$ 为**随机变量**.

随机变量通常用大写的字母如 X,Y,Z,$\cdots$ 表示.

引入随机变量后,可以用随机变量来描述事件,例如,在例 2.1.1 中,X 取 6 写成 $\{X=6\}$,表示事件"掷得 6 点";例 2.1.2 中事件"电脑的寿命不小于 2 000 h"可以表示成 $\{X \geqslant 2\,000\}$.

事实上, 任何一个随机事件都可以用随机变量的不同取值或取值范围来表示, 随机变量的不同取值或取值范围也表示某一随机事件. 一般地, 对于任意实数集合 L, 将 X 在 L 上取值写成 $\{X \in L\}$, 表示由 S 中使得 $X(e) \in L$ 的所有样本点 e 所组成的事件 B, 即事件 $B = \{e | X(e) \in L\}$. 此时有

$$P\{X \in L\} = P(B) = P\{e | X(e) \in L\}$$

由于随机变量的取值随试验的结果而定, 而试验出现各个结果有一定的概率, 所以在实验之前不能预知它取什么值, 且它的取值有一定的概率. 随机变量是定义在样本空间上的函数, 而样本空间的元素不一定是实数. 这些性质反映出随机变量与普通函数有着本质的差异.

按照随机变量取值的不同情况, 随机变量可分成两类: 离散型随机变量和非离散型随机变量. 在非离散型随机变量中最常见而又重要的是连续型随机变量. 下面, 将分别介绍离散型随机变量和连续型随机变量.

2.2　离散型随机变量及其分布律

2.2.1　离散型随机变量及其分布律的概念

若随机变量所有可能取到的值为有限个或可列无穷多个, 则称这种随机变量为**离散型随机变量**. 例如, 例 2.1.1 中的随机变量 X, 它只可能取 1, 2, 3, 4, 5, 6 这 6 个值, 它是一个离散型随机变量; 又如, 表示直到命中目标为止, 需要射击的次数的随机变量 Y, 它可能的取值是 $1, 2, 3, \cdots$, 它也是离散型随机变量.

显然, 研究离散型随机变量 X 的统计规律, 必须且只需弄清楚 X 的所有可能取的值以及取每一个可能值的概率.

设离散型随机变量 X 所有可能取值为 $x_k \ (k = 1, 2, \cdots)$, X 取各个可能值的概率为

$$P\{X = x_k\} = p_k \quad (k = 1, 2, \cdots) \tag{2.2.1}$$

由概率的定义可知, p_k 具有如下基本性质:

(1) 非负性　$p_k \geqslant 0 \ (k = 1, 2, \cdots)$;

(2) 规范性　$\sum\limits_{k=1}^{\infty} p_k = 1$.

称式 (2.2.1) 为离散型随机变量 X 的**概率分布**或**分布律**. 分布律也可以用表格形式表示:

X	x_1	x_2	$\cdots$	x_n	$\cdots$
p_k	p_1	p_2	$\cdots$	p_n	$\cdots$

表格直观地表示了随机变量 X 的所有可能取的值以及取每一个可能值的概率情况. X 取各个可能值各有一定的概率, 且这些概率加起来是 1, 可以视为概率 1 以一定的规律分布在各个可能值上.

例 2.2.1　某运动员参加跳高项目的选拔赛, 规定一旦跳过指定高度就被入选, 但是限制

每人最多只能跳 6 次, 若 6 次均未过竿, 则认定其落选. 如果一位参试者在该指定高度的过竿率为 0.6, 求他在测试中所跳次数的概率分布.

解　设该人在选拔赛中所跳的次数为 X , 其可能取的值为 1, 2, 3, 4, 5, 6. 显然 X 是一个离散型随机变量.以 p 表示每次试跳的过竿率, 易知 X 的分布律为

$$P\{X = k\} = (1-p)^{k-1} p \quad (k = 1,2,3,4,5)$$
$$P\{X = 6\} = (1-p)^5$$

将 $p = 0.6$ 代入得 X 的概率分布为

X	1	2	3	4	5	6
p_k	0.6	0.24	0.096	0.038 4	0.015 36	0.010 24

2.2.2　几种常见的离散型随机变量

1. (0−1)分布

设随机变量 X 只可能取 0, 1 两个值, 其分布律为

$$P\{X = k\} = p^k (1-p)^{1-k} \quad (k = 0,1; \ 0 < p < 1) \tag{2.2.2}$$

则称 X 服从(0−1)分布或**两点分布**.

(0−1)分布的分布律也可写成

X	0	1
p_k	1−p	p

对于一个随机试验, 如果它的试验结果只有两种可能, 即样本空间 $S = \{e_1, e_2\}$, 总能定义一个在样本空间 S 上服从(0−1)分布的随机变量

$$X = X(e) = \begin{cases} 0, & e = e_1 \\ 1, & e = e_2 \end{cases}$$

来描述这一随机试验的结果.例如, 例 2.1.4 中的随机变量 X 就是服从(0−1)分布的.抛硬币时的正面朝上与反面朝上, 射击时的命中与不中, 产品检验中的合格与不合格等都可以用服从 (0−1)分布的随机变量来描述.

2. 二项分布

若 E 是随机试验, 其结果只有两种可能: 事件 A 和事件 $\bar{A}$, 则称 E 为**伯努利试验**.设 $p(A) = p (0 < p < 1)$, 此时 $p(\bar{A}) = 1 - p = q$.将 E 独立地重复进行 n 次, 则称这一串重复的独立试验为 **n 重伯努利试验**.这里的"重复"指的是在每次试验中事件 A 的概率 $p(A) = p$ 保持不变; "独立"是指每次试验结果发生的概率都不依赖于其他各次试验的结果.

以 X 表示 n 重伯努利试验中事件 A 发生的次数, X 是一个随机变量, 其可能取的值为 0, 1, 2, $\cdots$, n.因为各次试验是相互独立的, 所以事件 A 在指定的 k $(0 \leqslant k \leqslant n)$ 次试验中发生,

在其他的 $n-k$ 次试验中不发生的概率为 $p^k(1-p)^{n-k}$.这种指定的方式有 C_n^k 种,它们是两两互不相容的,故在 n 重伯努利试验中事件 A 恰好发生 k 次的概率为 $C_n^k p^k(1-p)^{n-k}$,即

$$P\{X=k\}=C_n^k p^k q^{n-k} \quad (k=0,1,2,\cdots,n) \tag{2.2.3}$$

显然 $P\{X=k\}$ 符合分布律的性质:

$$P\{X=k\}=C_n^k p^k q^{n-k} \geqslant 0 \quad (k=0,1,2,\cdots,n)$$

$$\sum_{k=0}^{n} P\{X=k\}=\sum_{k=0}^{n} C_n^k p^k q^{n-k}=(p+q)^n=1$$

因为 $C_n^k p^k q^{n-k}$ 恰好是二项式 $(p+q)^n$ 的展开式中含 p^k 的那一项,所以称随机变量 X 服从参数为 n,p 的**二项分布**,记为 $X \sim b(n,p)$.

特别地,当 $n=1$ 时,二项分布为

$$P\{X=k\}=p^k q^{1-k} \quad (k=0,1)$$

这就是(0-1)分布.

例 2.2.2 一台机床制造次品零件的概率为 0.3,现从该机床制造的一大批零件中随机地抽取 10 件,问这 10 件零件中恰有 k ($k=0,1,\cdots,10$)件为次品的概率是多少?

解 因为这批零件的数量很大,抽查零件数量相对很小,所以可以将不放回抽样近似地看作放回抽样,即认为做了 10 重伯努利试验.记 X 为 10 件零件中次品的件数,则 X 是一个随机变量,且 $X \sim b(10,0.3)$,由式(2.2.3)即得所求概率为

$$P\{X=k\}=C_{10}^k (0.3)^k (0.7)^{10-k} \quad (k=0,1,2,\cdots,10)$$

将计算结果列表表示:

X	0	1	2	3	4	5	6	7	8	$\geqslant 9$
p_k	0.028	0.121	0.233	0.267	0.200	0.103	0.037	0.009	0.001	≈ 0

由表中数据可见,当 k 增大时,$P\{X=k\}$ 先随之单调增加,达到最大值后又单调下降.

一般地,对固定的 n 和 p,二项分布 $b(n,p)$ 都具有上述性质.此外,可以证明若 $(n+1)p=m$ 为整数时,$P\{X=k\}$ 在 $k=m$ 和 $k=m-1$ 处同时取得最大值;$(n+1)p$ 不是整数时,$P\{X=k\}$ 在 $k=[(n+1)p]$(其中,[]为取整符号,$[x]$ 表示不大于 x 的最大整数)处取得最大值.

例 2.2.3 为了保证设备正常工作,需配备适量的维修工人.现有同类型设备 80 台,各台工作是相互独立的,发生故障的概率都是 0.01.在通常情况下一台设备的故障可由一个人来处理.考虑两种配备维修工人的方案,一种是由 4 人维护,每人负责 20 台,另一种是由 3 人共同维护 80 台.试比较这两种方法在设备发生故障时不能及时维修的概率.

解 方案一:以 X 记"一名维修工人负责的 20 台设备中同一时刻发生故障的台数",则 $X \sim b(20,0.01)$,发生故障时不能及时维修的概率为

$$P\{X \geqslant 2\}=1-\sum_{k=0}^{1} C_{20}^k (0.01)^k (0.99)^{20-k}=0.016\,9$$

以 A_i ($i=1,2,3,4$)表示事件"第 i 个人负责的 20 台发生故障不能及时维修",则 $P(A_i)=P\{X \geqslant 2\}$ ($i=1,2,3,4$),80 台中发生故障不能及时维修的概率为

$$P(A_1 \bigcup A_2 \bigcup A_3 \bigcup A_4) = 1 - P(\overline{A_1}\overline{A_2}\overline{A_3}\overline{A_4}) = 1 - (1 - 0.0169)^4 = 0.0659$$

方案二：以 Y 记"80 台中同一时刻发生故障的台数"，则 $Y \sim b(80, 0.01)$，故发生故障时不能及时维修的概率为

$$P\{Y \geqslant 4\} = 1 - \sum_{k=0}^{3} C_{80}^{k}(0.01)^k(0.99)^{80-k} = 0.0087$$

由上可知，方案二尽管任务加重，但是工作效率却明显提高.

例2.2.4 某人进行射击，设每次射击的命中率为0.02，独立射击400次，试求至少击中两次的概率.

解 将每次射击看成一次试验，进行 400 次射击，看成做 400 重伯努利试验. 以 X 记击中的次数，则 X 为随机变量，且 $X \sim b(400, 0.02)$. 其概率分布为

$$P\{X = k\} = C_{400}^{k}(0.02)^k(0.98)^{400-k} \quad (k = 0, 1, 2, \cdots, 400)$$

故所求概率为

$$\begin{aligned}
P\{X \geqslant 2\} &= 1 - P\{X = 0\} - P\{X = 1\} \\
&= 1 - (0.98)^{400} - 400(0.02)(0.98)^{399} \\
&= 0.9972
\end{aligned}$$

对这个结果，可从两方面讨论它的实际意义：其一，虽然每次射击的命中率 0.02 很小，可看成是小概率事件，但如果独立射击 400 次，至少击中两次的概率很接近 1，几乎是必然事件. 由此可知，绝对不能轻视小概率事件，在一次试验中，小概率事件几乎不会发生，但只要重复独立地进行大量的试验，这一事件的发生几乎是肯定的. 其二，如果命中率为 0.02，在 400 次射击中，命中次数不到两次的概率很小（$P\{X < 2\} \approx 0.003$），根据实际推断原理，有理由怀疑其命中率是 0.02，即认为命中率小于 0.02.

二项分布在实际中有广泛的应用，但当 n 较大时，有些概率的计算非常麻烦，在以后的内容中，将介绍几种近似计算的方法.

3. 泊松分布

如果随机变量 X 所有可能的取值为非负整数 0, 1, 2, $\cdots$，并且取各值的概率为

$$P\{X = k\} = \frac{\lambda^k \mathrm{e}^{-\lambda}}{k!} \quad (k = 0, 1, 2, \cdots) \tag{2.2.4}$$

其中 $\lambda > 0$ 为常数，则称 X 服从参数为 λ 的**泊松分布**，记为 $X \sim \pi(\lambda)$.

显然 $P\{X = k\}$ 符合分布律的性质：

$$P\{X = k\} \geqslant 0 \quad (k = 0, 1, 2, \cdots)$$

$$\sum_{k=0}^{\infty} P\{X = k\} = \sum_{k=0}^{\infty} \frac{\lambda^k \mathrm{e}^{-\lambda}}{k!} = \mathrm{e}^{-\lambda} \sum_{k=0}^{\infty} \frac{\lambda^k}{k!} = \mathrm{e}^{-\lambda} \cdot \mathrm{e}^{\lambda} = 1$$

具有泊松分布的随机变量在实际应用中很常见，例如，在某单位时间内电话用户对电话网的呼叫次数、某车站等待乘车的旅客人数、某地区发生的交通事故的次数、在一个时间间隔内某种放射性物质发出的经过计数器的粒子数、一匹布上的疵点个数等都近似服从泊松分布.

例 2.2.5 已知一本书一页中的印刷错误的个数 X 服从参数为 0.2 的泊松分布，求一页上印刷错误不多于 1 个的概率.

解 $X \sim \pi(0.2)$，由式(2.2.4)可得

$$P\{X \leqslant 1\} = \sum_{k=0}^{1} \frac{0.2^k \mathrm{e}^{-0.2}}{k!} \approx 0.818\ 7 + 0.163\ 7 = 0.982\ 4$$

泊松分布也是概率论中的一种重要分布，它可以作为描述大量试验中稀有事件出现频数的概率分布的数学模型，在一定条件下也用来逼近二项分布.

2.2.3 泊松定理

定理 2.2.1(泊松定理) 设 $\lambda > 0$ 是一个常数，n 是正整数，设 $np_n = \lambda$，则对于任一固定的非负整数 k，有

$$\lim_{n \to \infty} C_n^k p_n^k (1 - p_n)^{n-k} = \frac{\lambda^k \mathrm{e}^{-\lambda}}{k!}$$

证 由 $p_n = \dfrac{\lambda}{n}$，有

$$C_n^k p_n^k (1 - p_n)^{n-k} = \frac{n(n-1)\cdots(n-k+1)}{k!} \left(\frac{\lambda}{n}\right)^k \left(1 - \frac{\lambda}{n}\right)^{n-k}$$

$$= \frac{\lambda^k}{k!} \cdot \frac{n-1}{n} \cdots \frac{n-k+1}{n} \left(1 - \frac{\lambda}{n}\right)^n \left(1 - \frac{\lambda}{n}\right)^{-k}$$

对任意固定的非负整数 k，当 $n \to \infty$ 时

$$\frac{n-1}{n} \cdots \frac{n-k+1}{n} \to 1, \quad \left(1 - \frac{\lambda}{n}\right)^n \to \mathrm{e}^{-\lambda}, \quad \left(1 - \frac{\lambda}{n}\right)^{-k} \to 1$$

因此 $\dfrac{\lambda^k}{k!} \cdot \dfrac{n-1}{n} \cdots \dfrac{n-k+1}{n} \left(1 - \dfrac{\lambda}{n}\right)^n \left(1 - \dfrac{\lambda}{n}\right)^{-k} \to \mathrm{e}^{-\lambda} \dfrac{\lambda^k}{k!}$，即

$$\lim_{n \to \infty} C_n^k p_n^k (1 - p_n)^{n-k} = \frac{\lambda^k \mathrm{e}^{-\lambda}}{k!}$$

泊松定理表明，泊松分布是二项分布的极限分布.当 n 很大，p 很小时，以 n，p 为参数的二项分布就可近似地看成是参数 $\lambda = np$ 的泊松分布.一般地，当 $n \geqslant 20$，$p \leqslant 0.05$ 时，常用以下近似式：

$$C_n^k p^k (1 - p)^{n-k} \approx \frac{\lambda^k \mathrm{e}^{-\lambda}}{k!} \tag{2.2.5}$$

其中 $\lambda = np$，作二项分布概率的近似计算.

例如，例 2.2.4 利用式(2.2.5)来计算，$\lambda = 400 \times 0.02 = 8$，且

$$P\{X \geqslant 2\} = 1 - P\{x=0\} - P\{x=1\} \approx 1 - \mathrm{e}^{-8} - 8\mathrm{e}^{-8} \approx 0.997\ 0$$

与用二项分布计算的结果比较，近似值效果较好.

2.3 随机变量的分布函数

2.3.1 分布函数的定义

对于非离散型随机变量, 它的可能取值不能一一列举出来, 因而不能像研究离散型随机变量那样用分布律来描述它的概率分布. 另外, 在实际中, 对于这样的随机变量, 人们不会关心它取某特定值的概率(事实上, 在 2.4 节将看到, 通常遇见的非离散型随机变量取任一固定值的概率都等于 0), 而是考虑它在某一区间内取值的概率. 例如, 研究元件的寿命 T, 常考虑 T 大于某个数的概率. 一般地, 研究随机变量取值在区间 $(a,b]$ 上的概率:

$$P\{a < X \leqslant b\} = P\{X \leqslant b\} - P\{X \leqslant a\}$$

只要对一切实数 x, 给出概率 $P\{X \leqslant x\}$, 就可以计算出上述概率. 下面引入随机变量的分布函数的概念.

定义 2.3.1 设 X 是一个随机变量, x 是任意实数, 函数

$$F(x) = P\{X \leqslant x\} \quad (-\infty < x < +\infty)$$

称为 X 的**分布函数**.

若把 X 看作是数轴上的随机取点的坐标, 则分布函数 $F(x)$ 在 x 处的函数值就表示 X 落在区间 $(-\infty, x]$ 上的概率. 对于任意的实数 $a < b$, 有

$$P\{a < X \leqslant b\} = P\{X \leqslant b\} - P\{X \leqslant a\} = F(b) - F(a)$$

故只要知道 X 的分布函数, 就可以计算出随机变量 X 落在任一区间 $(a,b]$ 上的概率, 从这个意义上讲, 分布函数完整地描述了随机变量的统计规律性, 或者说, 分布函数完整地表示了随机变量的概率分布情况. 此外, 分布函数 $F(x)$ 是定义在 $(-\infty, +\infty)$ 上的普通函数, 便于人们运用数学分析的方法对随机变量做深入地研究.

2.3.2 分布函数的基本性质

(1) $F(x)$ 是一个单调不减函数.

事实上, 对于任意实数 $x_1 < x_2$, $F(x_2) - F(x_1) = P\{x_1 < X \leqslant x_2\} \geqslant 0$.

(2) $0 \leqslant F(x) \leqslant 1$, 且 $F(-\infty) = \lim\limits_{x \to -\infty} F(x) = 0$, $F(+\infty) = \lim\limits_{x \to +\infty} F(x) = 1$.

上述两式, 只给出一个直观的解释: 若将区间 $(-\infty, x]$ 的端点 x 沿数轴无限向左移动(即 $x \to -\infty$), 则 " X 落在 x 左边" 这一事件逐渐成为不可能, 从而其概率趋于 0, 即 $F(-\infty) = \lim\limits_{x \to -\infty} F(x) = 0$; 若将区间 $(-\infty, x]$ 的端点 x 沿数轴无限向右移动(即 $x \to +\infty$), 则 " X 落在 x 左边" 这一事件逐渐成为必然的, 从而其概率趋于 1, 即 $F(+\infty) = \lim\limits_{x \to +\infty} F(x) = 1$.

(3) $F(x)$ 是右连续的, 即 $F(x+0) = F(x)$.

可以证明, 具有上述三条性质的实函数, 必是某个随机变量的分布函数.

例 2.3.1 设随机变量 X 的分布律为

X	-1	0	2
P	0.1	0.6	0.3

求 X 的分布函数 $F(x)$, 并求概率 $P\left\{X \leqslant -\dfrac{1}{2}\right\}$, $P\left\{-\dfrac{2}{3} < X \leqslant \dfrac{3}{2}\right\}$, $P\{0 \leqslant X \leqslant 2\}$.

解 X 只在 $-1, 0, 2$ 三点处概率不为 0, 根据分布函数的定义知, $F(x)$ 的值是 $X \leqslant x$ 的累积概率值, 由概率的可加性, 得

$$F(x) = \begin{cases} 0, & x < -1 \\ P\{X = -1\}, & -1 \leqslant x < 0 \\ P\{X = -1\} + P\{X = 0\}, & 0 \leqslant x < 2 \\ 1, & x \geqslant 2 \end{cases}$$

即

$$F(x) = \begin{cases} 0, & x < -1 \\ 0.1, & -1 \leqslant x < 0 \\ 0.7, & 0 \leqslant x < 2 \\ 1, & x \geqslant 2 \end{cases}$$

则

$$P\left\{X \leqslant -\frac{1}{2}\right\} = F\left(-\frac{1}{2}\right) = 0.1$$

$$P\left\{-\frac{2}{3} < X \leqslant \frac{3}{2}\right\} = F\left(\frac{3}{2}\right) - F\left(-\frac{2}{3}\right) = 0.7 - 0.1 = 0.6$$

$$P\{0 \leqslant X \leqslant 2\} = P\{0 < X \leqslant 2\} + P\{X = 0\}$$
$$= F(2) - F(0) + P\{X = 0\} = 1 - 0.7 + 0.6 = 0.9$$

对于离散型随机变量 X, 若 X 的分布律为

$$P\{X = x_k\} = p_k \quad (k = 1, 2, \cdots)$$

由概率的可列可加性得 X 的分布函数为

$$F(x) = P\{X \leqslant x\} = \sum_{x_k \leqslant x} P\{X = x_k\}$$

即

$$F(x) = \sum_{x_k \leqslant x} P_k \tag{2.3.1}$$

其分布函数是一个阶梯形的跳跃函数, 在 $x = x_k$ $(k = 1, 2, \cdots)$ 处有跳跃, 跳跃值恰是 $P_k = P\{X = x_k\}$. 离散型随机变量既可以用分布律来描述, 又可以用分布函数来描述.

例 2.3.2 在区间 $[a, b]$ 中随机取一个数 X, 求 X 的分布函数.

解 利用几何概率的特点, 当 $a < x < b$ 时, X 落在 (a, x) 上的概率与区间长度成正比, 即

$$P\{a < X < x\} = \frac{x - a}{b - a}$$

故

$$F(x) = P\{X \leqslant x\} = \begin{cases} 0, & x \leqslant a \\ \dfrac{x - a}{b - a}, & a < x \leqslant b \\ 1, & x > b \end{cases}$$

它的图形是一条连续曲线, 如图 2.3.1 所示.

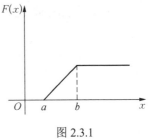

图 2.3.1

例 2.3.3 一个靶子是半径为 r 的圆盘, 设击中靶上任一同心圆盘上的点的概率与该圆盘的面积成正比, 并设射击都能中靶, 以 X 表示弹着点与圆心的距离, 试求随机变量 X 的分布函数.

解 若 $x < 0$, 则 $\{X \leqslant x\}$ 是不可能事件, 于是
$$F(x) = P\{X \leqslant x\} = 0$$

当 $0 \leqslant x \leqslant r$ 时, 由题意, 有 $P\{0 \leqslant X \leqslant x\} = k\pi x^2$, k 是某一常数, 为了确定常数 k 的值, 取 $x = r$, 由 $P\{0 \leqslant X \leqslant r\} = k\pi r^2 = 1$, 则 $k = \dfrac{1}{\pi r^2}$, 即 $P\{0 \leqslant X \leqslant x\} = \dfrac{x^2}{r^2}$, 此时

$$F(x) = P\{X \leqslant x\} = P\{X < 0\} + P\{0 \leqslant X \leqslant x\} = \frac{x^2}{r^2}$$

当 $x > r$ 时, $\{X \leqslant x\}$ 是必然事件, 于是 $F(x) = P\{X \leqslant x\} = 1$.

综上所述, 得 X 的分布函数为

$$F(x) = \begin{cases} 0, & x < 0 \\ \dfrac{x^2}{r^2}, & 0 \leqslant x \leqslant r \\ 1, & x > r \end{cases}$$

其图形为一条连续曲线, 如图 2.3.2 所示.

容易看到, 例 2.3.2 和例 2.3.3 中的分布函数 $F(x)$, 对于任意 x 可以写成形式

$$F(x) = \int_{-\infty}^{x} f(t)\mathrm{d}t$$

例如, 对例 2.3.3 中的分布函数, 可取

$$f(t) = \begin{cases} \dfrac{2t}{r^2}, & 0 < t < r \\ 0, & \text{其他} \end{cases}$$

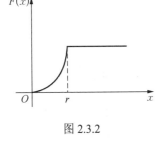

图 2.3.2

这就是说, $F(x)$ 恰是非负函数 $f(t)$ 在区间 $(-\infty, x]$ 上的积分, 这种随机变量就是接下来将要介绍的连续型随机变量.

2.4 连续型随机变量及其概率密度

2.4.1 连续型随机变量的概念

一般地, 如果对于随机变量 X 的分布函数 $F(x)$, 存在非负函数 $f(x)$, 使得对任意实数 x 都有

$$F(x) = \int_{-\infty}^{x} f(t)\mathrm{d}t \tag{2.4.1}$$

则称 X 为**连续型随机变量**，非负函数 $f(x)$ 称为 X 的**概率密度函数**，简称概率密度或密度函数.

由式(2.4.1)，根据微积分知识可知，连续型随机变量的分布函数是连续函数. 另外，若改变密度函数 $f(x)$ 在个别点上的函数值，不会影响分布函数 $F(x)$ 的值.

由定义可知，连续型随机变量的密度函数 $f(x)$ 具有如下基本性质:

(1) 非负性　$f(x) \geqslant 0$;

(2) 规范性　$\int_{-\infty}^{+\infty} f(x) \mathrm{d}x = 1$.

由性质(1)知曲线 $y = f(x)$ 位于 x 轴上方; 由性质(2)知介于曲线 $y = f(x)$ 与 x 轴之间的区域的面积等于 1(图 2.4.1).

可以证明，满足这两条性质的函数 $f(x)$ 可以是某个随机变量的概率密度函数. 此外，密度函数还具有如下性质.

(3) 对于任意实数 $x_1, x_2 \ (x_1 \leqslant x_2)$，有

$$P\{x_1 < X \leqslant x_2\} = F(x_2) - F(x_1) = \int_{x_1}^{x_2} f(x) \mathrm{d}x$$

(4) 若 $f(x)$ 在点 x 处连续，则 $F'(x) = f(x)$.

由性质(3)知随机变量 X 落在区间 $(x_1, x_2]$ 上的概率 $P\{x_1 < X \leqslant x_2\}$ 等于区间 $(x_1, x_2]$ 上曲线 $y = f(x)$ 之下的曲边梯形的面积(图 2.4.2); 由性质(4)知在 $f(x)$ 的连续点 x 处有

$$f(x) = F'(x) = \lim_{\Delta x \to 0^+} \frac{F(x + \Delta x) - F(x)}{\Delta x} = \lim_{\Delta x \to 0^+} \frac{P(x < X \leqslant x + \Delta x)}{\Delta x} \tag{2.4.2}$$

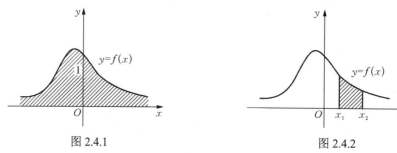

图 2.4.1　　　　　　　　　　　图 2.4.2

由式(2.4.2)可见，连续型随机变量的概率密度函数与物理学中线密度的定义类似，故称 $f(x)$ 为概率密度函数. 若不计高阶无穷小，由式(2.4.2)有

$$P\{x < X \leqslant x + \Delta x\} \approx f(x)\Delta x \tag{2.4.3}$$

它表示 X 落在小区间 $(x, x + \Delta x)$ 里的概率近似地等于 $f(x)\Delta x$.

例 2.4.1　设随机变量 X 具有概率密度

$$f(x) = \begin{cases} A\cos x, & |x| \leqslant \dfrac{\pi}{2} \\ 0, & |x| > \dfrac{\pi}{2} \end{cases}$$

(1) 确定常数 A; (2) 求 $P\left\{0 < X \leqslant \dfrac{\pi}{4}\right\}$; (3) 求 X 的分布函数.

解　(1) 由 $\int_{-\infty}^{+\infty} f(x) \mathrm{d}x = 1$，得 $\int_{-\frac{\pi}{2}}^{\frac{\pi}{2}} A\cos x \mathrm{d}x = 1$，解得 $A = \dfrac{1}{2}$，于是 X 的概率密度为

$$f(x) = \begin{cases} \dfrac{1}{2}\cos x, & |x| \leqslant \dfrac{\pi}{2} \\ 0, & |x| > \dfrac{\pi}{2} \end{cases}$$

(2) $P\left\{0 < X \leqslant \dfrac{\pi}{4}\right\} = \displaystyle\int_0^{\frac{\pi}{4}} f(x)\mathrm{d}x = \int_0^{\frac{\pi}{4}} \dfrac{1}{2}\cos x\mathrm{d}x = \dfrac{\sqrt{2}}{4}$.

(3) X 的分布函数为

$$F(x) = \begin{cases} 0, & x < -\dfrac{\pi}{2} \\ \displaystyle\int_{-\frac{\pi}{2}}^{x} \dfrac{1}{2}\cos t\mathrm{d}t, & -\dfrac{\pi}{2} \leqslant x < \dfrac{\pi}{2} \\ 1, & x \geqslant \dfrac{\pi}{2} \end{cases}$$

即

$$F(x) = \begin{cases} 0, & x < -\dfrac{\pi}{2} \\ \dfrac{1}{2}(1+\sin x), & -\dfrac{\pi}{2} \leqslant x < \dfrac{\pi}{2} \\ 1, & x \geqslant \dfrac{\pi}{2} \end{cases}$$

对于连续型随机变量 X，需要指出的是，它取任一指定的实数值 x_0 的概率都为 0，即 $P\{X = x_0\} = 0$. 事实上，设 $\Delta x > 0$，则 $\{X = x_0\} \subset \{x_0 - \Delta x < X \leqslant x_0\}$，有

$$0 \leqslant P\{X = x_0\} \leqslant P\{x_0 - \Delta x < X \leqslant x_0\} = F(x_0) - F(x_0 - \Delta x)$$

因 X 是连续型随机变量，其分布函数 $F(x)$ 是连续函数，有

$$F(x_0) - F(x_0 - \Delta x) \to 0 \ (\Delta x \to 0)$$

故 $$P\{X = x_0\} = 0$$

由此可见，用列举取某个值的概率来描述连续型随机变量不但做不到，而且毫无意义. 此外，上述结果表明，概率为 0 的事件不一定是不可能事件；同样，概率为 1 的事件并不意味着它是必然事件.

对于连续型随机变量 X，下列等式成立：

$$P\{a < X \leqslant b\} = P\{a \leqslant X \leqslant b\} = P\{a < X < b\} = P\{a \leqslant X < b\}$$

都等于 $F(b) - F(a)$，因此，在计算连续型随机变量 X 落在某区间的概率时，不需考虑是否包含端点值.

2.4.2 几种重要的连续型随机变量

1. 均匀分布

若连续型随机变量 X 的概率密度为

$$f(x) = \begin{cases} \dfrac{1}{b-a}, & a < x < b \\ 0, & \text{其他} \end{cases} \qquad (2.4.4)$$

则称 X 在 (a,b) 上服从**均匀分布**, 记为 $X \sim U(a,b)$.

显然, $f(x) \geq 0$, 且 $\int_{-\infty}^{+\infty} f(x)\mathrm{d}x = 1$.

X 的分布函数为

$$F(x) = \begin{cases} 0, & x < a \\ \dfrac{x-a}{b-a}, & a \leq x < b \\ 1, & x \geq b \end{cases} \qquad (2.4.5)$$

$f(x)$, $F(x)$ 的图形如图 2.4.3 所示.

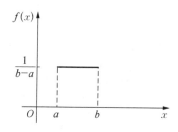 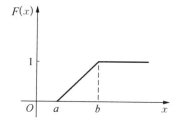

图 2.4.3

对于任意满足 $a \leq c < c + l \leq b$ 的区间 $(c, c+l)$, 有

$$P\{c < X \leq c + l\} = \int_c^{c+l} \frac{1}{b-a}\mathrm{d}x = \frac{l}{b-a}$$

这表明, X 取值于区间 (a,b) 中任一子区间的概率与该子区间的长度成正比, 而与子区间的具体位置无关. 也就是说, 它落在区间 (a,b) 中任意长度相等的子区间内的可能性是相同的. 因此, 均匀分布可以用来描述在一个区间上具有等可能性的随机试验的统计规律, 例如, 一维几何概率就可以用均匀分布来描述.

例 2.4.2 在一个公汽站, 4 路公交车每 10 min 有一辆到达, 乘客在 10 min 内任一时刻到达公汽站是等可能的, 求一乘客等待时间超过 8 min 的概率.

解 用 X 表示乘客的等待时间, 由题意知 $X \sim U(0,10)$, 其概率密度为

$$f(x) = \begin{cases} \dfrac{1}{10}, & 0 < x < 10 \\ 0, & \text{其他} \end{cases}$$

则所求的概率为

$$P\{X > 8\} = \int_8^{+\infty} f(x)\mathrm{d}x = \int_8^{10} \frac{1}{10}\mathrm{d}x = 0.2$$

2. 指数分布

若连续型随机变量 X 的概率密度为

$$f(x) = \begin{cases} \dfrac{1}{\theta} e^{-\frac{x}{\theta}}, & x > 0 \\ 0, & \text{其他} \end{cases} \tag{2.4.6}$$

其中 $\theta > 0$ 为常数, 则称 X 服从参数为 θ 的**指数分布**.

显然, $f(x) \geqslant 0$, 且 $\int_{-\infty}^{+\infty} f(x)\mathrm{d}x = 1$.

X 的分布函数为

$$F(x) = \begin{cases} 1 - e^{-\frac{x}{\theta}}, & x > 0 \\ 0, & \text{其他} \end{cases} \tag{2.4.7}$$

服从指数分布的随机变量 X 具有一个有趣的性质——"无记忆性":

对于任意 $s, t > 0$, 有

$$P\{X > s+t \mid X > s\} = P\{X > t\} \tag{2.4.8}$$

事实上

$$P\{X > s+t \mid X > s\} = \frac{P\{X > s+t, X > s\}}{P\{X > s\}} = \frac{P\{X > s+t\}}{P\{X > s\}}$$

$$= \frac{1 - P\{X \leqslant s+t\}}{1 - P\{X \leqslant s\}} = \frac{1 - F(s+t)}{1 - F(s)}$$

$$= \frac{e^{-\frac{s+t}{\theta}}}{e^{-\frac{s}{\theta}}} = e^{-\frac{t}{\theta}} = P\{X > t\}$$

指数分布在排队论和可靠性理论中有着重要的应用, 常用它描述从某时间开始直到某个特定事件发生所需要的等待时间, 或是没有明显"衰老"机制的元件的使用寿命.

3. 正态分布

若随机变量 X 的概率密度函数为

$$f(x) = \frac{1}{\sqrt{2\pi}\sigma} e^{-\frac{(x-\mu)^2}{2\sigma^2}} \quad (-\infty < x < +\infty) \tag{2.4.9}$$

其中 μ, $\sigma\,(\sigma > 0)$ 为常数, 则称 X 服从参数为 μ, σ 的**正态分布**或**高斯分布**, 记为

$$X \sim N(\mu, \sigma^2)$$

显然 $f(x) \geqslant 0$, 下面证明 $\int_{-\infty}^{+\infty} f(x)\mathrm{d}x = 1$.

令 $(x-\mu)/\sigma = t$, 得

$$\int_{-\infty}^{+\infty} \frac{1}{\sqrt{2\pi}\sigma} e^{-\frac{(x-\mu)^2}{2\sigma^2}} \mathrm{d}x = \frac{1}{\sqrt{2\pi}} \int_{-\infty}^{+\infty} e^{-\frac{t^2}{2}} \mathrm{d}t$$

由反常积分 $\int_0^{+\infty} e^{-x^2} \mathrm{d}x = \dfrac{\sqrt{\pi}}{2}$, 得 $\int_{-\infty}^{+\infty} e^{-\frac{t^2}{2}} \mathrm{d}t = \sqrt{2\pi}$, 于是

$$\int_{-\infty}^{+\infty} \frac{1}{\sqrt{2\pi}\sigma} e^{-\frac{(x-\mu)^2}{2\sigma^2}} \mathrm{d}x = 1$$

正态分布的概率密度函数 $f(x)$ 的图形如图 2.4.4 所示, 具有如下特点:

(1) 曲线 $y = f(x)$ 关于 $x = \mu$ 对称;

(2) 在 $(-\infty, \mu)$ 上 $f(x)$ 单调增加, 在 $(\mu, +\infty)$ 上 $f(x)$ 单调减少, $x = \mu$ 时取得最大值 $f(\mu) = \dfrac{1}{\sqrt{2\pi}\sigma}$;

(3) 曲线在 $x = \mu \pm \sigma$ 处有拐点, 以 x 轴为渐近线.

另外, 当 σ 固定, 改变 μ 的值时, $y = f(x)$ 的图形沿 x 轴平移而不改变形状(图 2.4.4), 则 μ 称为位置参数(在第 4 章将指出 μ 是 X 的平均值); 若 μ 固定, 改变 σ 的值, 则 $y = f(x)$ 的图形的形状随着 σ 的增大而变得平坦(图 2.4.5), 故 σ 称为形状参数.

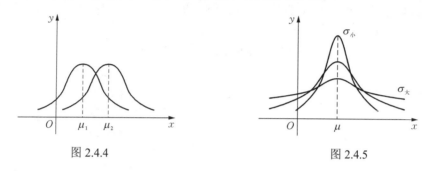

图 2.4.4   图 2.4.5

由式(2.4.9)得 X 的分布函数为

$$F(x) = \frac{1}{\sqrt{2\pi}\sigma} \int_{-\infty}^{x} e^{-\frac{(t-\mu)^2}{2\sigma^2}} \, dt \tag{2.4.10}$$

特别地, 当参数 $\mu = 0, \sigma = 1$ 时, 称随机变量 X 服从标准正态分布. 记为 $X \sim N(0,1)$, 其密度函数和分布函数分别记为 $\varphi(x)$ 和 $\Phi(x)$, 即

$$\varphi(x) = \frac{1}{\sqrt{2\pi}} e^{-\frac{x^2}{2}} \quad (-\infty < x < +\infty) \tag{2.4.11}$$

$$\Phi(x) = \frac{1}{\sqrt{2\pi}} \int_{-\infty}^{x} e^{-\frac{t^2}{2}} \, dt \tag{2.4.12}$$

显然, $\varphi(x)$ 是偶函数, 即 $\varphi(-x) = \varphi(x)$. 另外, 易知

$$\Phi(-x) = 1 - \Phi(x) \tag{2.4.13}$$

$\Phi(x)$ 的函数值已编制成表可供查用(见附表 1). 表中只有 $x > 0$ 时 $\Phi(x)$ 的值, 当 $x < 0$ 时, 可以先查得 $\Phi(-x)$ 的函数值, 再由式(2.4.13)求得 $\Phi(x)$.

例如, 已知 $X \sim N(0,1)$, 则 $P\{-\infty < X \leqslant -3\} = \Phi(-3) = 1 - \Phi(3)$, 查表, $\Phi(3) = 0.9987$, 故
$$P\{-\infty < X \leqslant -3\} = 1 - 0.9987 = 0.0013$$

若 $X \sim N(\mu, \sigma^2)$, 只需通过一个线性变换, 就可以将它化成标准正态分布.

引理 2.4.1 若 $X \sim N(\mu, \sigma^2)$, 则 $Y = \dfrac{X - \mu}{\sigma} \sim N(0,1)$.

证 $Y = \dfrac{X - \mu}{\sigma}$ 的分布函数为

$$P\{Y \leqslant x\} = P\left\{\frac{X-\mu}{\sigma} \leqslant x\right\} = P\{X \leqslant \mu + \sigma x\} = \frac{1}{\sqrt{2\pi}\sigma} \int_{-\infty}^{\mu+\sigma x} e^{-\frac{(t-\mu)^2}{2\sigma^2}} dt$$

令 $\dfrac{t-\mu}{\sigma} = u$，得

$$P\{Y \leqslant x\} = \frac{1}{\sqrt{2\pi}} \int_{-\infty}^{x} e^{-\frac{u^2}{2}} du = \Phi(x)$$

故
$$Y = \frac{X-\mu}{\sigma} \sim N(0,1)$$

由此可得，若 $X \sim N(\mu, \sigma^2)$，则它的分布函数

$$F(x) = P\{X \leqslant x\} = P\left\{\frac{X-\mu}{\sigma} \leqslant \frac{x-\mu}{\sigma}\right\} = \Phi\left(\frac{x-\mu}{\sigma}\right) \tag{2.4.14}$$

例如，设 $X \sim N(1,4)$，求 $P\{0 < X \leqslant 1.2\}$.

$$P\{0 < X \leqslant 1.2\} = F(1.2) - F(0) = \Phi\left(\frac{1.2-1}{2}\right) - \Phi\left(\frac{0-1}{2}\right)$$
$$= \Phi(0.1) - \Phi(-0.5) = \Phi(0.1) - [1 - \Phi(0.5)]$$
$$= 0.5398 - (1 - 0.6915) = 0.2313$$

设 $X \sim N(\mu, \sigma^2)$，则对于正整数 k 有

$$P\{|X-\mu| < k\sigma\} = P\{\mu - k\sigma < X < \mu + k\sigma\}$$
$$= \Phi\left(\frac{\mu + k\sigma - \mu}{\sigma}\right) - \Phi\left(\frac{\mu - k\sigma - \mu}{\sigma}\right)$$
$$= \Phi(k) - \Phi(-k) = 2\Phi(k) - 1$$

故

$$P\{|X-\mu| < \sigma\} = 2\Phi(1) - 1 = 0.6826$$
$$P\{|X-\mu| < 2\sigma\} = 2\Phi(2) - 1 = 0.9544$$
$$P\{|X-\mu| < 3\sigma\} = 2\Phi(3) - 1 = 0.9974$$

可以看出，虽然正态变量在 $(-\infty, +\infty)$ 上取值，但以 99.7%的概率落在 $(\mu-3\sigma, \mu+3\sigma)$ 内，这就是所谓的"3σ 法则".

例 2.4.3 对某地区抽样结果表明，考生的外语成绩(百分制)近似地服从正态分布，平均成绩为 72 分，可以认为 $\mu = 72$，96 分以上的占考生总数的 2.3%.试求该次外语考试的及格率.

解 设考生的英语成绩为 X，则 $X \sim N(72, \sigma^2)$，有

$$P\{X \geqslant 96\} = P\left\{\frac{X-72}{\sigma} \geqslant \frac{24}{\sigma}\right\} = 1 - \Phi\left(\frac{24}{\sigma}\right)$$

由题知 $P\{X \geqslant 96\} = 0.023$，于是 $1 - \Phi\left(\dfrac{24}{\sigma}\right) = 0.023$，即 $\Phi\left(\dfrac{24}{\sigma}\right) = 0.977$，查表得 $\dfrac{24}{\sigma} = 2$，即 $\sigma = 12$.有

$$P\{X \geqslant 60\} = P\left\{\frac{X-72}{12} \geqslant \frac{60-72}{12}\right\} = 1 - \Phi(-1) = \Phi(1) = 0.8413$$

故及格率为 84.13%.

在自然现象和社会现象中，有许多随机变量都是服从或近似服从正态分布的.例如，群体的某些生理指标(如身高、体重等)，产品的很多质量指标(如尺寸、强度等)，测量误差，农作物的产量，炮弹的弹着点偏离目标的位置坐标等都可认为服从正态分布.此外，正态分布具有良好的分析性质，有许多分布可以用正态分布来近似，还有一些分布可以由正态分布导出，在概率论及数理统计的理论研究中正态随机变量起着特别重要的作用.因此正态分布是概率论中最重要的分布之一.

为了以后便于应用，现引入标准正态随机变量的上 α 分位点的概念.

设 $X \sim N(0,1)$，给定 α $(0 < \alpha < 1)$，若 z_α 满足

$$P\{X > z_\alpha\} = \alpha \qquad (2.4.15)$$

则称 z_α 为标准正态分布的**上 α 分位点**(图2.4.6).

由式(2.4.15)知，$\Phi(z_\alpha) = 1 - \alpha$.另外，由 $\varphi(x)$ 图形的对称性知 $z_{1-\alpha} = -z_\alpha$.

下面列出一些常用的 z_α 的值.

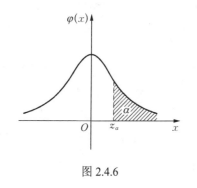

图 2.4.6

α	0.001	0.005	0.01	0.025	0.05	0.1
z_α	3.090	2.576	2.326	1.960	1.645	1.282

2.5 随机变量的函数的分布

在许多问题中，常常遇到研究随机变量的函数的情形，例如：已知分子运动速度 v 的分布，要求其动能 $\eta = \frac{1}{2}mv^2$ 的概率分布；能测量圆轴截面的直径 d，关心的却是截面面积 $S = \frac{1}{4}\pi d^2$ 等.一般来说，随机变量的函数仍是随机变量.这一节将讨论如何由已知的随机变量 X 的概率分布来求它的函数 $Y = g(X)$ 的概率分布.这里 $g(\cdot)$ 是已知的连续函数，当 X 取值 x 时 Y 取值 $g(x)$.下面分两种情况讨论.

2.5.1 离散型随机变量函数的分布

设离散型随机变量 X 的分布律为 $P\{X = x_k\} = p_k$ $(k = 1,2,3,\cdots)$.$y = g(x)$ 是已知的连续函数，则 $Y = g(X)$ 也是离散型随机变量.若 $y_i = g(x_i)$ $(i = 1,2,\cdots)$ 的值互不相同，则 Y 的分布律为

$$P\{Y = y_k\} = P\{X = x_k\} = p_k \quad (k = 1,2,3,\cdots)$$

如果 $y_i = g(x_i)$ $(i = 1,2,\cdots)$ 中有相等的值，应将那些相等的值合并，应用概率的可加性将概率相加，即

$$P\{Y = y_k\} = \sum_{g(x_j) = y_k} P\{X = x_j\} \quad (k = 1,2,3,\cdots)$$

例 2.5.1 设随机变量 X 的分布律如下：

X	-1	0	1	2
P	0.1	0.2	0.3	0.4

求 $Y = 3X + 2$ 和 $Z = (X-1)^2$ 的分布律.

解 列表计算 Y 和 Z 可能的取值:

X	-1	0	1	2
P	0.1	0.2	0.3	0.4
$Y=3X+2$	-1	2	5	8
$Z=(X-1)^2$	4	1	0	1

Y 的值互不相同, 则 Y 的分布律如下:

Y	-1	2	5	8
P	0.1	0.2	0.3	0.4

Z 取值 1 时有 X 取 0 和 2 两种情况, 将其合并, 得 Z 的分布律如下:

Z	0	1	4
P	0.3	0.6	0.1

2.5.2 连续型随机变量函数的分布

例 2.5.2 设随机变量 X 的概率密度为 $f_X(x)$, 求 $Y = aX + b$ ($a \neq 0$) 的概率密度 $f_Y(y)$.

解 将 X, Y 的分布函数分别记为 $F_X(x)$ 和 $F_Y(y)$, 下面先求 $F_Y(y)$.

$$F_Y(y) = P\{Y \leqslant y\} = P\{aX + b \leqslant y\}$$

$$= \begin{cases} P\left\{X \leqslant \dfrac{y-b}{a}\right\} = F_X\left(\dfrac{y-b}{a}\right), & a > 0 \\ P\left\{X \geqslant \dfrac{y-b}{a}\right\} = 1 - F_X\left(\dfrac{y-b}{a}\right), & a < 0 \end{cases}$$

将 $F_Y(y)$ 关于 y 求导数, 得 Y 的概率密度

$$f_Y(y) = \begin{cases} \dfrac{1}{a} f_X\left(\dfrac{y-b}{a}\right), & a > 0 \\ -\dfrac{1}{a} f_X\left(\dfrac{y-b}{a}\right), & a < 0 \end{cases}$$

可以统一起来写成

$$f_Y(y) = \frac{1}{|a|} f_X\left(\frac{y-b}{a}\right) \tag{2.5.1}$$

将上述结果应用到正态随机变量上, 可以证明: 若 $X \sim N(\mu, \sigma^2)$, 则 $Y = aX + b$ ($a \neq 0$) 也是正态随机变量, 且 $Y \sim N(a\mu + b, (a\sigma)^2)$. 特别地, 取 $a = \dfrac{1}{\sigma}$, $b = -\dfrac{\mu}{\sigma}$ 得

$$Y = \frac{X - \mu}{\sigma} \sim N(0,1)$$

例 2.5.3 设随机变量 $X \sim N(0,1)$，求 $Y = X^2$ 的概率密度.

解 X 的概率密度为

$$\varphi(x) = \frac{1}{\sqrt{2\pi}} e^{-\frac{x^2}{2}} \quad (-\infty < x < +\infty)$$

设 Y 的分布函数为 $F_Y(y)$，则

$$F_Y(y) = P\{Y \leq y\} = P\{X^2 \leq y\}$$

由于 $X^2 \geq 0$，故当 $y \leq 0$ 时，$F_Y(y) = 0$. 当 $y > 0$ 时

$$F_Y(y) = P\{X^2 \leq y\} = P\{-\sqrt{y} \leq X \leq \sqrt{y}\}$$

$$= \int_{-\sqrt{y}}^{\sqrt{y}} \varphi(x) dx = \frac{1}{\sqrt{2\pi}} \int_{-\sqrt{y}}^{\sqrt{y}} e^{-\frac{x^2}{2}} dx = \frac{2}{\sqrt{2\pi}} \int_0^{\sqrt{y}} e^{-\frac{x^2}{2}} dx$$

于是 $Y = X^2$ 的概率密度为

$$f_Y(y) = F_Y'(y) = \begin{cases} \dfrac{2}{\sqrt{2\pi}} e^{-\frac{y}{2}} \cdot \dfrac{1}{2\sqrt{y}} = \dfrac{1}{\sqrt{2\pi}} y^{-\frac{1}{2}} e^{-\frac{y}{2}}, & y > 0 \\ 0, & y \leq 0 \end{cases}$$

称 Y 服从自由度为 1 的 χ^2 分布.

在上述两例中，都是将 $\{Y \leq y\}$ 即 $\{g(X) \leq y\}$ 转化成与它等价的 $\{X \in L\}$，其中 L 是由所有满足 $g(X) \leq y$ 的 X 值组成的集合，例如，例 2.5.2 中将 $\{aX + b \leq y\}$ 化成

$$\left\{ X \leq \frac{y-b}{a} \right\} \quad (a > 0) \quad \text{或} \quad \left\{ X \geq \frac{y-b}{a} \right\} \quad (a < 0)$$

例 2.5.3 中将 $\{X^2 \leq y\}$ 化成 $\{-\sqrt{y} \leq X \leq \sqrt{y}\}$ $(y > 0)$，从而建立 $F_X(x)$ 和 $F_Y(y)$ 之间的关系，然后通过求导得出 Y 的概率密度.这种方法具有普遍性.

下面对 $Y = g(X)$，其中 $g(\cdot)$ 是严格单调函数的情况，写出一般的结论.

定理 2.5.1 设连续型随机变量 X 具有概率密度 $f_X(x)$ $(-\infty < x < +\infty)$，函数 $g(x)$ 处处可导，且恒有 $g'(x) > 0$ [或 $g'(x) < 0$]，则 $Y = g(X)$ 是一个连续型随机变量，且概率密度为

$$f_Y(y) = \begin{cases} f_X[h(y)] |h'(y)|, & \alpha < y < \beta \\ 0, & \text{其他} \end{cases} \tag{2.5.2}$$

其中 $h(y)$ 是 $g(x)$ 的反函数，且

$$\alpha = \min\{g(-\infty), g(+\infty)\}, \quad \beta = \max\{g(-\infty), g(+\infty)\}$$

证 不妨设在 $(-\infty, +\infty)$ 内恒有 $g'(x) > 0$，此时 $y = g(x)$ 严格单调增加，则它的反函数 $x = h(y)$ 存在，且 $h(y)$ 在 (α, β) 内也严格单调增加.

记 $F_X(x)$，$F_Y(y)$ 分别为 X 和 Y 的分布函数，因为 $Y = g(X)$ 在区间 (α, β) 内取值，所以当 $y \leq \alpha$ 时，$F_Y(y) = P\{Y \leq y\} = 0$；当 $y \geq \beta$ 时，$F_Y(y) = P\{Y \leq y\} = 1$.

当 $\alpha < y < \beta$ 时

$$F_Y(y) = P\{Y \leq y\} = P\{g(X) \leq y\} = P\{X \leq h(y)\} = F_X[h(y)]$$

于是，Y 的概率密度函数为

$$f_Y(y) = \begin{cases} f_X[h(y)] h'(y), & \alpha < y < \beta \\ 0, & \text{其他} \end{cases}$$

对于恒有 $g'(x) < 0$ 的情形可以类似的证明, 此时

$$f_Y(y) = \begin{cases} f_X[h(y)][-h'(y)], & \alpha < y < \beta \\ 0, & 其他 \end{cases}$$

综合以上两种情况, 即得式(2.5.2).

若 $f_X(x)$ 在有限区间 $[a,b]$ 以外等于 0, 则只需假设在 $[a,b]$ 上恒有 $g'(x) > 0$ (或 $g'(x) < 0$), 此时

$$\alpha = \min\{g(a), g(b)\}, \qquad \beta = \max\{g(a), g(b)\}$$

例 2.5.4 设随机变量 X 具有概率密度 $f_X(x)$ $(-\infty < x < +\infty)$, 求 $Y = e^X$ 的概率密度 $f_Y(y)$.

解 $y = e^x$ 的导数恒大于 0, 在 $(0, +\infty)$ 内其反函数存在且可导:

$$x = h(y) = \ln y, \qquad h'(y) = \frac{1}{y}$$

由式(2.5.2), 得 $Y = e^X$ 的概率密度

$$f_Y(y) = \begin{cases} \dfrac{1}{y} \cdot f_X(\ln y), & y > 0 \\ 0, & y \leqslant 0 \end{cases}$$

例 2.5.5 设 $X \sim U\left(-\dfrac{\pi}{2}, \dfrac{\pi}{2}\right)$, 求 $Y = \tan X$ 的概率密度.

解 设 X 的概率密度为 $f_X(x)$, 则

$$f_X(x) = \begin{cases} \dfrac{1}{\pi}, & -\dfrac{\pi}{2} < x < \dfrac{\pi}{2} \\ 0, & 其他 \end{cases}$$

$y = g(x) = \tan x$, 在 $\left(-\dfrac{\pi}{2}, \dfrac{\pi}{2}\right)$ 内 $g'(x) = \sec^2 x > 0$, 其反函数

$$x = h(y) = \arctan y, \qquad h'(y) = \frac{1}{1 + y^2}$$

$$\alpha = \min\left\{g\left(-\frac{\pi}{2}\right), g\left(\frac{\pi}{2}\right)\right\} = -\infty, \qquad \beta = \max\left\{g\left(-\frac{\pi}{2}\right), g\left(\frac{\pi}{2}\right)\right\} = +\infty$$

由式(2.5.2), 得 $Y = \tan X$ 的概率密度为

$$f_Y(y) = \frac{1}{\pi(1 + y^2)} \quad (-\infty < y < +\infty)$$

称 Y 服从**柯西分布**.

2.6 部分问题的 MATLAB 求解

本章介绍的概率分布是实际中最常见、应用最广泛的几种分布, 实际中需要计算随机变量在某一点处或某区间内取值的概率, 传统的方法是查表计算. MATLAB 工具箱对常见分布提供了概率密度、概率分布、逆概率分布等类型的函数, 本章的概率问题, 一般都可以应用 MATLAB 命令方便快捷的进行计算.

计算概率密度(或分布律)有通用函数和专用函数两种方式. 例如, 可用命令pdf('bino', k, n, p)或 binopdf(k, n, p)计算参数为 n, p 的二项分布中随机变量取 k 的概率, 用 pdf('norm', x, 0, 1)或 mormpdf(x, 0, 1)计算标准正态分布在 x 处的概率密度, 其中 pdf 为计算概率密度的通用函数, 使用格式为 pdf('name', x, A), "name"要用相应分布的命令字符替换. 例如 bino 表示二项分布, norm 表示正态分布, x 表示需要计算概率密度(或概率)的点, A 为该分布的参数, 多个参数用逗号间隔. binopdf 为二项分布概率密度的专用函数, mormpdf 为正态分布概率密度的专用函数. 在 MATLAB 中, 以 pdf 结尾的命令返回概率密度(或分布律)在 x 点的函数值.

计算概率分布也有通用函数和专用函数两种方式, 例如, 可用命令 cdf('bino', k, n, p)或 binocdf(k, n, p)计算参数为 n, p 的二项分布中随机变量取值不超过 k 的概率. 在 MATLAB 中, 以 cdf 结尾的命令返回概率分布在 x 点的累积概率, 即分布函数值.

已知累积概率为 a(即 $F(x)=a$), 需要求 x 的值时用逆概率分布命令, 例如 x=binoinv(a, n, p)返回参数为 n, p 的二项分布中, 随机变量累积概率 a 对应的最小的 x. 在 MATLAB 中, 以 inv 结尾的命令返回累积概率 a 对应的样本值, 可以用来求分位点.

计算其他分布的概率密度(或分布律)、概率分布和逆概率分布时, 类似的将"bino"替换成相应分布的命令字符, 将"n, p"替换成相应分布的参数即可. 各分布的命令字符见第 10 章的表 10.2.1, 这里不再赘述. 下面给出几个例题的计算过程.

在例 2.2.2 中, $X \sim b(10, 0.3)$, 求 X 的分布律, 可用 MATLAB 代码直接进行计算.

输入命令:

```
k=0:10;
P_k=binopdf(k, 10, 0.3)
```

结果为

```
0.0282  0.1211  0.2335  0.2668  0.2001  0.1029  0.0368  0.0090
0.0014  0.0001  0.0000
```

再输入命令 bar(k, P_k), 回车得到直方图(图 2.6.1).

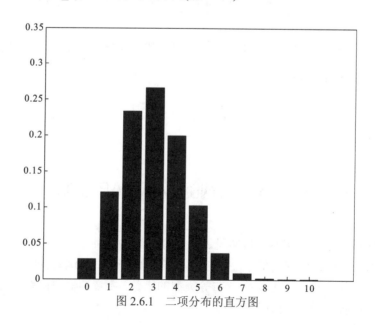

图 2.6.1　二项分布的直方图

从图 2.6.1 可以直观地看出, 当 k 增大时, $P\{X=k\}$ 先单调增加, 后单调减少, 当 $k=3$ 时概率最大.

在例 2.2.3 中, $X \sim b(20,0.01)$, $Y \sim b(80,0.01)$, 求 $P\{X \geqslant 2\}$ 和 $P\{Y \geqslant 4\}$, 可用 MATLAB 编程计算.

输入命令:

```
P1=1-binocdf(1, 20, 0.01)
P2=1-binocdf(3, 80, 0.01)
```

结果为

```
P1=0.0169
P2=0.0087
```

在例 2.4.3 中, 由 $\Phi\left(\dfrac{24}{\sigma}\right) = 0.977$ 求 σ, 用查表的方法, 这里用 MATLAB 的逆概率分布函数计算, 命令如下:

```
x=norminv(0.977)
sigma=24/x
```

结果为

```
x=1.9954
sigma=12.0277
```

注 MATLAB 命令中标准正态分布的参数 0, 1 可以省略, norminv(0.977) 与 norminv(0.977, 0, 1) 一样. 如果是 $X \sim N(72,12^2)$, $F(x)=0.977$, 求 x, 用 MATLAB 命令 norminv(0.977, 72, 12), 结果为 95.944 7.

习 题 2

A 类

1. 一袋中装有 5 只球, 编号为 1, 2, 3, 4, 5. 在袋中同时取 3 只, 以 X, Y 分别表示取出 3 只球中的最大与最小号码, 分别写出 X 与 Y 的分布律.

2. 设在 15 只同类型的产品中有 2 只是次品, 从中取 3 次, 每次任取 1 只, 以 X 表示取出的 3 只中次品的只数. 分别求出在(1)每次取出后记录是否为次品, 再放回去; (2)取后不放回, 两种情形下 X 的分布律.

3. 设随机变量 X 的分布律为

$$P\{X=k\} = \frac{a}{2^k} \quad (k=1,2,\cdots)$$

(1) 确定常数 a; (2) 求 $P\{X>3\}$.

4. 一篮球运动员的投篮命中率为 45%, 以 X 表示他首次投中时累计已投篮的次数, 写出 X 的分布律.

5. 一门大炮对目标进行轰击, 假定此目标必须被击中 r 次才能被摧毁. 若每次击中目标的概率为 p $(0<p<1)$, 且各次轰击相互独立, 一次次地轰击直到摧毁目标为止. 求所需轰击

次数 X 的分布律.

6. 直线上有一质点, 每经过一个单位时间, 它分别以概率 p 及 $1-p$ 向右或左移动一格, 若该质点在时刻 0 从原点出发, 而且每次移动是相互独立的, 试求在 n 次移动中向右移动次数 X 的概率分布.

7. 已知某流水线生产的产品中优等品率为 90%, 现从一大批产品中任取 10 件, 求:

(1) 恰有 8 件优等品的概率;

(2) 优等品不超过 8 件的概率.

8. 甲乙两人投篮命中率分别为 0.6, 0.7, 现在各投三次, 求:

(1) 两人投中次数相等的概率;

(2) 甲比乙投中次数多的概率.

9. 独立射击 5 000 次, 每次的命中率为 0.001, 求:

(1) 最可能命中次数及相应的概率;

(2) 命中次数不少于 1 次的概率.

10. 设 X 服从泊松分布, 且已知 $P\{X=1\}=P\{X=2\}$, 求 $P\{X=4\}$.

11. 一电话总机每分钟收到呼唤的次数服从参数为 4 的泊松分布, 求:

(1) 某一分钟恰有 8 次呼唤的概率;

(2) 某一分钟超过 3 次呼唤的概率.

12. 保险公司在一天内承保了 5 000 张相同年龄、为期一年的寿险保单, 每人一份. 在合同有效期内若投保人死亡, 则公司需赔付 3 万元. 设在 1 年内该年龄段的死亡率为 0.001 5, 且各投保人是否死亡相互独立. 求该公司对于这批投保人的赔付总额不超过 30 万的概率.

13. 设同类型设备 90 台, 每台工作相互独立, 每台设备发生故障的概率都是 0.01. 在通常情况下, 一台设备发生故障可由一个人独立维修, 每人同时也只能维修一台设备. 问至少要配备多少维修工人, 才能保证当设备发生故障时不能及时维修的概率小于 0.01?

14. 设汽车在开往甲地途中需经过 4 盏信号灯, 每盏信号灯独立地以概率 p 允许汽车通过. 令 X 表示首次停下时已通过的信号灯盏数, 求 X 的分布律与 $p=0.4$ 时的分布函数.

15. 下列函数中, 可以作为随机变量分布函数的是:

(A) $F(x)=\dfrac{1}{1+x^2}$
(B) $F(x)=\dfrac{3}{4}+\dfrac{1}{2\pi}\arctan x$

(C) $F(x)=\begin{cases} 0, & x\leqslant 0 \\ \dfrac{x}{1+x}, & x>0 \end{cases}$
(D) $F(x)=1+\dfrac{2}{\pi}\arctan x$

16. 设连续型随机变量 X 的分布函数为

$$F(x)=\begin{cases} a+b\,\mathrm{e}^{-\frac{x^2}{2}}, & x>0 \\ 0, & x\leqslant 0 \end{cases}$$

求: (1) 系数 a,b;

(2) X 落在区间 $(1,2)$ 内的概率;

(3) X 的概率密度函数.

17. 已知某型号电子管的使用寿命 X 为连续型随机变量, 其概率密度为

$$f(x) = \begin{cases} \dfrac{c}{x^2}, & x > 1\,000 \\ 0, & \text{其他} \end{cases}$$

(1) 求常数 c;

(2) 计算 $P\{X \leqslant 1\,700 \,|\, 1\,500 < X < 2\,000\}$;

(3) 已知一设备装有 3 个这样的电子管, 每个电子管能否正常工作相互独立, 求在使用的最初 $1\,500$ h 只有一个损坏的概率.

18. 已知随机变量 X 的密度函数为

$$f(x) = A\mathrm{e}^{-|x|} \quad (-\infty < x < +\infty)$$

求: (1) 常数 A 的值;

(2) $P\{0 < X < 1\}$;

(3) X 的分布函数 $F(x)$.

19. 秒表最小刻度值为 0.01 s. 若计时时取最近的刻度值, 求使用该表计时产生的随机误差 X 的概率密度, 并计算误差的绝对值不超过 0.004 s 的概率.

20. 设 R 在 $(1, 6)$ 上服从均匀分布, 求方程 $x^2 + Rx + 1 = 0$ 有实根的概率.

21. 某顾客不愿意在银行窗口等待服务的时间过长, 等待 10 min 没有得到服务他就会离开. 他一个月去银行办理业务 5 次, 以 X 表示一个月内他未等到服务而离开窗口的次数. 若顾客等待时间 T (min) 服从指数分布, 则概率密度为

$$f(x) = \begin{cases} 0.2\mathrm{e}^{-0.2x}, & x > 0 \\ 0, & \text{其他} \end{cases}$$

写出 X 的分布律, 并求 $P\{X \geqslant 1\}$.

22. 设 $X \sim N(-1, 16)$, 求:

(1) $P\{X < 2.44\}$;   (2) $P\{X > -1.5\}$;   (3) $P\{|X| < 4\}$;

(4) $P\{-5 < X < 2\}$;   (5) $P\{|X - 1| > 1\}$.

23. 已知 $X \sim N(2, \sigma^2)$, 且 $P\{2 < X < 4\} = 0.3$, 求 $P\{X < 0\}$.

24. 设测量的误差 $X \sim N(7.5, 100)$ (单位:m). 问要进行多少次独立测量, 才能使至少有一次误差的绝对值不超过 10 m 的概率大于 0.9?

25. 某工厂生产的一种元件的寿命 $X \sim N(160, \sigma^2)$ (单位:h). 若求 $P\{120 < X \geqslant 200\} \geqslant 0.8$ 允许 σ 最大为多少?

26. 设随机变量 $X \sim N(\mu, \sigma^2)$, 试问: 随着 σ 的增大, 概率 $P\{|X - \mu| < \sigma\}$ 如何变化?

27. 设随机变量 X 的分布律为

X	-1	0	1	2
P	1/8	1/8	1/4	1/2

求 $Y = 2X - 1$ 和 $Z = X^2$ 的分布律.

28. 已知 X 的分布律为

$$P\left(X = k\frac{\pi}{2}\right) = pq^k \quad (k = 0,1,2,\cdots)$$

其中 $p + q = 1, 0 < p < 1$, 求 $Y = \sin X$ 的分布律.

29. 已知 X 的概率密度为 $f(x) = \begin{cases} 2e^{-2x}, & x > 0, \\ 0, & \text{其他}, \end{cases}$ $Y = -3X + 2$，求 $f_Y(y)$.

30. 已知 X 的概率密度为 $f_X(x) = \dfrac{1}{\pi(1+x^2)}$ $(-\infty < x < +\infty)$，$Y = 1 - \sqrt[3]{X}$，求 $f_Y(y)$.

31. 设随机变量 X 服从 $(0, 1)$ 上均匀分布，求：

(1) $Y = e^X$ 的概率密度；

(2) $Y = -2\ln X$ 的概率密度.

32. 设 X 的概率密度函数为 $f(x) = \begin{cases} \dfrac{2x}{\pi^2}, & 0 < x < \pi, \\ 0, & \text{其他}, \end{cases}$ 求 $Y = \sin X$ 的概率密度函数.

33. 已知某自动生产线加工出的产品次品率为 0.01，检验人员每天检验 8 次，每次从已生产的产品中任取 10 件进行检验，如果发现其中有次品就去调整设备．试求一天中至少要调整一次设备的概率（$0.99^{80} \approx 0.4475$）.

B 类

34. 设 $F_1(x)$ 与 $F_2(x)$ 分别为随机变量 X_1 与 X_2 的分布函数．为使 $F(x) = aF_1(x) - bF_2(x)$ 是某一随机变量的分布函数，下列给定各组数值中应取( ).

(A) $a = \dfrac{3}{5}, b = -\dfrac{2}{5}$

(B) $a = \dfrac{2}{3}, b = \dfrac{2}{3}$

(C) $a = -\dfrac{1}{2}, b = \dfrac{3}{2}$

(D) $a = \dfrac{1}{2}, b = -\dfrac{3}{2}$

35. 设随机变量 X 的密度函数为 $\varphi(x)$，且 $\varphi(-x) = \varphi(x)$，$F(x)$ 为 X 的分布函数，则对任意实数 a，有( ).

(A) $F(-a) = 1 - \int_0^a \varphi(x)\mathrm{d}x$

(B) $F(-a) = \dfrac{1}{2} - \int_0^a \varphi(x)\mathrm{d}x$

(C) $F(-a) = F(a)$

(D) $F(-a) = 2F(a) - 1$

36. 设一只昆虫所生虫卵数为随机变量 X，已知 $X \sim \pi(\lambda)$，且每个虫卵发育成幼虫的概率为 p．设各个虫卵是否能发育成幼虫是相互独立的．求一昆虫所生的虫卵发育成幼虫数 Y 的概率分布.

37. 某厂产品不合格率为 0.03，现将产品装箱，若要以不小于 90% 的概率保证每箱中至少有 100 个合格品，则每箱至少应装多少个产品？

38. 为使 $f(x) = \dfrac{1}{ax^2 + bx + c}$ 成为某随机变量 X 在 $(-\infty, +\infty)$ 上的概率密度函数，系数 a, b, c 必须且只需满足何条件？

39. 假定一大型设备在任何长为 t 的时间内发生故障的次数 $N(t) \sim \pi(\lambda t)$，求：

(1) 相继两次故障的时间间隔 T 的概率分布；

(2) 设备已正常运行 8 h 的情况下，再正常运行 10 h 的概率.

40. 设随机变量 X 的概率密度为

$$f_X(x) = \begin{cases} \dfrac{1}{3\sqrt[3]{x^2}}, & x \in [1,8] \\ 0, & \text{其他} \end{cases}$$

$F(x)$ 是 X 的分布函数, 求随机变量 $Y = F(X)$ 的分布函数.

正态分布简介

中间高、两边低的钟形曲线所代表的正态分布, 由于其强大的普适性, 是概率论中最重要的一种连续型分布. 从形式上看, 它属于概率论的范围, 但同时又是统计学的基石, 因此它的提出和应用具有独特的双重理论背景和重要价值. 正态分布在其被发现与应用的历史中, 诸多科学家做出了卓越贡献.

1733 年左右, 棣莫弗在求解与赌博相关的一个问题时提出, 如果将二项展开式的各项看作是一系列竖直线段的长度, 把这些线段摆在同一直线上方且与之垂直, 那么线段的上端点将描绘出一条曲线, 这条曲线具有两个拐点, 分别位于最大项对应点的两侧. 该曲线就是今日的正态概率密度曲线. 棣莫弗对二项分布概率累加求和使用定积分近似计算, 第一次获得了正态密度函数的解析式. 1774 年, 拉普拉斯对棣莫弗的结果进行推广, 把二项分布的极限分布的形式推导出来, 得到棣莫弗–拉普拉斯中心极限定理. 后续的统计学家发现, 一系列的重要统计量, 在样本量趋于无穷的时候, 其极限分布都有正态的形式, 这构成了数理统计学中大样本理论的基础. 在 18 世纪, 由于天文学的快速发展, 科学家们拥有大量存在观测误差的数据, 需要研究误差的分布情况. 1809 年, 高斯在研究误差分布时, 提出了极大似然估计的思想, 猜想误差分布的极大似然估计等于算术平均值, 并根据该猜想去寻找合理的误差密度函数, 最终推导出只有一种函数符合, 就是正态分布的概率密度函数.

棣莫弗在二项分布的计算中瞥见了正态曲线的模样, 不过他并没能展现这个曲线的美妙之处. 拉普拉斯从极限分布的角度得到正态分布, 高斯在研究测量误差时, 从另一角度导出了正态曲线的解析式, 并研究了它的性质. 虽然是棣莫弗最早发现了正态分布的密度函数, 但他的研究成果在相当长的时间里被遗忘了, 直至 1924 年 K·皮尔逊撰写《正态曲线史》一文后, 人们才重新认识到他的重大贡献, 加之高斯的正态误差理论对后世的影响极大, 从而使正态分布有了 "高斯分布" 之称.

正态分布的重要性可以从以下两方面来理解: 一方面, 正态分布在自然界非常常见. 一般说来, 若影响某一数量指标的随机因素很多, 而每个因素都不起决定性的作用, 且相互独立, 在这众多因素的共同影响下, 该指标服从正态分布. 例如, 生产条件正常的情况下成批生产的产品, 环境、工艺、原料、设备、技术、操作等可以控制的条件都相对稳定, 不存在产生系统误差的明显因素, 那么, 产品的尺寸、强度等质量指标就服从正态分布. 又如测量同一物体的误差; 炮弹落点的分布; 同一种生物体的生理特征的量, 如身长、体重等; 农作物的产量; 正常的考试成绩分布等, 都服从或近似服从正态分布. 另一方面, 正态分布具有许多良好的性质, 很多分布可以用正态分布来近似描述, 而一些分布又可以通过正态分布来导出, 比如数理统计中的三大分布——χ^2 分布、t 分布、F 分布都与它有关, 因此在理论研究中正态分布也十分重要.

第3章 多维随机变量及其分布

前面讨论了一个随机变量的情况，但在有些随机现象中，每次试验的结果不能只用一个数来描述，而要同时用多个数来描述.例如，在射击时，炮弹弹着点由横坐标和纵坐标两个变量来确定，横坐标和纵坐标是定义在一个样本空间的两个随机变量；又如，研究钢的成分，需要同时指出钢的含碳量、含硫量、含磷量等.与一个随机试验有关的几个随机变量之间往往存在一定的联系，这就要求不仅能单个地研究随机变量，还能将它们看成整体来研究统计规律.本章主要以二维随机变量为例，介绍多维随机变量及其概率分布.

3.1 二维随机变量

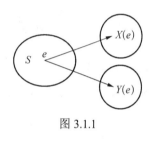

图 3.1.1

设 E 是一个随机试验，样本空间 $S = \{e\}$，设 $X = X(e)$ 和 $Y = Y(e)$ 是定义在样本空间 S 上的随机变量，由它们构成的向量 (X, Y)，称为定义在样本空间 S 上的**二维随机向量**或**二维随机变量**(图 3.1.1).

第 2 章中讨论的随机变量也称为一维随机变量.与一维情形类似，下面引入"分布函数"来研究二维随机变量.

3.1.1 二维随机变量的分布函数

定义 3.1.1 设 (X, Y) 是二维随机变量，对于任意的实数 x, y，二元函数

$$F(x,y) = P\{(X \leqslant x) \bigcap (Y \leqslant y)\} \xlongequal{\text{记为}} P\{X \leqslant x, Y \leqslant y\} \tag{3.1.1}$$

称为二维随机变量 (X, Y) 的**分布函数**，或称为随机变量 X 和 Y 的**联合分布函数**.

二维随机变量 (X, Y) 可以看成是平面 xOy 上随机点的坐标，则分布函数 $F(x, y)$ 在平面上任意点 (x, y) 处的函数值就是随机点 (X, Y) 落在点 (x, y) 左下方的无穷区域内的概率，如图 3.1.2 所示.

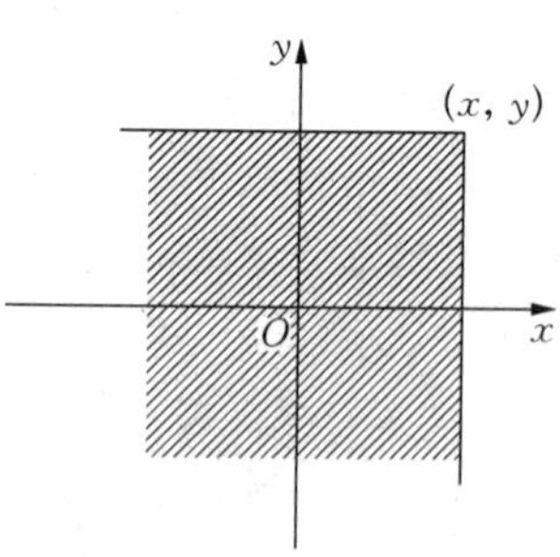

联合分布函数 $F(x, y)$ 具有下列基本性质:

(1) $F(x, y)$ 是变量 x, y 的单调不减函数.即对于任意固定的 y，当 $x_1 < x_2$ 时，$F(x_1, y) \leqslant F(x_2, y)$；对于任意固定的 x，当 $y_1 < y_2$ 时，$F(x, y_1) \leqslant F(x, y_2)$.

(2) $0 \leqslant F(x, y) \leqslant 1$，且对任意固定的 $y, F(-\infty, y) = 0$；对任意固定的 x，有

$$F(x, -\infty) = 0, \quad F(-\infty, -\infty) = 0, \quad F(+\infty, +\infty) = 1$$

图 3.1.2

上述 4 个式子可以从几何上加以解释. 将 (X,Y) 看作是平面 xOy 上随机点的坐标, $F(x,y)$ 表示随机点 (X,Y) 落在点 (x,y) 左下方无穷矩形(图 3.1.2)内的概率, $x \to -\infty$ 即将无穷矩形右边界向左无限平移, 则"随机点 (X,Y) 落在这个矩形内"这一事件趋于不可能事件, 其概率趋于 0, 即对任意固定的 $y, F(-\infty,y)=0$. 类似地, 可以解释任意固定的 $x, F(x,-\infty)=0$ 和 $F(-\infty,-\infty)=0$. 当 $x \to +\infty$, $y \to +\infty$ 时, 无穷矩形将扩展到整个平面, "随机点 (X,Y) 落在这个矩形内"这一事件趋于必然事件, 其概率趋于 1, 即 $F(+\infty,+\infty)=1$.

(3) $F(x,y)$ 关于 x 或 y 都是右连续的, 即
$$F(x+0,y)=F(x,y), \qquad F(x,y+0)=F(x,y)$$

(4) 对任意 (x_1,y_1), (x_2,y_2), $x_1<x_2$, $y_1<y_2$, 有
$$F(x_2,y_2)-F(x_2,y_1)+F(x_1,y_1)-F(x_1,y_2) \geqslant 0 \qquad (3.1.2)$$

借助图 3.1.3 易得随机点 (X,Y) 落在矩形区域
$$[x_1<x \leqslant x_2, y_1<y \leqslant y_2]$$
内的概率为
$$P\{x_1<X \leqslant x_2, y_1<Y \leqslant y_2\}$$
$$=F(x_2,y_2)-F(x_2,y_1)+F(x_1,y_1)-F(x_1,y_2)$$
由概率的非负性可得式(3.1.2).

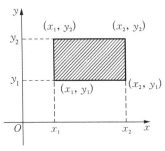

图 3.1.3

思考题 3.1.1 $P\{X>a,Y>b\}$ 是否等于 $1-F(a,b)$?

例 3.1.1 设随机变量 (X,Y) 的联合分布函数为
$$F(x,y)=A\left(B+\arctan\frac{x}{2}\right)\left(C+\arctan\frac{y}{2}\right) \quad (-\infty<x<+\infty, -\infty<y<+\infty)$$

试求常数 A, B, C.

解 由分布函数的性质, 有
$$F(+\infty,+\infty)=\lim_{\substack{x \to +\infty \\ y \to +\infty}} A\left(B+\arctan\frac{x}{2}\right)\left(C+\arctan\frac{y}{2}\right) = A\left(B+\frac{\pi}{2}\right)\left(C+\frac{\pi}{2}\right)=1$$

对任意固定的 y, 有
$$F(-\infty,y)=\lim_{x \to -\infty} A\left(B+\arctan\frac{x}{2}\right)\left(C+\arctan\frac{y}{2}\right)$$
$$=A\left(B-\frac{\pi}{2}\right)\left(C+\arctan\frac{y}{2}\right)=0$$

得
$$A\left(B-\frac{\pi}{2}\right)=0$$

类似地, 由 $F(x,-\infty)=0$ 得 $A\left(C-\frac{\pi}{2}\right)=0$. 由此解得
$$A=\frac{1}{\pi^2}, \qquad B=C=\frac{\pi}{2}$$

与一维随机变量的情形类似, 这里也讨论离散型和连续型这两种二维随机变量.

3.1.2 二维离散型随机变量

定义 3.1.2 若二维随机变量 (X,Y) 的所有可能取值是有限对或可列无限多对, 则称 (X,Y) 为**二维离散型随机变量**.

显然, 若 (X,Y) 是二维离散型随机变量, 则其分量 X 和 Y 都是一维离散型随机变量.

若二维离散型随机变量 (X,Y) 的所有可能的取值为 (x_i, y_j) $(i,j=1,2,\cdots)$, 记

$$P\{X=x_i, Y=y_j\} = p_{ij} \quad (i,j=1,2,\cdots) \tag{3.1.3}$$

称式(3.1.3)为二维离散型随机变量 (X,Y) 的**分布律**, 或随机变量 X 和 Y 的**联合分布律**.

显然, 由概率的定义知 p_{ij} $(i,j=1,2,\cdots)$ 满足下列性质:

(1) 非负性 $p_{ij} \geqslant 0 (i,j=1,2,\cdots)$;

(2) 规范性 $\displaystyle\sum_{i=1}^{\infty}\sum_{j=1}^{\infty} p_{ij} = 1$.

也可以用表格表示 X 和 Y 的联合分布律:

Y \ X	x_1	x_2	$\cdots$	x_i	$\cdots$
y_1	p_{11}	p_{21}	$\cdots$	p_{i1}	$\cdots$
y_2	p_{12}	p_{22}	$\cdots$	p_{i2}	$\cdots$
$\vdots$	$\vdots$	$\vdots$		$\vdots$	
y_j	p_{1j}	p_{2j}	$\cdots$	p_{ij}	$\cdots$
$\vdots$	$\vdots$	$\vdots$		$\vdots$	

例 3.1.2 随机变量 X 在 1, 2, 3, 4 四个整数中等可能地取一个值, 随机变量 Y 在 $1 \sim X$ 中等可能地取一个值. 试求 (X,Y) 的分布律.

解 由题知 $\{X=i, Y=i\}$ 的取值情况是: $i=1,2,3,4$; j 取不大于 i 的正整数. 且

$$P\{X=i, Y=j\} = P\{Y=j | X=i\}P\{X=i\} = \frac{1}{i} \cdot \frac{1}{4} \quad (i=1,2,3,4; j \leqslant i)$$

于是 (X,Y) 的分布律为

Y \ X	1	2	3	4
1	1/4	1/8	1/12	1/16
2	0	1/8	1/12	1/16
3	0	0	1/12	1/16
4	0	0	0	1/16

由 (X,Y) 的联合分布律的定义知二维离散型随机变量的分布函数为

$$F(x,y) = P\{X \leqslant x, Y \leqslant y\} = \sum_{x_i \leqslant x}\sum_{y_j \leqslant y} p_{ij} \tag{3.1.4}$$

其中, 右边和式表示对所有满足 $x_i \leqslant x, y_j \leqslant y$ 的 i, j 求和.

3.1.3 二维连续型随机变量

定义 3.1.3 设二维随机变量 (X,Y) 的分布函数为 $F(x,y)$，若存在非负函数 $f(x,y)$ 使得对于任意实数 x 和 y，有

$$F(x,y) = \int_{-\infty}^{x} \int_{-\infty}^{y} f(u,v) \mathrm{d}u \mathrm{d}v \tag{3.1.5}$$

则称 (X,Y) 为**连续型的二维随机变量**，称函数 $f(x,y)$ 为二维随机变量 (X,Y) 的**概率密度**，或称为随机变量 X 和 Y 的**联合概率密度**.

按上述定义，概率密度 $f(x,y)$ 具有以下性质：

(1) 非负性 $f(x,y) \geqslant 0$；

(2) 规范性 $\displaystyle\int_{-\infty}^{+\infty} \int_{-\infty}^{+\infty} f(x,y) \mathrm{d}x \mathrm{d}y = 1$；

(3) 设 D 是 xOy 平面上的区域，则点 (X,Y) 落在 D 内的概率为

$$P\{(X,Y) \in D\} = \iint\limits_{D} f(x,y) \mathrm{d}x \mathrm{d}y \tag{3.1.6}$$

(4) 若 $f(x,y)$ 在点 (x,y) 连续，则有

$$\frac{\partial^2 F(x,y)}{\partial x \partial y} = f(x,y) \tag{3.1.7}$$

性质(3)的几何意义是：随机点 (X,Y) 落在 xOy 平面上区域 D 内的概率等于以 D 为底、以曲面 $z = f(x,y)$ 为顶面的曲顶柱体的体积.

由性质(4)可以推出：在 $f(x,y)$ 的连续点 (x,y) 处，当 Δx，Δy 很小时

$$P\{x < X \leqslant x + \Delta x, y < Y \leqslant y + \Delta y\} \approx f(x,y) \Delta x \Delta y$$

即随机点 (X,Y) 落在小矩形区域 $(x, x+\Delta x] \times (y, y+\Delta y]$ 内的概率近似地等于 $f(x,y)\Delta x \Delta y$.

例 3.1.3 设二维随机变量 (X,Y) 的概率密度为

$$f(x,y) = \begin{cases} kxy, & 0 \leqslant x \leqslant y, 0 \leqslant y \leqslant 1 \\ 0, & \text{其他} \end{cases}$$

其中 k 为常数.求：(1) 常数 k；(2) $P\{X+Y \geqslant 1\}$.

解 记 $D = \{(x,y) \mid 0 \leqslant x \leqslant y, 0 \leqslant y \leqslant 1\}$，如图 3.1.4 所示.

G 表示由直线 $y=1$，$y=x$，$x+y=1$ 所围成的三角形区域(图 3.1.5).

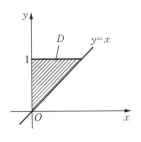

图 3.1.4

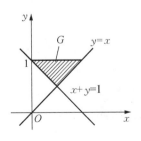

图 3.1.5

（1）$\int_{-\infty}^{+\infty}\int_{-\infty}^{+\infty}f(x,y)\mathrm{d}x\mathrm{d}y=1$，即

$$\iint_D f(x,y)\mathrm{d}x\mathrm{d}y=\int_0^1\mathrm{d}y\int_0^y kxy\mathrm{d}x=k\int_0^1 y\frac{y^2}{2}\mathrm{d}y=\frac{k}{8}=1$$

从而 $k=8$.

（2）$P\{X+Y\geqslant 1\}=\iint\limits_{X+Y\geqslant 1}f(x,y)\mathrm{d}x\mathrm{d}y=\iint\limits_G 8xy\mathrm{d}x\mathrm{d}y=\int_{0.5}^1\mathrm{d}y\int_{1-y}^y 8xy\mathrm{d}x=\frac{5}{6}$

3.1.4 两个常见的二维连续型随机变量

1. 二维均匀分布

设 G 是平面上的有界区域，面积为 A，若随机变量 (X,Y) 的联合概率密度为

$$f(x,y)=\begin{cases}1/A, & (x,y)\in G\\ 0, & \text{其他}\end{cases}\qquad(3.1.8)$$

则称 (X,Y) 服从区域 G 上的**均匀分布**.

2. 二维正态分布

设二维随机变量 (X,Y) 的概率密度函数为

$$f(x,y)=\frac{1}{2\pi\sigma_1\sigma_2\sqrt{1-\rho^2}}\exp\left\{\frac{-1}{2(1-\rho^2)}\left[\frac{(x-\mu_1)^2}{\sigma_1^2}-2\rho\frac{(x-\mu_1)(y-\mu_2)}{\sigma_1\sigma_2}+\frac{(y-\mu_2)^2}{\sigma_2^2}\right]\right\}$$

$$(-\infty<x<+\infty,-\infty<y<+\infty)\qquad(3.1.9)$$

其中，$\mu_1,\mu_2,\sigma_1,\sigma_2,\rho$ 为常数，且 $\sigma_1>0,\sigma_2>0,|\rho|<1,(x,y)\in\mathbf{R}^2$，则称 (X,Y) 服从参数为 μ_1,μ_2，σ_1,σ_2,ρ 的**二维正态分布**. 记为

$$(X,Y)\sim N(\mu_1,\mu_2,\sigma_1^2,\sigma_2^2,\rho)$$

3.1.5 n 维随机变量

关于二维随机变量的讨论可以推广到 $n\,(n>2)$ 维随机变量的情况. 一般地，设一个随机试验 E 的样本空间 $S=\{e\}$，若 $X_1=X_1(e),X_2=X_2(e),\cdots,X_n=X_n(e)$ 是定义在样本空间 S 上的 n 个随机变量，则称 $(X_1,X_2,\cdots,X_n)$ 为 **n 维随机向量**或 **n 维随机变量**.

可以定义与二维随机变量的分布函数有类似性质的 n 维随机变量的分布函数. 对于任意 n 个实数 $x_1,x_2,\cdots,x_n$，n 元函数

$$F(x_1,x_2,\cdots,x_n)=P\{X_1\leqslant x_1,X_2\leqslant x_2,\cdots,X_n\leqslant x_n\}$$

称为 n 维随机变量 $(X_1,X_2,\cdots,X_n)$ 的**分布函数**或随机变量 $X_1,X_2,\cdots,X_n$ 的**联合分布函数**.

3.2 边缘分布

3.2.1 二维随机变量的边缘分布函数

对于二维随机变量 (X,Y)，它的两个分量 X 和 Y 都是随机变量，也有各自的概率分布，X 和 Y 的概率分布分别称为二维随机变量 (X,Y) 关于 X 和关于 Y 的**边缘概率分布**，简称**边缘分布**. 本节讨论如何由联合分布来确定边缘分布的问题.

设 $F(x,y)$ 是二维随机变量 (X,Y) 的联合分布函数，记 $F_X(x)$，$F_Y(y)$ 分别为关于 X 和关于 Y 的边缘分布函数，则

$$F_X(x) = P\{X \leqslant x\} = P\{X \leqslant x, Y < +\infty\}$$

即

$$F_X(x) = F(x, +\infty) \tag{3.2.1}$$

同理，有

$$F_Y(y) = F(+\infty, y) \tag{3.2.2}$$

如例 3.1.1 中 X 的边缘分布函数为

$$F_X(x) = F(x, +\infty) = \frac{1}{2} + \frac{1}{\pi}\arctan\frac{x}{2} \quad (-\infty < x < +\infty)$$

3.2.2 二维离散型随机变量的边缘分布律

设二维离散型随机变量 (X, Y) 的分布律为 $P\{X = x_i, Y = y_j\} = p_{ij}$ $(i, j = 1, 2, \cdots)$，由式 (3.1.4)、式 (3.2.1) 可得

$$F_X(x) = \sum_{x_i \leqslant x} \sum_{j=1}^{\infty} p_{ij}$$

而 $F_X(x) = \sum_{x_i \leqslant x} P\{X = x_i\}$，由此得 X 的分布律

$$P\{X = x_i\} = \sum_{j=1}^{\infty} p_{ij} \quad (i = 1, 2, \cdots)$$

同理可得 Y 的分布律

$$P\{Y = y_j\} = \sum_{i=1}^{\infty} p_{ij} \quad (j = 1, 2, \cdots)$$

记

$$p_{i \cdot} = \sum_{j=1}^{\infty} p_{ij} = P\{X = x_i\} \quad (i = 1, 2, \cdots) \tag{3.2.3}$$

$$p_{\cdot j} = \sum_{i=1}^{\infty} p_{ij} = P\{Y = y_j\} \quad (j = 1, 2, \cdots) \tag{3.2.4}$$

分别称式 (3.2.3)、式 (3.2.4) 为 (X, Y) 关于 X 和关于 Y 的**边缘分布律**.

例 3.2.1 一整数 N 等可能地在 $1, 2, 3, \cdots, 10$ 十个值中取一个值. 设 $D = D(N)$ 是能整除 N 的正整数的个数, $F = F(N)$ 是能整除 N 的素数的个数(注意 1 不是素数). 试写出 D 和 F 的联合分布律. 并求边缘分布律.

解 本试验的样本空间中的所有样本点及 D, F 的取值情况如表 3.2.1 所示.

表 3.2.1

整除 N 的个数	样本点									
	1	2	3	4	5	6	7	8	9	10
D	1	2	2	3	2	4	2	4	3	4
F	0	1	1	1	1	2	1	1	1	2

D 所有可能取的值为 $1, 2, 3, 4$; F 所有可能取的值为 $0, 1, 2$. 容易得到 (D, F) 取 (i, j) $(i = 1, 2, 3, 4; j = 0, 1, 2)$ 的概率, 从而得到 D 和 F 的联合分布律及边缘分布律如下:

F \ D	1	2	3	4	$P\{F=j\}$
0	1/10	0	0	0	1/10
1	0	4/10	2/10	1/10	7/10
2	0	0	0	2/10	2/10
$P\{D=i\}$	1/10	4/10	2/10	3/10	

即有边缘分布律:

D	1	2	3	4
p_k	1/10	4/10	2/10	3/10

F	0	1	2
p_k	1/10	7/10	2/10

常将边缘分布写在联合分布律表的右侧和下方边缘上, 这就是 "边缘分布" 名称的由来. 例如, 求例 3.1.2 的两个边缘分布, 可以列表为

Y \ X	1	2	3	4	$P_{\cdot j}$
1	1/4	1/8	1/12	1/16	25/48
2	0	1/8	1/12	1/16	13/48
3	0	0	1/12	1/16	7/48
4	0	0	0	1/16	1/16
$P_{i\cdot}$	1/4	1/4	1/4	1/4	

3.2.3 二维连续型随机变量的边缘概率密度

设二维连续型随机变量 (X, Y) 的概率密度为 $f(x, y)$, 则

$$F_X(x) = F(x, +\infty) = \int_{-\infty}^{x} \left[\int_{-\infty}^{+\infty} f(x, y) \mathrm{d}y \right] \mathrm{d}x$$

从而 X 的概率密度为

$$f_X(x) = \int_{-\infty}^{+\infty} f(x, y) \mathrm{d}y \tag{3.2.5}$$

同理可得, Y 的概率密度为

$$f_Y(y) = \int_{-\infty}^{+\infty} f(x, y) \mathrm{d}x \tag{3.2.6}$$

分别称 $f_X(x)$, $f_Y(y)$ 为关于 X 和关于 Y 的**边缘概率密度**.

例 3.2.2 求二维正态分布的边缘概率密度.

解 二维正态分布的概率密度函数为

$$f(x, y) = \frac{1}{2\pi\sigma_1\sigma_2\sqrt{1-\rho^2}} \exp\left[-\frac{1}{2(1-\rho^2)} \left(\frac{(x-\mu_1)^2}{\sigma_1^2} - 2\rho\frac{(x-\mu_1)(y-\mu_2)}{\sigma_1\sigma_2} + \frac{(y-\mu_2)^2}{\sigma_2^2} \right) \right]$$
$$(-\infty < x < +\infty, -\infty < y < +\infty)$$

$$f_X(x) = \int_{-\infty}^{+\infty} f(x, y) \mathrm{d}y$$

由于

$$\frac{(y-\mu_2)^2}{\sigma_2^2} - 2\rho\frac{(x-\mu_1)(y-\mu_2)}{\sigma_1\sigma_2} = \left(\frac{y-\mu_2}{\sigma_2} - \rho\frac{x-\mu_1}{\sigma_1} \right)^2 - \rho^2\frac{(x-\mu_1)^2}{\sigma_1^2}$$

于是

$$f_X(x) = \frac{1}{2\pi\sigma_1\sigma_2\sqrt{1-\rho^2}} \mathrm{e}^{-\frac{(x-\mu_1)^2}{2\sigma_1^2}} \int_{-\infty}^{+\infty} \mathrm{e}^{-\frac{1}{2(1-\rho^2)}\left(\frac{y-\mu_2}{\sigma_2} - \rho\frac{x-\mu_1}{\sigma_1} \right)^2} \mathrm{d}y$$

令 $t = \dfrac{1}{\sqrt{1-\rho^2}}\left(\dfrac{y-\mu_2}{\sigma_2} - \rho\dfrac{x-\mu_1}{\sigma_1} \right)$, 则有

$$f_X(x) = \frac{1}{2\pi\sigma_1} \mathrm{e}^{-\frac{(x-\mu_1)^2}{2\sigma_1^2}} \int_{-\infty}^{+\infty} \mathrm{e}^{-\frac{t^2}{2}} \mathrm{d}t$$

即

$$f_X(x) = \frac{1}{\sqrt{2\pi}\sigma_1} \mathrm{e}^{-\frac{(x-\mu_1)^2}{2\sigma_1^2}} \quad (-\infty < x < +\infty)$$

同理

$$f_Y(y) = \frac{1}{\sqrt{2\pi}\sigma_2} \mathrm{e}^{-\frac{(y-\mu_2)^2}{2\sigma_2^2}} \quad (-\infty < y < +\infty)$$

由此例可见, 二维正态分布的两个边缘分布都是一维正态分布.

$$(X, Y) \sim N(\mu_1, \mu_2, \sigma_1^2, \sigma_2^2, \rho)$$

则 $X \sim N(\mu_1, \sigma_1^2)$, $Y \sim N(\mu_2, \sigma_2^2)$. 边缘分布与参数 ρ 无关, 也就是说, 当 $\rho_1 \neq \rho_2$ 时

$$N(\mu_1, \mu_2, \sigma_1^2, \sigma_2^2, \rho_1) \quad \text{与} \quad N(\mu_1, \mu_2, \sigma_1^2, \sigma_2^2, \rho_2)$$

对应不同的二维正态分布, 但它们都有相同的边缘分布. 这也说明, 边缘分布不能唯一确定联合分布.

思考题 3.2.1 若(X, Y)的两个边缘分布均为正态分布, 则(X, Y)一定是二维正态分布吗?
[考虑概率密度函数为 $f(x,y) = \dfrac{1+xy}{2\pi}\exp\left\{-\dfrac{1}{2}(x^2+y^2)\right\}$ 的二维随机变量(X, Y)].

例 3.2.3 设二维随机变量(X,Y)的联合概率密度为

$$f(x,y) = \begin{cases} \mathrm{e}^{-y}, & 0 < x < y \\ 0, & 其他 \end{cases}$$

求 X 的边缘概率密度 $f_X(x)$.

解 当 $x > 0$ 时

$$f_X(x) = \int_{-\infty}^{+\infty} f(x,y)\mathrm{d}y = \int_x^{+\infty} \mathrm{e}^{-y}\mathrm{d}y = \mathrm{e}^{-x}$$

当 $x \leqslant 0$ 时

$$f_X(x) = \int_{-\infty}^{+\infty} f(x,y)\mathrm{d}y = 0$$

故

$$f_X(x) = \begin{cases} \mathrm{e}^{-x}, & x > 0 \\ 0, & x \leqslant 0 \end{cases}$$

3.3 条 件 分 布

一般情形下, 二维随机变量(X,Y)中两个变量 X 与 Y 之间有一定的联系, 与随机事件的联系讨论条件概率一样, 本节讨论条件分布.

3.3.1 离散型随机变量的条件分布

设二维离散型随机变量(X,Y)的联合分布律为

$$P\{X = x_i, Y = y_j\} = p_{ij} \quad (i,j = 1,2,3,\cdots)$$

(X,Y)的关于 X 和 Y 的边缘分布律分别为

$$P\{X = x_i\} = p_{i\cdot} = \sum_{j=1}^{\infty} p_{ij} \quad (i = 1,2,\cdots)$$

$$P\{Y = y_j\} = p_{\cdot j} = \sum_{i=1}^{\infty} p_{ij} \quad (j = 1,2,\cdots)$$

当 $p_{\cdot j} > 0$ 时, 由条件概率公式, 可得事件$\{Y = y_j\}$已发生的情况下, 事件$\{X = x_i\}$发生的概率, 即条件概率为

$$P\{X = x_i \mid Y = y_j\} = \frac{P\{X = x_i, Y = y_j\}}{P\{Y = y_j\}} = \frac{p_{ij}}{p_{\cdot j}} \quad (i = 1,2,\cdots)$$

类似地, 当 $p_{i\cdot} > 0$ 时, 事件$\{X = x_i\}$已发生的情况下, 事件$\{Y = y_j\}$发生的概率为

$$P\{Y = y_j \mid X = x_i\} = \frac{P\{X = x_i, Y = y_j\}}{P\{X = x_i\}} = \frac{p_{ij}}{p_{i\cdot}} \quad (j = 1,2,\cdots)$$

易知条件概率具有分布律的性质:

(1) $P\{X=x_i|Y=y_j\} \geqslant 0$;

(2) $\sum_{i=1}^{\infty} P\{X=x_i|Y=y_j\} = 1$.

定义 3.3.1 设(X, Y)是二维离散型随机变量, 对于任意固定的j, 若$P\{Y=y_j\}>0$, 则称

$$P\{X=x_i|Y=y_j\} = \frac{P\{X=x_i, Y=y_j\}}{P\{Y=y_j\}} = \frac{p_{ij}}{p_{\cdot j}} \quad (i=1,2,\cdots) \tag{3.3.1}$$

为在$Y=y_j$条件下随机变量X的**条件分布律**, 简称**条件分布**.

同样, 对于固定i, 若$P\{X=x_i\}>0$, 则称

$$P\{Y=y_j|X=x_i\} = \frac{P\{X=x_i, Y=y_j\}}{P\{X=x_i\}} = \frac{p_{ij}}{p_{i\cdot}} \quad (j=1,2,\cdots) \tag{3.3.2}$$

为在$X=x_i$条件下随机变量Y的**条件分布律**.

例 3.3.1 已知(X, Y)的联合分布律如下:

Y \ X	-1	0	1
-1	1/3	1/4	0
1	1/6	0	1/4

求: (1) 在$X=1$的条件下, Y的分布律; (2) 在$Y=1$的条件下, X的分布律.

解 先求关于X和关于Y的边缘分布, 结果见下表:

Y \ X	-1	0	1	$P_{\cdot j}$
-1	1/3	1/4	0	7/12
1	1/6	0	1/4	5/12
$P_{i\cdot}$	1/2	1/4	1/4	

(1) 由于在$X=1$条件下, Y只取1, 所以在$X=1$的条件下, Y的分布律为
$$P\{Y=1|X=1\} = 1$$

(2) 在$Y=1$条件下, X可取-1和1, 且$P\{Y=1\}=5/12$, 因此在$Y=1$的条件下, X的分布律为

$$P\{X=-1|Y=1\} = \frac{P\{X=-1, Y=1\}}{P\{Y=1\}} = \frac{1/6}{5/12} = \frac{2}{5}$$

$$P\{X=1|Y=1\} = \frac{P\{X=1, Y=1\}}{P\{Y=1\}} = \frac{1/4}{5/12} = \frac{3}{5}$$

例 3.3.2 一射手在进行射击, 击中目标的概率为p $(0<p<1)$, 射击直到击中目标两次为止. 设以X表示首次击中目标所进行的射击次数, 以Y表示总共进行的射击次数, 试求X和Y的联合分布律及条件分布律.

解 由题意知$Y=n$表示在前$n-1$次射击中恰有一次击中目标且在第n次射击时击中目标. 已知各次射击是相互独立的, 于是X和Y的联合分布律为

$$P\{X=m,Y=n\}=(1-p)^{n-2}p^2 \quad (n=2,3,\cdots;\ m=1,2,\cdots,n-1)$$

记 $q=1-p$. 由联合分布可得关于 X 和关于 Y 的边缘分布为

$$P\{X=m\}=\sum_{n=m+1}^{\infty}P\{X=m,Y=n\}=\sum_{n=m+1}^{\infty}p^2q^{n-2}$$

$$=p^2\sum_{n=m+1}^{\infty}q^{n-2}=\frac{p^2q^{m-1}}{1-q}=pq^{m-1} \quad (m=1,2,\cdots)$$

$$P\{Y=n\}=\sum_{m=1}^{n-1}P\{X=m,Y=n\}=\sum_{m=1}^{n-1}p^2q^{n-2}=(n-1)p^2q^{n-2} \quad (n=2,3,\cdots)$$

由式(3.3.1)、式(3.3.2)得到所求的条件分布律分别为

$$P\{X=m\,|\,Y=n\}=\frac{p^2q^{n-2}}{(n-1)p^2q^{n-2}}=\frac{1}{n-1} \quad (m=1,2,\cdots,n-1;n=2,3,\cdots)$$

$$P\{Y=n\,|\,X=m\}=\frac{p^2q^{n-2}}{pq^{m-1}}=pq^{n-m-1} \quad (n=m+1,m+2,\cdots;m=1,2,\cdots)$$

例如，$P\{X=m\,|\,Y=4\}=\dfrac{1}{3}\ (m=1,2,3)$；$P\{Y=n\,\big|\,X=4\}=pq^{n-5}\ (n=5,6,\cdots)$.

3.3.2 连续型随机变量的条件分布

当 (X,Y) 是连续型随机变量时，由于对任意实数 x 和 y，事件 $\{X=x\}$ 和事件 $\{Y=y\}$ 的概率都是 0，显然不能像离散型随机变量那样直接利用条件概率公式，需要用其他方式来处理，这里用极限的方法引入"条件分布函数"的概念.

设 (X,Y) 的分布函数与概率密度函数分别为 $F(x,y)$ 和 $f(x,y)$，(X,Y) 关于 Y 的边缘分布函数与边缘概率密度函数分别为 $F_Y(y)$ 和 $f_Y(y)$，对任意实数 x，给定 y，对于任意给定的 $\varepsilon>0$，考虑条件概率 $P\{X\leqslant x\,|\,y<Y\leqslant y+\varepsilon\}$，设 $P\{y<Y\leqslant y+\varepsilon\}>0$，则有

$$P\{X\leqslant x\,|\,y<Y\leqslant y+\varepsilon\}=\frac{P\{X\leqslant x,y<Y\leqslant y+\varepsilon\}}{P\{y<Y\leqslant y+\varepsilon\}}$$

$$=\frac{F(x,y+\varepsilon)-F(x,y)}{F_Y(y+\varepsilon)-F_Y(y)}$$

$$=\frac{[F(x,y+\varepsilon)-F(x,y)]/\varepsilon}{[F_Y(y+\varepsilon)-F_Y(y)]/\varepsilon}$$

假设 $f(x,y)$ 在点 (x,y) 处连续，$f_Y(y)$ 在点 y 处连续，且 $f_Y(y)>0$，令 $\varepsilon\to0$，对上式取极限，得

$$\lim_{\varepsilon\to0}\frac{[F(x,y+\varepsilon)-F(x,y)]/\varepsilon}{[F_Y(y+\varepsilon)-F_Y(y)]/\varepsilon}$$

$$=\frac{\dfrac{\partial F(x,y)}{\partial y}}{\dfrac{\mathrm{d}F_Y(y)}{\mathrm{d}y}}=\frac{\displaystyle\int_{-\infty}^{x}f(u,y)\mathrm{d}u}{f_Y(y)}=\int_{-\infty}^{x}\frac{f(u,y)}{f_Y(y)}\mathrm{d}u$$

称为**条件分布函数**，记为 $P\{X\leqslant x\,|\,Y=y\}$ 或 $F_{X|Y}(x|y)$，即

$$F_{X|Y}(x|y) = P\{X \leqslant x \mid Y = y\} = \int_{-\infty}^{x} \frac{f(u,y)}{f_Y(y)} \mathrm{d}u$$

称 $f_{X|Y}(x|y) = \dfrac{f(x,y)}{f_Y(y)}$ 为 $Y=y$ 条件下 X 的**条件概率密度**.

类似地, 可以定义 $X=x$ 条件下 Y 的条件分布函数与条件概率密度:

$$F_{Y|X}(y|x) = P\{Y \leqslant y \mid X = x\} = \int_{-\infty}^{y} \frac{f(x,v)}{f_X(x)} \mathrm{d}v$$

$$f_{Y|X}(y|x) = \frac{f(x,y)}{f_X(x)}$$

例 3.3.3　已知 $(X,Y) \sim N(\mu_1, \mu_2, \sigma_1^2, \sigma_2^2, \rho)$, 求 $f_{X|Y}(x|y)$.

解　由例 3.2.2 知, 当 $(X,Y) \sim N(\mu_1, \mu_2, \sigma_1^2, \sigma_2^2, \rho)$ 时, $Y \sim N(\mu_2, \sigma_2^2)$, 故

$$f_{Y|X}(y|x) = \frac{f(x,y)}{f_X(x)} = \frac{\dfrac{1}{2\pi\sigma_1\sigma_2\sqrt{1-\rho^2}} e^{-\frac{1}{2(1-\rho^2)}\left[\frac{(x-\mu_1)^2}{\sigma_1^2} - 2\rho\frac{(x-\mu_1)(y-\mu_2)}{\sigma_1\sigma_2} + \frac{(y-\mu_2)^2}{\sigma_2^2}\right]}}{\dfrac{1}{\sqrt{2\pi}\sigma_2} e^{-\frac{(y-\mu_2)^2}{2\sigma_2^2}}}$$

$$= \frac{1}{\sqrt{2\pi}\sigma_1\sqrt{1-\rho^2}} e^{-\frac{1}{2\sigma_1^2(1-\rho^2)}\left[(x-\mu_1) - \rho\frac{\sigma_1}{\sigma_2}(y-\mu_2)\right]^2}$$

由此可见, 二维正态分布的条件分布仍然是正态分布, 且 $Y=y$ 条件下 X 的条件分布服从

$$N\left(\mu_1 + \rho\frac{\sigma_1}{\sigma_2}(y-\mu_2), \sigma_1^2(1-\rho^2)\right)$$

同理可得, $X=x$ 条件下 Y 的条件分布服从

$$N\left(\mu_2 + \rho\frac{\sigma_2}{\sigma_1}(x-\mu_1), \sigma_2^2(1-\rho^2)\right)$$

例 3.3.4　已知

$$f_{Y|X}(y|x) = \begin{cases} \dfrac{2y}{1-x^2}, & x \leqslant y \leqslant 1, \\ 0, & \text{其他}, \end{cases} \qquad f_X(x) = \begin{cases} 4x(1-x^2), & 0 \leqslant x \leqslant 1 \\ 0, & \text{其他} \end{cases}$$

求: (1) $P\{X+Y \geqslant 1\}$; (2) $P\{Y < 0.5\}$; (3) $P\left\{Y \leqslant \dfrac{2}{3} \,\middle|\, X = \dfrac{1}{2}\right\}$.

解　当 $f_X(x) > 0$, 即 $0 \leqslant x \leqslant 1$ 时

$$f(x,y) = f_{Y|X}(y|x)f_X(x) = \begin{cases} 8xy, & x \leqslant y \leqslant 1 \\ 0, & \text{其他} \end{cases}$$

当 $f_X(x) = 0$ 时, $f(x,y) = 0$, 故

$$f(x,y) = \begin{cases} 8xy, & 0 \leqslant x \leqslant y, 0 \leqslant y \leqslant 1 \\ 0, & \text{其他} \end{cases}$$

记 $D_1 = \{(x,y) \mid x \leqslant y \leqslant 1, x+y \geqslant 1\}$, $D_2 = \{(x,y) \mid x \leqslant y < 0.5\}$ (图 3.3.1), 则

(1) $P\{X+Y \geqslant 1\} = \iint\limits_{D_1} f(x,y)\mathrm{d}\sigma = \int_{0.5}^1 \mathrm{d}y \int_{1-y}^y 8xy\mathrm{d}x = \dfrac{5}{6}$;

(2) $P\{Y < 0.5\} = \iint\limits_{D_2} f(x,y)\mathrm{d}\sigma = \int_0^{0.5} \mathrm{d}y \int_0^y 8xy\mathrm{d}x = \dfrac{1}{16}$;

(3) $P\left\{Y \leqslant \dfrac{2}{3} \middle| X = \dfrac{1}{2}\right\} = \int_{-\infty}^{\frac{2}{3}} f_{Y|X}\left(y \middle| \dfrac{1}{2}\right)\mathrm{d}y = \int_{\frac{1}{2}}^{\frac{2}{3}} \dfrac{2y}{1-(0.5)^2}\mathrm{d}y = \int_{\frac{1}{2}}^{\frac{2}{3}} \dfrac{8y}{3}\mathrm{d}y = \dfrac{7}{27}$.

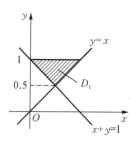 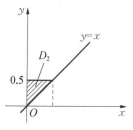

图 3.3.1

3.4 相互独立的随机变量

在第 1 章学习了事件的独立性. 事件的独立性给概率的运算带来了方便. 本节将由事件的独立性引入随机变量独立性的概念.

3.4.1 两随机变量的独立性

与两个事件相互独立的概念类似, 两个随机变量相互独立的定义如下.

定义 3.4.1　设 $F(x,y)$ 及 $F_X(x)$, $F_Y(y)$ 分别是二维随机变量 (X,Y) 的分布函数和边缘分布函数. 若对任意实数 x 和 y, 有

$$P\{X \leqslant x, Y \leqslant y\} = P\{X \leqslant x\} \cdot P\{Y \leqslant y\} \tag{3.4.1}$$

即

$$F(x,y) = F_X(x) \cdot F_Y(y) \tag{3.4.2}$$

则称随机变量 X 与 Y 是**相互独立**的.

随机变量的独立性是概率论中的一个重要概念, 在大多数情形下, 概率论和数理统计是以独立随机变量作为其主要研究对象的. 对于离散型和连续型随机变量, 分别有下列的结论.

设 (X,Y) 是二维连续型随机变量, $f(x,y)$, $f_X(x)$, $f_Y(y)$ 分别为 (X,Y) 的联合概率密度函数和边缘概率密度, 则 X 与 Y 相互独立的充要条件(3.4.2)等价于等式

$$f(x,y) = f_X(x) \cdot f_Y(y) \tag{3.4.3}$$

在平面上几乎处处成立.(这里的"几乎处处成立"可理解为平面上使式(3.4.3)不成立的点的集合只能形成面积为零的区域.)

设 (X, Y) 是二维离散型随机变量, 其联合分布律为

$$P\{X = x_i, Y = y_j\} = p_{ij} \quad (i, j = 1, 2, \cdots)$$

则 X 与 Y 相互独立的充要条件是对 (X, Y) 所有可能的取值 (x_i, y_j) 有

$$P\{X = x_i, Y = y_j\} = P\{X = x_i\} \cdot P\{Y = y_j\} \tag{3.4.4}$$

即 $P_{ij} = P_{i\cdot} \cdot P_{\cdot j}$ 对于任意 i, j 都成立.

例 3.4.1 已知 (X, Y) 的联合概率密度为

(1) $f_1(x, y) = \begin{cases} 4xy, & 0 < x < 1, 0 < y < 1, \\ 0, & \text{其他}; \end{cases}$

(2) $f_2(x, y) = \begin{cases} 8xy, & 0 < x < y, 0 < y < 1, \\ 0, & \text{其他}. \end{cases}$

讨论 X, Y 是否相互独立?

解 (1) 由联合密度求得 X, Y 的边缘密度函数为

$$f_X(x) = \begin{cases} 2x, & 0 < x < 1, \\ 0, & \text{其他}, \end{cases} \qquad f_Y(y) = \begin{cases} 2y, & 0 < y < 1 \\ 0, & \text{其他} \end{cases}$$

显然有 $f_1(x, y) = f_X(x) f_Y(y)$, 故 X, Y 是相互独立的.

(2) 由联合密度求得 X, Y 的边缘密度函数为

$$f_X(x) = \begin{cases} 4x(1 - x^2), & 0 < x < 1, \\ 0, & \text{其他}, \end{cases} \qquad f_Y(y) = \begin{cases} 4y^3, & 0 < y < 1 \\ 0, & \text{其他} \end{cases}$$

显然 $f_2(x, y) \neq f_X(x) f_Y(y)$, 故 X, Y 不是相互独立的.

例 3.4.2 设二维离散型随机变量 (X, Y) 的联合分布律如下, 问要使 X, Y 相互独立, 则 a, b 应取何值?

Y \ X	1	2	3
0	1/6	1/9	1/18
1	1/3	a	b

解

$$P\{Y = 0\} = \frac{1}{6} + \frac{1}{9} + \frac{1}{18} = \frac{1}{3}$$

$$P\{Y = 1\} = 1 - P\{Y = 0\} = \frac{2}{3}$$

$$P\{X = 2\} = \frac{P\{X = 2, Y = 0\}}{P\{Y = 0\}} = \frac{1/9}{1/3} = \frac{1}{3}$$

$$P\{X = 3\} = \frac{P\{X = 3, Y = 0\}}{P\{Y = 0\}} = \frac{1/19}{1/3} = \frac{1}{6}$$

$$a = P\{X = 2, Y = 1\} = P\{X = 2\} \cdot P\{Y = 1\} = \frac{1}{3} \cdot \frac{2}{3} = \frac{2}{9}$$

$$b = P\{X = 3, Y = 1\} = P\{X = 3\} \cdot P\{Y = 1\} = \frac{1}{6} \cdot \frac{2}{3} = \frac{1}{9}$$

思考题 3.4.1 若两随机变量相互独立, 且又有相同的分布, 这两个随机变量是否相等?

例 3.4.3 设 $(X,Y) \sim N(\mu_1,\mu_2,\sigma_1^2,\sigma_2^2,\rho)$, 试证明: X,Y 相互独立的充要条件是参数 $\rho = 0$.

证 (X,Y) 的联合密度和边缘密度分别为

$$f(x,y) = \frac{1}{2\pi\sigma_1\sigma_2\sqrt{1-\rho^2}} \exp\left\{ -\frac{1}{2(1-\rho^2)} \left[\frac{(x-\mu_1)^2}{\sigma_1^2} - \frac{2\rho(x-\mu_1)(y-\mu_2)}{\sigma_1\sigma_2} + \frac{(y-\mu_2)^2}{\sigma_2^2} \right] \right\}$$

$$f_X(x) = \frac{1}{\sqrt{2\pi}\sigma_1} e^{-\frac{(x-\mu_1)^2}{2\sigma_1^2}}, \qquad f_Y(y) = \frac{1}{\sqrt{2\pi}\sigma_2} e^{-\frac{(y-\mu_2)^2}{2\sigma_2^2}}$$

则

$$f_X(x)f_Y(y) = \frac{1}{2\pi\sigma_1\sigma_2} \exp\left\{ -\frac{(x-\mu_1)^2}{2\sigma_1^2} - \frac{(y-\mu_2)^2}{2\sigma_2^2} \right\}$$

因此当 $\rho = 0$ 时, 对所有的 x,y 有 $f(x,y) = f_X(x)f_Y(y)$ 成立, 即 X,Y 相互独立.

反之, 若 X,Y 相互独立, 则有 $f(x,y) = f_X(x)f_Y(y)$, 对 $(x,y) \in \mathbf{R}^2$ 成立.

令 $x = \mu_1$, $y = \mu_2$, 代入上式, 有 $\dfrac{1}{2\pi\sigma_1\sigma_2\sqrt{1-\rho^2}} = \dfrac{1}{2\pi\sigma_1\sigma_2}$, 得 $\rho^2 = 0$, 即 $\rho = 0$.

在实际问题中, 如果一个随机变量的取值对另一个随机变量的取值不产生影响或影响很小, 那么一般认为这两个随机变量是相互独立的.

下面给出判断独立的一个重要命题:

设 X,Y 为相互独立的随机变量, $u(x)$ $v(y)$ 为连续函数, 则 $U = u(X), V = v(Y)$ 也相互独立.

证 设 X 与 Y 的概率密度分别为 $f_X(x)$, $f_Y(y)$, 则

$$f(x,y) = f_X(x)f_Y(y)$$

记 $F_{UV}(u,v)$, $F_U(u)$, $F_V(v)$ 分别表示 U,V 的联合分布函数与边缘分布函数, 则

$$F_{UV}(u,v) = P\{U \leqslant u, V \leqslant v\} = P\{u(X) \leqslant u, v(Y) \leqslant v\}$$

$$= \iint_{\substack{u(x) \leqslant u \\ v(y) \leqslant v}} f_X(x)f_Y(y)\mathrm{d}x\mathrm{d}y = \int_{u(x) \leqslant u} f_X(x)\mathrm{d}x \int_{v(y) \leqslant v} f_Y(y)\mathrm{d}y$$

$$= P\{u(X) \leqslant u\}P\{v(Y) \leqslant v\} = F_U(u)F_V(v)$$

3.4.2 n 维随机变量独立的概念

将上述两个随机变量相互独立的概念推广到 n 维随机变量的情形: 对于 n 维随机变量 $(X_1, X_2, \cdots, X_n)$, 其分布函数为

$$F(X_1, X_2, \cdots, X_n) = P\{X_1 \leqslant x_1, X_2 \leqslant x_2, \cdots, X_n \leqslant x_n\}$$

其中 $x_1, x_2, \cdots, x_n$ 为任意实数.

与二维的类似, n 维随机变量 $(X_1, X_2, \cdots, X_n)$ 的 $k\,(1 \leqslant k < n)$ 维边缘分布函数可由 $(X_1, X_2, \cdots, X_n)$ 的联合分布函数确定. 例如, $(X_1, X_2, \cdots, X_n)$ 的关于 X_1, (X_1, X_2) 的边缘分布函数分别为

$$F_{X_1}(x_1) = F(x_1, +\infty, \cdots, +\infty)$$

$$F_{X_1,X_2}(x_1, x_2) = F(x_1, x_2, +\infty, \cdots, +\infty)$$

若对任意的实数 $x_1, x_2, \cdots, x_n$，有
$$F(x_1, x_2, \cdots, x_n) = F_{X_1}(x_1) \cdot F_{X_2}(x_2) \cdots \cdots F_{X_n}(x_n)$$
则称 $X_1, X_2, \cdots, X_n$ 是相互独立的.

另外，若对任意的实数 $x_1, x_2, \cdots, x_m; y_1, y_2, \cdots, y_n$ 都有
$$F(x_1, x_2, \cdots, x_m; y_1, y_2, \cdots, y_n) = F_X(x_1, x_2, \cdots, x_m) \cdot F_Y(y_1, y_2, \cdots, y_n)$$
其中 F_X，F_Y，F 依次为 $(X_1, X_2, \cdots, X_m)$，$(Y_1, Y_2, \cdots, Y_n)$，$(X_1, X_2, \cdots, X_m; Y_1, Y_2, \cdots, Y_n)$ 的分布函数，则称随机变量 $(X_1, X_2, \cdots, X_m)$ 与 $(Y_1, Y_2, \cdots, Y_n)$ 是相互独立的.

定理 3.4.1 若 $(X_1, X_2, \cdots, X_m)$ 与 $(Y_1, Y_2, \cdots, Y_n)$ 相互独立，则

(1) X_i 与 Y_j 相互独立 ($i = 1, 2, \cdots, m$；$j = 1, 2, \cdots, n$)；

(2) 若 g, h 是连续函数，则 $g(X_1, X_2, \cdots, X_m)$ 与 $h(Y_1, Y_2, \cdots, Y_n)$ 相互独立.

(证明略)

3.5 两个随机变量的函数的分布

在第 2 章讨论过一个随机变量函数的分布，本节讨论两个随机变量函数的分布. 下面分别就离散型和连续型二维随机变量的函数来进行讨论.

3.5.1 离散型随机变量的情形

当 (X, Y) 为离散型随机变量，分布律为
$$P\{X = x_i, Y = y_j\} = p_{ij} \quad (i, j = 1, 2, \cdots)$$
时，函数 $Z = g(X, Y)$ 也是离散的，分布律可由 (X, Y) 的分布律求得
$$g(x_{i_k}, y_{j_k}) = z_k \quad (k = 1, 2, \cdots)$$
$$P(Z = z_k) = \sum_{g(x_{i_k}, y_{j_k}) = z_k} P(X = x_{i_k}, Y = y_{j_k}) \quad (k = 1, 2, \cdots)$$

例 3.5.1 若 (X, Y) 的分布律为

Y \ X	-1	0	1
0	0.3	0.2	0
1	0	0.4	0.1

求 $Z_1 = 2X - Y$，$Z_2 = XY$ 的分布律.

解 计算 Z_1, Z_2 的分布律的过程列表表示如下：

(X, Y)	$(-1, 0)$	$(0, 0)$	$(0, 1)$	$(1, 1)$
$Z_1 = 2X - Y$	-2	0	-1	1
$Z_2 = XY$	0	0	0	1
P	0.3	0.2	0.4	0.1

因此, 所求的分布律依次如下:

Z_1	-2	-1	0	1
P	0.3	0.4	0.2	0.1

Z_2	0	1
P	0.9	0.1

例 3.5.2 证明泊松分布具有可加性: 设 $X \sim \pi(\lambda_1)$, $Y \sim \pi(\lambda_2)$, 且 X, Y 相互独立, 则 $X + Y \sim \pi(\lambda_1 + \lambda_2)$.

证 $X \sim \pi(\lambda_1)$, $Y \sim \pi(\lambda_2)$, 则 $Z = X + Y$ 的可能取值为 $0, 1, 2, \cdots$, 且有

$$P\{Z = k\} = \sum_{i=0}^{k} P\{X = i, Y = k-i\} = \sum_{i=0}^{k} P\{X = i\} P\{Y = k-i\}$$

$$= \sum_{i=0}^{k} \frac{\lambda_1^i e^{-\lambda_1}}{i!} \cdot \frac{\lambda_2^{k-i} e^{-\lambda_2}}{(k-i)!} = \frac{e^{-\lambda_1 - \lambda_2}}{k!} \sum_{i=0}^{k} \frac{k!}{i!(k-i)!} \lambda_1^i \lambda_2^{k-i}$$

$$= \frac{(\lambda_1 + \lambda_2)^k e^{-(\lambda_1 + \lambda_2)}}{k!} \quad (k = 0, 1, 2, \cdots)$$

即
$$X + Y \sim \pi(\lambda_1 + \lambda_2)$$

3.5.2 连续型随机变量的情形

对于二维连续型随机变量 (X, Y), 概率密度为 $f(x, y)$, 可以先求 $Z = g(X, Y)$ 的分布函数:

$$F_Z(z) = P\{Z \leq z\} = \iint_{g\{x, y\} \leq z} f(x, y) \mathrm{d}\sigma$$

再将上述二重积分化为变上限的定积分 $\int_{-\infty}^{z} f_Z(t) \mathrm{d}t$, 对 z 求导, 就得到 Z 的概率密度 $f_Z(z)$.

下面考虑几个具体函数情形:

1. $Z = X + Y$ 的分布

设二维连续型随机变量 (X, Y) 的概率密度为 $f(x, y)$, 则 Z 的分布函数

$$F_Z(z) = P\{Z \leq z\} = P(X + Y \leq z) = \iint_{D_z: x+y \leq z} f(x, y) \mathrm{d}x\mathrm{d}y$$

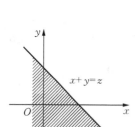

图 3.5.1

其中, 积分区域 $D_z: x + y \leq z$ 是位于直线 $x + y = z$ 及其左下方的半平面(图 3.5.1). 化为累次积分, 得

$$F_Z(z) = \int_{-\infty}^{+\infty} \left[\int_{-\infty}^{z-y} f(x, y) \mathrm{d}x \right] \mathrm{d}y$$

对固定的 z 和 y, 先作变换 $x = u - y$, 再交换积分次序, 得

$$F_Z(z) = \int_{-\infty}^{\infty} \left[\int_{-\infty}^{z} f(u-y, y) \mathrm{d}u \right] \mathrm{d}y = \int_{-\infty}^{z} \left[\int_{-\infty}^{\infty} f(u-y, y) \mathrm{d}y \right] \mathrm{d}u$$

由概率密度的定义, 即得 Z 的概率密度为

$$f_Z(z) = \int_{-\infty}^{+\infty} f(z-y, y) \mathrm{d}y \tag{3.5.1}$$

由 X, Y 的对称性, $f_Z(z)$ 又可以写成

$$f_Z(z) = \int_{-\infty}^{+\infty} f(x, z-x) \mathrm{d}x \tag{3.5.2}$$

特别地，当 X 与 Y 相互独立时，设 (X, Y) 关于 X, Y 的边缘概率密度分别为 $f_X(x), f_Y(y)$，则式(3.5.1)、式(3.5.2)分别化为

$$f_Z(z) = \int_{-\infty}^{+\infty} f_X(z-y)f_Y(y)\mathrm{d}y \tag{3.5.3}$$

$$f_Z(z) = \int_{-\infty}^{+\infty} f_X(x)f_Y(z-x)\mathrm{d}x \tag{3.5.4}$$

这两个公式称为**卷积公式**，记为 $f_X * f_Y$，即

$$f_X * f_Y = \int_{-\infty}^{+\infty} f_X(z-y)f_Y(y)\mathrm{d}y = \int_{-\infty}^{+\infty} f_X(x)f_Y(z-x)\mathrm{d}x$$

例 3.5.3 设 X, Y 是两个相互独立的随机变量，它们都服从 $N(0, 1)$ 分布，其概率密度为

$$f_X(x) = \frac{1}{\sqrt{2\pi}}\mathrm{e}^{-x^2/2} \quad (-\infty < x < +\infty)$$

$$f_Y(y) = \frac{1}{\sqrt{2\pi}}\mathrm{e}^{-y^2/2} \quad (-\infty < y < +\infty)$$

求 $Z = X + Y$ 的概率密度.

解 用卷积公式(3.5.4)，得

$$f_Z(z) = \int_{-\infty}^{+\infty} f_X(x)f_Y(z-x)\mathrm{d}x = \frac{1}{2\pi}\int_{-\infty}^{+\infty} \mathrm{e}^{-\frac{x^2}{2}}\mathrm{e}^{-\frac{(z-x)^2}{2}}\mathrm{d}x$$

$$= \frac{1}{2\pi}\mathrm{e}^{-\frac{z^2}{4}}\int_{-\infty}^{+\infty} \mathrm{e}^{-\left(x-\frac{z}{2}\right)^2}\mathrm{d}x$$

令 $t = x - \dfrac{z}{2}$，得

$$f_Z(z) = \frac{1}{2\pi}\mathrm{e}^{-\frac{z^2}{4}}\int_{-\infty}^{+\infty} \mathrm{e}^{-t^2}\mathrm{d}t = \frac{1}{2\pi}\mathrm{e}^{-\frac{z^2}{4}}\sqrt{\pi} = \frac{1}{2\sqrt{\pi}}\mathrm{e}^{-\frac{z^2}{4}}$$

即 Z 服从 $N(0, 2)$ 分布.

一般地，设 X, Y 相互独立，且 $X \sim N(\mu_1, \sigma_1^2), Y \sim N(\mu_2, \sigma_2^2)$，则

$$Z = X + Y \sim N(\mu_1 + \mu_2, \sigma_1^2 + \sigma_2^2)$$

这个结论可以推广到 n 个独立的正态随机变量：若 $X_1, X_2, \cdots, X_n$ 相互独立，$X_i \sim N(\mu_i, \sigma_i^2)$ $(i = 1, 2, \cdots, n)$，则

$$\sum_{i=1}^{n} X_i \sim N\left(\sum_{i=1}^{n}\mu_i, \sum_{i=1}^{n}\sigma_i^2\right)$$

另外，可以证明有限个相互独立的正态随机变量的线性组合仍然服从正态分布. 若 $X_1, X_2, \cdots, X_n$ 相互独立，$X_i \sim N(\mu_i, \sigma_i^2)$ $(i = 1, 2, \cdots, n)$，则

$$\sum_{i=1}^{n} c_i X_i \sim N\left(\sum_{i=1}^{n}c_i\mu_i, \sum_{i=1}^{n}c_i^2\sigma_i^2\right)$$

例 3.5.4 已知 (X, Y) 的联合概率密度为

$$f(x, y) = \begin{cases} 3x, & 0 < x < 1, 0 < y < x \\ 0, & \text{其他} \end{cases}$$

$Z = X + Y$，求 Z 的概率密度 $f_Z(z)$.

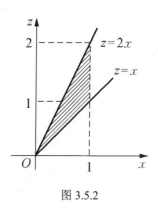

图 3.5.2

解 由式(3.5.2), 有

$$f_Z(z) = \int_{-\infty}^{+\infty} f(x, z-x) \mathrm{d}x$$

如图 3.5.2 所示.

$$f(x, z-x) = \begin{cases} 3x, & 0 < x < 1, x < z < 2x \\ 0, & \text{其他} \end{cases}$$

当 $z < 0$ 或 $z > 2$ 时, $f_Z(z) = 0$; 当 $0 \le z < 1$ 时,

$$f_Z(z) = \int_{z/2}^{z} 3x \mathrm{d}x = \frac{9}{8} z^2$$

当 $1 \le z < 2$ 时, $f_Z(z) = \int_{z/2}^{1} 3x \mathrm{d}x = \frac{3}{2}\left(1 - \frac{z^2}{4}\right)$; 故

$$f_Z(z) = \begin{cases} \dfrac{9}{8} z^2, & 0 \le z < 1 \\[2mm] \dfrac{3}{2}\left(1 - \dfrac{z^2}{4}\right), & 1 \le z < 2 \\[2mm] 0, & \text{其他} \end{cases}$$

2. $M = \max(X, Y), N = \min(X, Y)$ 的分布

设 (X, Y) 的联合分布函数为 $F(x, y)$, 求 $M = \max(X, Y), N = \min(X, Y)$ 的分布函数.

由于 $M = \max(X, Y) \le z$ 等价于 $X \le z$ 且 $Y \le z$, 所以, 对于任意的实数 z, 有

$$F_M(z) = P\{\max(X, Y) \le z\} = P\{X \le z, Y \le z\} = F(z, z)$$

若 X, Y 是两个相互独立的随机变量, 它们的分布函数分别为 $F_X(x), F_Y(y)$, 则

$$F_M(z) = F_X(z) F_Y(z) \tag{3.5.5}$$

类似地, 研究 $N = \min(X, Y)$ 的分布函数:

$$F_N(z) = P\{\min(X, Y) \le z\} = 1 - P\{\min(X, Y) > z\} = 1 - P\{X > z, Y > z\}$$

若 X, Y 是两个相互独立的随机变量, 它们的分布函数分别为 $F_X(x), F_Y(y)$, 则

$$F_N(z) = 1 - P\{X > z\} P\{Y > z\} = 1 - [1 - F_X(z)][1 - F_Y(z)] \tag{3.5.6}$$

一般地, 设 $X_1, X_2, \cdots, X_n$ 是 n 个相互独立的随机变量, 它们的分布函数是 $F_{X_i}(x_i)$ $(i = 1, 2, \cdots, n)$, 则 $M = \max\{X_1, X_2, \cdots, X_n\}$ 的分布函数为

$$F_M(z) = \prod_{i=1}^{n} F_{X_i}(z) \tag{3.5.7}$$

$N = \min\{X_1, X_2, \cdots, X_n\}$ 的分布函数为

$$F_N(z) = 1 - \prod_{i=1}^{n} [1 - F_{X_i}(z)] \tag{3.5.8}$$

特别地, 若 $X_1, X_2, \cdots, X_n$ 相互独立且有相同的分布函数 $F(x)$, 则

$$F_M(z) = [F(z)]^n \tag{3.5.9}$$

$$F_N(z) = 1 - [1 - F(z)]^n \tag{3.5.10}$$

例3.5.5 设系统 L 由两个相互独立的子系统 L_1, L_2 联结而成, 联结的方式分别为(1)串联,

(2)并联, (3)备用 (当 L_1 损坏时, L_2 开始工作), 如图 3.5.3 所示. 设 L_1, L_2 的寿命分别为 X, Y, 已知它们的概率密度分别为

$$f_X(x) = \begin{cases} \alpha e^{-\alpha x}, & x > 0, \\ 0, & x \leqslant 0, \end{cases} \qquad f_Y(y) = \begin{cases} \beta e^{-\beta y}, & y > 0 \\ 0, & y \leqslant 0 \end{cases}$$

其中, $\alpha > 0, \beta > 0$ 且 $\alpha \neq \beta$. 试分别就以上三种联结方式写出 L 的寿命 Z 的概率密度.

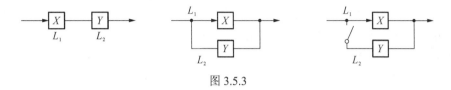

图 3.5.3

解 X, Y 的分布函数分别为

$$F_X(x) = \begin{cases} 1 - e^{-\alpha x}, & x > 0, \\ 0, & x \leqslant 0, \end{cases} \qquad F_Y(y) = \begin{cases} 1 - e^{-\beta y}, & y > 0 \\ 0, & y \leqslant 0 \end{cases}$$

(1) L_1 与 L_2 以串联方式连接时, 当 L_1, L_2 中有一个损坏时, 系统 L 停止工作, 所以 L 的寿命为 $Z = \min(X, Y)$, 由式 (3.5.6) 得 $Z = \min(X, Y)$ 的分布函数为

$$F_{\min}(z) = \begin{cases} 1 - e^{-(\alpha+\beta)z}, & z > 0 \\ 0, & z \leqslant 0 \end{cases}$$

于是 $Z = \min(X, Y)$ 的概率密度为

$$f_{\min}(z) = \begin{cases} (\alpha + \beta) e^{-(\alpha+\beta)z}, & z > 0 \\ 0, & z \leqslant 0 \end{cases}$$

(2) L_1 与 L_2 以并联方式连接时, 当且仅当 L_1, L_2 都损坏时, 系统 L 才停止工作, 所以 L 的寿命为 $Z = \max(X, Y)$, 由式 (3.5.5) 得 $Z = \max(X, Y)$ 的分布函数为

$$F_{\max}(z) = F_X(z) F_Y(z) = \begin{cases} (1 - e^{-\alpha z})(1 - e^{-\beta z}), & z > 0 \\ 0, & z \leqslant 0 \end{cases}$$

于是 $Z = \max(X, Y)$ 的概率密度为

$$f_{\max}(z) = \begin{cases} \alpha e^{-\alpha z} + \beta e^{-\beta z} - (\alpha + \beta) e^{-(\alpha+\beta)z}, & z > 0 \\ 0, & z \leqslant 0 \end{cases}$$

(3) 留 L_2 备用情况下: 当 L_1 损坏时, L_2 接着工作; 当 L_2 也损坏时, 系统 L 才停止工作. 因此整个系统 L 的寿命是 L_1, L_2 两者寿命之和, 即 $Z = X + Y$.

按式 (3.5.3), 当 $z > 0$ 时, $Z = X + Y$ 的概率密度为

$$f(z) = \int_{-\infty}^{+\infty} f_X(z-y) f_Y(y) \, dy = \int_0^z \alpha e^{-\alpha(z-y)} \beta e^{-\beta y} \, dy$$

$$= \alpha \beta e^{-\alpha z} \int_0^z e^{-(\beta-\alpha)y} \, dy = \frac{\alpha \beta}{\beta - \alpha} (e^{-\alpha z} - e^{-\beta z})$$

当 $z \leqslant 0$ 时, $f(z) = 0$, 于是 $Z = X + Y$ 的概率密度为

$$f(z) = \begin{cases} \dfrac{\alpha \beta}{\beta - \alpha} (e^{-\alpha z} - e^{-\beta z}), & z > 0 \\ 0, & z \leqslant 0 \end{cases}$$

3.6 部分问题的 MATLAB 求解

3.6.1 用 MATLAB 画密度函数图像

MATLAB 软件提供了很多关于三维绘图的函数, 调用这些函数可以很方便地实现空间图形的绘制, 直观展示二元函数对应的曲面. 作三维曲面时, 先利用 meshgrid 函数将平面区域网格化, 然后对每一个点求其对应的函数值, 最后用 mesh 将函数图像绘制出来. 这里以二维正态分布为例, 绘制密度函数图像.

绘制二维正态分布 $(X, Y) \sim N(0, 0, 1, 1, 0.1)$ 密度函数曲面, 代码如下:

```
[x, y]=meshgrid(-5:0.1:5, -5:0.1:5);              %画坐标网格
mu1=0; mu2=0; sigma1=1; sigma2=1; rou=0.1;         %设定参数
f=(1/(2*pi*sigma1*sigma2*sqrt(1-rou*rou)))*exp((-1/(2*(1-rou*rou))))...
   *(((x-mu1).^2)./(sigma1*sigma1)-2*rou*((x-mu1).*(y-mu2))./
(sigma1*sigma2)...
   +((y-mu2).^2)./(sigma2*sigma2)));              %二维正态分布的密度函数
mesh(x, y, f)                                      %绘制曲面
```

曲面如图 3.6.1 所示.

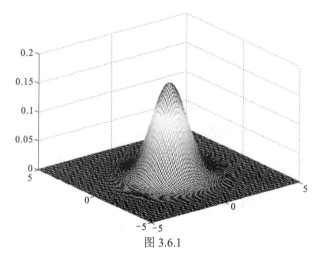

图 3.6.1

3.6.2 二维随机变量的相关计算

利用 int 函数可以计算定积分, 二维连续型随机变量相关的问题经常需要计算二重积分, 一般先化成二次积分, 再用两层嵌套的 int 函数进行计算. 下面看一个具体的例子.

例 3.6.1 设二维随机变量 (X, Y) 的联合概率密度为

$$f(x, y) = \begin{cases} kx^2y, & x^2 \leq y \leq 1 \\ 0, & \text{其他} \end{cases}$$

其中 k 为常数, 求: (1)常数 k; (2) $P\left\{X+Y\geqslant\dfrac{3}{4}\right\}$; (3)边缘密度函数.

解 (1)
$$\int_{-\infty}^{+\infty}\int_{-\infty}^{+\infty}f(x,y)\mathrm{d}x\mathrm{d}y=\int_{-1}^{1}\mathrm{d}x\int_{x^2}^{1}kx^2y\mathrm{d}y$$

计算这个二次积分的 MATLAB 代码如下:

```
syms x y k;
I=int(int(k*x^2*y, y, x^2, 1), x, -1, 1)
```

计算结果是:

```
I=(4*k)/21
```

从而 $k=21/4$.

(2)
$$P\left\{X+Y\geqslant\frac{3}{4}\right\}=\iint\limits_{X+Y\geqslant\frac{3}{4}}f(x,y)\mathrm{d}x\mathrm{d}y=\int_{\frac{1}{4}}^{1}\mathrm{d}y\int_{\frac{3}{4}-y}^{\sqrt{y}}\frac{21}{4}x^2y\mathrm{d}x$$

计算这个二次积分的 MATLAB 代码如下:

```
syms x y;
P=int(int(21/4*x^2*y, x, 0.75-y, sqrt(y)), y, 0.25, 1)
```

计算结果是:

```
P=39989/81920
```

即
$$P\left\{X+Y\geqslant\frac{3}{4}\right\}=0.4881$$

(3) 当 $-1\leqslant x\leqslant1$ 时, $f_X(x)=\displaystyle\int_{-\infty}^{+\infty}f(x,y)\mathrm{d}y=\int_{x^2}^{1}\frac{21}{4}x^2y\mathrm{d}y$.

计算这个积分的 MATLAB 代码如下:

```
syms x y;
fx=int(21/4*x^2*y, y, x^2, 1)
```

计算结果是:

```
fx=-(21*x^2*(x^4 - 1))/8
```

即 X 的边缘密度为

$$f_X(x)=\begin{cases}\dfrac{21}{8}x^2(1-x^4), & -1\leqslant x\leqslant1 \\ 0, & \text{其他}\end{cases}$$

当 $0\leqslant y\leqslant1$ 时, $f_Y(y)=\displaystyle\int_{-\infty}^{+\infty}f(x,y)\mathrm{d}x=\int_{-\sqrt{y}}^{\sqrt{y}}\frac{21}{4}x^2y\mathrm{d}x$.

计算这个积分的 MATLAB 代码如下:

```
syms x y;
fy=int(21/4*x^2*y, x, -sqrt(y), sqrt(y))
```

计算结果是:

```
fy=(7*y^(5/2))/2
```

即 Y 的边缘密度为

$$f_Y(y) = \begin{cases} \dfrac{7}{2} y^{\frac{5}{2}}, & 0 \leqslant y \leqslant 1 \\ 0, & \text{其他} \end{cases}$$

习 题 3

A 类

1. 袋中装有 3 只红球和 2 只白球, 从中任取 2 只, 若以 X 表示取到的红球数, Y 表示取到的白球数, 求 (X,Y) 的联合分布律.

2. 设 $F(x,y) = \begin{cases} 0, & x+y<1, \\ 1, & x+y \geqslant 1. \end{cases}$ 讨论 $F(x,y)$ 能否成为二维随机变量的分布函数?

3. 设 (X,Y) 的概率密度为

$$f(x,y) = \begin{cases} k(6-x-y), & 0<x<2, 2<y<4 \\ 0, & \text{其他} \end{cases}$$

(1) 确定常数 k; (2) 求 $P\{X<1, Y<3\}$; (3) 求 $P\{X<1.5\}$; (4) 求 $P\{X+Y \leqslant 4\}$.

4. 设 (X,Y) 的概率密度为 $f(x,y) = \begin{cases} kx^2y, & x^2 \leqslant y \leqslant 1, \\ 0, & \text{其他}. \end{cases}$

(1) 确定常数 k;   (2) 求边缘概率密度.

5. 设随机变量 (X,Y) 具有分布函数 $F(x,y) = \begin{cases} 1-e^{-x}-e^{-y}+e^{-x-y}, & x>0, y>0, \\ 0, & \text{其他}, \end{cases}$ 求边缘分布函数.

6. 设 (X,Y) 在 $G = \{(x,y) | 0 \leqslant y \leqslant x, 0 \leqslant x \leqslant 1\}$ 上服从均匀分布, 求:

(1) (X,Y) 的联合概率密度 $f(x,y)$;   (2) $P\{Y>X^2\}$;

(3) (X,Y) 在平面上的落点到 y 轴距离小于 0.3 的概率.

7. 把 3 个球等可能地放入编号为 1, 2, 3 的三个盒子中, 每盒可容球数无限制. 记 X 为落入 1 号盒的球数, Y 为落入 2 号盒的球数, 求:

(1) 在 $Y=0$ 的条件下, X 的分布律;

(2) 在 $X=2$ 的条件下, Y 的分布律.

8. 设 (X,Y) 的概率密度为 $f(x,y) = \begin{cases} e^{-y}, & 0<x<y, \\ 0, & \text{其他}. \end{cases}$ 求边缘概率密度.

9. 已知 (X,Y) 服从圆域 $x^2+y^2 \leqslant r^2$ 上的均匀分布, 求条件概率密度.

10. 已知 (X,Y) 的概率密度为

$$f(x,y) = \begin{cases} 8xy, & 0 \leqslant x \leqslant y, 0 \leqslant y \leqslant 1 \\ 0, & \text{其他} \end{cases}$$

求条件概率密度.

11. 设 (X,Y) 的概率密度为

(1) $f(x,y)=\begin{cases} 6e^{-2x-3y}, & x>0, y>0, \\ 0, & \text{其他}; \end{cases}$

(2) $f(x,y)=\begin{cases} \dfrac{1}{2}(x+y)e^{-(x+y)}, & x>0, y>0, \\ 0, & \text{其他}. \end{cases}$

判断 X 和 Y 是否相互独立.

12. 证明二项分布具有可加性: 设 $X \sim b(m,p)$, $Y \sim b(n,p)$ 且 X 与 Y 相互独立, 则 $X+Y \sim b(m+n,p)$.

13. 设二维离散型随机变量 (X,Y) 的联合分布律为

Y \ X	-1	1	2
-1	1/4	1/6	1/8
0	1/4	1/8	1/12

求 $X+Y, X-Y, XY, Y/X$ 的分布律.

14. 已知 (X,Y) 的联合概率密度为

$$f(x,y)=\begin{cases} 1, & 0<x<1, 0<y<1 \\ 0, & \text{其他} \end{cases}$$

求 $Z=X+Y$ 的概率密度.

15. 在一简单电路中, 两电阻 R_1 和 R_2 串联, 设 R_1, R_2 相互独立, 他们的概率密度均为

$$f(x)=\begin{cases} \dfrac{10-x}{50}, & 0\leqslant x\leqslant 10 \\ 0, & \text{其他} \end{cases}$$

求总电阻 $R=R_1+R_2$ 的概率密度.

16. 一负责人到达办公室的时间均匀分布在 8~12 时, 他的秘书到达办公室的时间均匀分布在 7~9 时, 设他们两人到达的时间相互独立, 求他们到达办公室的时间相差不超过 5 min(1/12 h)的概率.

17. 设 X 与 Y 相互独立且都服从标准正态分布, 求 $Z=X^2+Y^2$ 的概率密度.

18. 设 xOy 平面上随机点的坐标 (X,Y) 服从二维正态分布 $N(0,0,1,1,0)$, 求随机点 (X,Y) 到坐标原点距离的概率密度.

19. 设随机变量 (X,Y) 在矩形 $D=\{(x,y)|0\leqslant x\leqslant 2, 0\leqslant y\leqslant 1\}$ 内服从均匀分布, 求边长为 X 与 Y 的矩形面积 S 的概率密度.

20. 设随机变量 X 与 Y 相互独立, 且服从同一分布, 证明:

$$P\{a<\min(X,Y)\leqslant b\}=[P\{X>a\}]^2-[P\{X>b\}]^2 \quad (a\leqslant b)$$

21. 设 X_1 与 X_2 相互独立, 且 $P\{X_i = k\} = \dfrac{1}{3}$, $(i = 1, 2; k = 1, 2, 3)$, 记随机变量

$$Y_1 = \max(X_1, X_2), \qquad Y_2 = \min(X_1, X_2)$$

判断 Y_1 与 Y_2 是否独立.

B 类

22. 设随机变量 X, Y 相互独立, 其概率分布为

X	-1	1
P	$\dfrac{1}{2}$	$\dfrac{1}{2}$

Y	-1	1
P	$\dfrac{1}{2}$	$\dfrac{1}{2}$

则下列式子正确的是( ).

(A) $X = Y$ (B) $P\{X = Y\} = 0$

(C) $P\{X = Y\} = 1/2$ (D) $P\{X = Y\} = 1$

23. 设随机变量 X 服从参数为 λ 的指数分布, 则 $Y = \min(X, 3)$ 的分布函数( ).

(A) 是连续函数   (B) 至少有两个间断点

(C) 是阶梯函数   (D) 恰好有一个间断点.

24. 袋中装有 m_1 只红球、m_2 只白球和 $n - m_1 - m_2$ 只黑球, (1)从中任取 k 只球; (2)从中任取 k 次, 每次取 1 只, 看过颜色后放回. 若以 X 表示取到的红球数, Y 表示取到的白球数, 试分别求 (X, Y) 的联合分布律.

25. 记 X 为某医院一天出生的婴儿数, Y 表示其中男婴数, 设 (X, Y) 的联合分布律为

$$P\{X = n, Y = i\} = \frac{\mathrm{e}^{-14}(7.14)^i (6.86)^{n-i}}{i!(n-i)!} \quad (n = 0, 1, 2, \cdots; i = 0, 1, \cdots, n)$$

求 X, Y 的边缘分布律与条件分布律.

26. 设二维离散型随机变量 (X, Y) 的联合分布律及边缘分布律的部分数值如下:

Y \\ X	0	1	2	$P_{\cdot j}$
1	a	1/8	b	
2	1/8	c		
$P_{i \cdot}$	1/6			

如果 X 与 Y 相互独立, 试求 a, b, c 的值.

27. 设 X 与 Y 是相互独立的两个随机变量, 且 X 在 $(0, 1)$ 上服从均匀分布, Y 的概率密度为

$$f_Y(y) = \begin{cases} \dfrac{1}{2}\mathrm{e}^{-\frac{y}{2}}, & y > 0 \\ 0, & \text{其他} \end{cases}$$

(1) 求 (X, Y) 的联合概率密度;

(2) 设 $t^2 + 2Xt + Y = 0$, 求 t 有实根的概率.

28. 设 X_1, X_2 相互独立且分别服从 $\Gamma(\alpha_1, \beta)$, $\Gamma(\alpha_2, \beta)$ 分布, X_1, X_2 的概率密度分别为

$$f_{X_1}(x) = \begin{cases} \dfrac{1}{\beta^{\alpha_1} \Gamma(\alpha_1)} x^{\alpha_1-1} \mathrm{e}^{-x/\beta}, & x > 0 \\ 0, & \text{其他} \end{cases} \quad (\alpha_1 > 0, \beta > 0)$$

$$f_{X_2}(y) = \begin{cases} \dfrac{1}{\beta^{\alpha_2} \Gamma(\alpha_2)} y^{\alpha_2-1} \mathrm{e}^{-y/\beta}, & y > 0 \\ 0, & \text{其他} \end{cases} \quad (\alpha_2 > 0, \beta > 0)$$

试证明 $X_1 + X_2$ 服从 $\Gamma(\alpha_1 + \alpha_2, \beta)$ 分布.

29. 设 X 与 Y 相互独立且都服从正态分布 $N(0, \sigma^2)$, 求 $Z = \sqrt{X^2 + Y^2}$ 的概率密度.

30. 设 (X, Y) 的联合分布是正方形 $G = \{(x,y) | 1 \leq x \leq 3, 1 \leq y \leq 3\}$ 上的均匀分布, 试求 $U = |X - Y|$ 的概率密度 $p(u)$.

31. 设 X 与 Y 相互独立, $P\{X = i\} = \dfrac{1}{3}$ $(i = -1, 0, 1)$, Y 的概率密度为

$$f_Y(y) = \begin{cases} 1, & 0 \leq y \leq 1 \\ 0, & \text{其他} \end{cases}$$

记 $Z = X + Y$, 求:

(1) $P\left\{Z \leq \dfrac{1}{2} \Big| X = 0\right\}$;

(2) 用全概率公式计算 $P\{Z \leq 1.4\}$.

第4章　随机变量的数字特征

上一章讨论了随机变量的分布函数,已知分布函数是对随机变量概率性质的完整刻画,能够完整地描述随机变量的统计特性.但在一些实际问题中,有时不太容易确定随机变量的分布,有时也不需要全面考察随机变量的变化情况,而只需知道随机变量的某些特征,因而并不需要求出它的分布函数.这些特征就是随机变量的数字特征,是由随机变量的分布决定的常数,刻画了随机变量某方面的性质.

例如,在比较各城市居民的生活水平时,人们并不需要知道城市中每个人的年收入是多少,只要知道城市居民人均年收入就行了;再如,检查一批学生成绩时,既需要注意学生的平均成绩,又需要注意学生成绩与平均成绩的偏离程度,平均成绩较高、偏离程度较小,教学质量就较好.从上面的例子看到,与随机变量有关的某些数值,虽然不能完整地描述随机变量,但能描述随机变量在某些方面的重要特征.这种由随机变量的分布所确定的,能刻画随机变量某一方面的特征的常数统称为数字特征,它在理论和实践应用中都具有重要的意义.

本章将讨论一些常用的随机变量的数字特征,包括刻画取值平均位置的数学期望,刻画离散程度的方差,描述两个随机变量之间联系的协方差和相关系数等.

4.1　数　学　期　望

4.1.1　随机变量数学期望的概念

先看一个例子,考察某一次期末考试,统计学生成绩中出现的每一个分数 $x_i\,(i=1,\cdots,n)$ 及每一个分数出现的人数 $k_i\,(i=1,\cdots,n)$,很容易算出这次统考的平均分

$$\bar{x} = \sum_{i=1}^{n} \frac{k_i}{N} x_i = \sum_{i=1}^{n} f_i x_i$$

其中: $N = \sum_{i=1}^{n} k_i$ 为总人数; $f_i = \dfrac{k_i}{N}$ 为考试成绩分数为 x_i 的学生的频率.在第 5 章将会讲到,当 N 很大时, f_i 在一定意义下接近于 p_i.就是说,在试验次数很大时,若以随机变量 X 表示考生的成绩,则 X 的观察值的算术平均在一定意义下接近于 $\sum_{k=1}^{\infty} x_k p_k$,称 $\sum_{k=1}^{\infty} x_k p_k$ 为随机变量 X 的数学期望或均值.一般地,有如下定义:

定义 4.1.1　设 X 为离散型随机变量,其分布律为

$$P\{X = x_k\} = p_k \quad (k=1,2,\cdots)$$

若级数 $\sum_{k=1}^{\infty} x_k p_k$ 绝对收敛,则此级数 $\sum_{k=1}^{\infty} x_k p_k$ 为随机变量 X 的数学期望(或均值),记为 $E(X)$,在不产生混淆的情况下,也可记为 EX,即

$$E(X) = \sum_{k=1}^{\infty} x_k p_k \qquad (4.1.1)$$

注 因为 X 为随机变量, 其取值顺序并无特别约定. 要求级数 $\sum_{k=1}^{\infty} x_k p_k$ 绝对收敛, 是为了保证级数的和与级数各项次序无关. 当随机变量 X 只取有限值时, X 的数学期望 $E(X)$ 一定存在; 当随机变量 X 取无限值时, X 的数学期望 $E(X)$ 可能不存在.

例 4.1.1 某厂生产的产品中, 15%是一等品, 55%是二等品, 25%是三等品, 5%是次品. 如果每件一、二、三等品分别获利 5, 4, 3 元, 一件次品则亏损 2 元. 试问该厂期望每件产品获利多少元?

解 设 X 表示每件产品的利润, 显然它是一个离散型随机变量, 其分布律为

X	-2	3	4	5
p_i	0.05	0.25	0.55	0.15

故

$$E(X) = (-2) \times 0.05 + 3 \times 0.25 + 4 \times 0.55 + 5 \times 0.15 = 3.6(元)$$

即每生产一件产品平均获利 3.6 元.

对于连续型随机变量 X, 它的取值范围可以看作 $(-\infty, +\infty)$, 把 $(-\infty, +\infty)$ 划分为无数小区间, X 在小区间 $(x, x+\mathrm{d}x)$ 中取值的概率近似为 $f(x)\mathrm{d}x$, 其中 $f(x)$ 是 X 的概率密度. 推广离散型随机变量的定义, 用积分代替和式, 可以给出连续型随机变量的数学期望定义如下:

定义 4.1.2 如连续型随机变量 X 的概率密度为 $f(x)$, 且积分 $\int_{-\infty}^{+\infty} xf(x)\mathrm{d}x$ 绝对收敛, 则称积分 $\int_{-\infty}^{+\infty} xf(x)\mathrm{d}x$ 的值为随机变量 X 的数学期望, 记为 $E(X)$, 即

$$E(X) = \int_{-\infty}^{+\infty} xf(x)\mathrm{d}x \qquad (4.1.2)$$

例 4.1.2 有两个相互独立工作的电子装置, 它们的寿命(单位: h) $X_k(k=1,2)$ 服从同一指数分布, 其概率密度为

$$f(x) = \begin{cases} \dfrac{1}{\theta}\mathrm{e}^{-\frac{x}{\theta}}, & x > 0 \\ 0, & x \leq 0 \end{cases} \quad (\theta > 0)$$

(1) 若将这 2 个电子装置串联工作组成整机, 求其整机寿命 N 的期望;

(2) 若将这 2 个电子装置并联工作组成整机, 求其整机寿命 M 的期望.

解 $X_k(k=1,2)$ 的分布函数为

$$F(x) = \begin{cases} 1 - \mathrm{e}^{-\frac{x}{\theta}}, & x > 0 \\ 0, & x \leq 0 \end{cases}$$

(1) $N = \min\{X_1, X_2\}$ 的分布函数为

$$F_N(x) = 1 - [1 - F(x)]^2 = \begin{cases} 1 - \mathrm{e}^{-\frac{2x}{\theta}}, & x > 0 \\ 0, & x \leq 0 \end{cases}$$

则 N 的概率密度为

$$f_N(x) = \begin{cases} \dfrac{2}{\theta}\mathrm{e}^{-\frac{2x}{\theta}}, & x > 0 \\ 0, & x \leqslant 0 \end{cases}$$

所以 N 的期望为

$$E(N) = \int_{-\infty}^{+\infty} x f_N(x)\mathrm{d}x = \int_0^{+\infty} \frac{2}{\theta} x \mathrm{e}^{-\frac{2x}{\theta}}\mathrm{d}x = \frac{\theta}{2}$$

(2) $M = \max\{X_1, X_2\}$ 的分布函数为

$$F_M(x) = [F(x)]^2 = \begin{cases} (1-\mathrm{e}^{-\frac{x}{\theta}})^2, & x > 0 \\ 0, & x \leqslant 0 \end{cases}$$

则 M 的概率密度为

$$f_M(x) = \begin{cases} \dfrac{2}{\theta}(1-\mathrm{e}^{-\frac{x}{\theta}})\mathrm{e}^{-\frac{x}{\theta}}, & x > 0 \\ 0, & x \leqslant 0 \end{cases}$$

所以 M 的期望为

$$E(M) = \int_{-\infty}^{+\infty} x f_M(x)\mathrm{d}x = \int_0^{+\infty} \frac{2}{\theta} x (1-\mathrm{e}^{-\frac{x}{\theta}})\mathrm{e}^{-\frac{x}{\theta}}\mathrm{d}x = \frac{3\theta}{2}$$

且 $\dfrac{E(M)}{E(N)} = \dfrac{3\theta}{2} \bigg/ \dfrac{\theta}{2} = 3$，即 2 个电子装置并联工作的平均寿命是串联工作的 3 倍.

思考题 4.1.1 如果例 4.1.2 题设中相互独立的电子装置是 3 个的话，题目其他要求不变，那么结果又会是什么样子呢? $\left(\dfrac{E(M)}{E(N)} = \dfrac{11\theta}{6} \bigg/ \dfrac{\theta}{3} = 5.5 \text{倍} \right)$

值得注意的是，数学期望 $E(X)$ 完全由随机变量 X 的概率分布所决定. 若 X 服从某一分布，也称 $E(X)$ 是这一分布的数学期望.

例 4.1.3 设 $X \sim b(n,p)$，求 $E(X)$.

解 因为 $X \sim b(n,p)$，所以 X 的分布律为

$$P\{X=k\} = \binom{n}{k} p^k q^{n-k} \quad (q=1-p; k=0,1,2,\cdots,n)$$

$$E(X) = \sum_{k=0}^{n} k \binom{n}{k} p^k q^{n-k} = np \sum_{k=1}^{n} \binom{n-1}{k-1} p^{k-1} q^{n-k} = np(p+q)^{n-1} = np$$

注 当 $n=1$ 时，也就是 X 服从参数为 p 的**两点分布**，即

$$p\{X=1\} = p, p\{X=0\} = 1-p \quad (0 < p < 1)$$

其数学期望为 $\qquad\qquad\qquad\qquad E(X) = p$

例 4.1.4 设 $X \sim \pi(\lambda)$，求 $E(X)$.

解 X 的分布律为

$$P\{X=k\} = \frac{\mathrm{e}^{-\lambda}}{k!} \lambda^k \quad (k=0,1,\cdots; \lambda > 0)$$

$$E(X) = \sum_{k=0}^{\infty} k \frac{\mathrm{e}^{-\lambda} \lambda^k}{k!} = \lambda \mathrm{e}^{-\lambda} \sum_{k=0}^{\infty} \frac{\lambda^{k-1}}{(k-1)!} = \lambda \mathrm{e}^{-\lambda} \mathrm{e}^{\lambda} = \lambda$$

例 4.1.5 按规定某车站每天 8:00～9:00、9:00～10:00 都恰有一辆客车到站, 但到站的时刻是随机的, 且两者到站的时间相互独立, 其规律见表 4.1.1.

表 4.1.1

到站	8:10	8:30	8:50
时刻	9:10	9:30	9:50
概率	$\dfrac{1}{6}$	$\dfrac{3}{6}$	$\dfrac{2}{6}$

一旅客 8:20 到车站, 求他候车时间的数学期望.

解 设旅客的候车时间为 X (单位: min), X 的分布律为

X	10	30	50	70	90
p_k	$\dfrac{3}{6}$	$\dfrac{2}{6}$	$\dfrac{1}{6}\times\dfrac{1}{6}$	$\dfrac{1}{6}\times\dfrac{3}{6}$	$\dfrac{1}{6}\times\dfrac{2}{6}$

在上表中

$$P\{X=70\}=P(AB)=P(A)P(B)=\frac{1}{6}\times\frac{3}{6}$$

其中: A 为事件"第一班车在 8:10 到站"; B 为事件"第二班车在 9:30 到站".候车时间的数学期望为

$$E(X)=10\times\frac{3}{6}+30\times\frac{2}{6}+50\times\frac{1}{36}+70\times\frac{3}{36}+90\times\frac{2}{36}=27.22\ (\text{min})$$

例 4.1.6 设 $X\sim U(a,b)$, 求 $E(X)$.

解 X 的概率密度为

$$f(x)=\begin{cases}\dfrac{1}{b-a}, & a<x<b \\ 0, & \text{其他}\end{cases}$$

X 的数学期望为

$$E(X)=\int_{-\infty}^{+\infty}xf(x)\mathrm{d}x=\int_a^b\frac{x}{b-a}\mathrm{d}x=\frac{a+b}{2}$$

即数学期望位于区间 (a,b) 的中点.

例 4.1.7 设 X 服从参数为 $\theta(\theta>0)$ 的**指数分布**, 概率密度为

$$f(x)=\begin{cases}\dfrac{1}{\theta}\mathrm{e}^{-\frac{1}{\theta}x}, & x>0 \\ 0, & x\leqslant 0\end{cases}$$

求 $E(X)$.

解 X 的数学期望为

$$E(X)=\int_{-\infty}^{+\infty}xf(x)\mathrm{d}x=\int_0^{+\infty}x\frac{1}{\theta}\mathrm{e}^{-\frac{1}{\theta}x}\mathrm{d}x=\theta$$

4.1.2 随机变量函数的数学期望

我们经常需要求随机变量的函数的数学期望. 例如, 已知分子运动速率 X 的分布, 求分子的平均动能, 即求 $Y = \frac{1}{2}mX^2$ (m 为分子质量)的期望; 又如, 已知某商品上半年的需求量 X 和下半年的需求量 Y, 求该商品全年的平均需求量, 即求函数 $Z = X + Y$ 的期望.

随机变量的函数仍是随机变量, 如果能够确定随机变量函数的分布, 那么就可以利用刚才的定义求出相应的数学期望, 正如例 4.1.2 所示. 然而, 一般来说求随机变量函数的分布并不容易. 这时, 可以通过下面的定理来求随机变量函数的数学期望.

定理 4.1.1 设 Y 是随机变量 X 的函数: $Y = g(X)$ (g 是连续函数).

(1) 若 X 是离散型随机变量, 它的分布律为

$$P\{X = x_k\} = p_k \quad (k = 1, 2, \cdots)$$

若 $\sum_{k=1}^{\infty} g(x_k)p_k$ 绝对收敛, 则有

$$E(Y) = E(g(X)) = \sum_{k=1}^{\infty} g(x_k)p_k \tag{4.1.3}$$

(2) 若 X 是连续型随机变量, 它的概率密度为 $f(x)$, 若 $\int_{-\infty}^{+\infty} g(x)f(x)\mathrm{d}x$ 绝对收敛, 则有

$$E(Y) = E(g(X)) = \int_{-\infty}^{+\infty} g(x)f(x)\mathrm{d}x \tag{4.1.4}$$

上述定理还可以推广到两个或两个以上随机变量的函数的情况.

设 Z 是随机变量 X, Y 的函数 $Z = g(X, Y)$, 二维随机变量 (X, Y) 的联合概率密度为 $f(x, y)$, 则有(右式积分需绝对收敛)

$$E(Z) = E[g(X, Y)] = \int_{-\infty}^{+\infty} \int_{-\infty}^{+\infty} g(x, y)f(x, y)\mathrm{d}x\mathrm{d}y \tag{4.1.5}$$

若 (X, Y) 为离散型随机变量, 其分布律为

$$P\{X = x_i, Y = y_j\} = p_{ij} \quad (i, j = 1, 2, \cdots)$$

则有(右式级数需绝对收敛)

$$E(Z) = E[g(X, Y)] = \sum_{i=1}^{\infty} \sum_{j=1}^{\infty} g(x_i, y_j)p_{ij} \tag{4.1.6}$$

例 4.1.8 设随机变量 Y 的概率密度为

$$f(y) = \begin{cases} \dfrac{y}{a^2} \mathrm{e}^{-\frac{y^2}{2a^2}}, & y > 0 \\ 0, & y \leqslant 0 \end{cases}$$

求随机变量 $Z = \dfrac{1}{Y}$ 的期望 $E(Z)$.

解 利用式(4.1.4)可得

$$E(Z) = E\left(\frac{1}{Y}\right) = \int_{-\infty}^{+\infty} \frac{1}{y}f(y)\mathrm{d}y = \frac{1}{a^2}\int_0^{+\infty} \mathrm{e}^{-\frac{y^2}{2a^2}}\mathrm{d}y = \frac{1}{2a^2}\int_{-\infty}^{+\infty} \mathrm{e}^{-\frac{y^2}{2a^2}}\mathrm{d}y$$

$$= \frac{\sqrt{2\pi}}{2a} \cdot \frac{1}{\sqrt{2\pi}a} \int_{-\infty}^{+\infty} e^{-\frac{y^2}{2a^2}} dy = \frac{\sqrt{2\pi}}{2a}$$

例 4.1.9 设随机变量 (X,Y) 的概率密度为

$$f(x,y) = \begin{cases} \dfrac{3}{2x^3 y^2}, & \dfrac{1}{x} < y < x, x > 1 \\ 0, & \text{其他} \end{cases}$$

求数学期望 $E(Y), E\left(\dfrac{1}{XY}\right)$.

解 利用式(4.1.5), 可得

$$E(Y) = \int_{-\infty}^{+\infty} \int_{-\infty}^{+\infty} y f(x,y) dx dy = \int_{1}^{+\infty} \int_{\frac{1}{x}}^{x} \frac{3}{2x^3 y} dx dy = \frac{3}{2} \int_{1}^{+\infty} \frac{1}{x^3} [\ln y]_{\frac{1}{x}}^{x} dx$$

$$= \left[-\frac{3}{2} \frac{\ln x}{x^2} \right]_{1}^{+\infty} + \frac{3}{2} \int_{1}^{+\infty} \frac{1}{x^3} dx = \frac{3}{4}$$

$$E\left(\frac{1}{XY}\right) = \int_{-\infty}^{+\infty} \int_{-\infty}^{+\infty} \frac{1}{xy} f(x,y) dx dy = \int_{1}^{+\infty} dx \int_{\frac{1}{x}}^{x} \frac{3}{2x^4 y^3} dy = \frac{3}{5}$$

例 4.1.10 设随机变量 X, Y 相互独立, 概率密度函数分别为

$$f_X(x) = \begin{cases} 4e^{-4x}, & x > 0, \\ 0, & x \le 0, \end{cases} \qquad f_Y(y) = \begin{cases} 2e^{-2y}, & y > 0 \\ 0, & y \le 0 \end{cases}$$

求 $E(XY)$.

解 (X,Y) 的联合概率密度为

$$f(x,y) = f_X(x) f_Y(y) = \begin{cases} 8e^{-(4x+2y)}, & x > 0, y > 0 \\ 0, & x \le 0, y \le 0 \end{cases}$$

所以

$$E(XY) = \int_{0}^{+\infty} \int_{0}^{+\infty} 8xy e^{-(4x+2y)} dx dy = 8 \left(\int_{0}^{+\infty} x e^{-4x} dx \right) \left(\int_{0}^{+\infty} y e^{-2y} dy \right) = \frac{1}{8}$$

例 4.1.11 设随机变量 X 服从**几何分布**

$$p_k = p\{X = k\} = (1-p)^{k-1} p \quad (0 < p < 1; k = 1, 2, \cdots)$$

求 $E(X)$ 和 $E(X^2)$.

解 记 $q = 1-p$, 则 $|q| < 1$, 此时根据式(4.1.1)和式(4.1.3)得

$$E(X) = \sum_{k=1}^{\infty} k q^{k-1} p = p \left(\sum_{k=1}^{\infty} q^k \right)'_q = p \left(\frac{q}{1-q} \right)'_q = \frac{1}{p}$$

$$E(X^2) = \sum_{k=1}^{\infty} [k(k+1) - k] q^{k-1} p = p \left(\sum_{k=1}^{\infty} q^{k+1} \right)''_q - \frac{1}{p}$$

$$= p \left(\frac{q^2}{1-q} \right)''_q - \frac{1}{p} = \frac{2}{p^2} - \frac{1}{p}$$

思考题 4.1.2 若 $X \sim N(0,1)$, 求 $E(X)$ 和 $E(X^2)$.

例 4.1.12 某公司计划开发一种新产品投入市场, 并试图确定该产品的产量. 估计出售一件产品可获利 m 元, 而积压一件产品导致 n 元的亏损. 再者, 预测销售量 Y(件)服从指数分布, 其概率密度为

$$f_Y(y) = \begin{cases} \dfrac{1}{\theta} e^{-\frac{y}{\theta}}, & y > 0 \\ 0, & y \leqslant 0 \end{cases} \quad (\theta > 0)$$

问若要获得利润的数学期望最大, 应生产多少件产品(m, n, θ 均为已知)?

解 设生产 x 件, 则获利 Q 是 x 的函数

$$Q = Q(x) = \begin{cases} mY - n(x-Y), & Y < x \\ mx, & Y \geqslant x \end{cases}$$

其中: Q 是随机变量, 它是 Y 的函数. 其数学期望为

$$E(Q) = \int_0^{+\infty} Q f_Y(y) \mathrm{d}y = \int_0^x [my - n(x-y)] \frac{1}{\theta} e^{-\frac{y}{\theta}} \mathrm{d}y + \int_x^{+\infty} mx \frac{1}{\theta} e^{-\frac{y}{\theta}} \mathrm{d}y$$

$$= (m+n)\theta - (m+n)\theta e^{-\frac{x}{\theta}} - nx$$

令

$$\frac{\mathrm{d}}{\mathrm{d}x} E(Q) = (m+n) e^{-\frac{x}{\theta}} - n = 0$$

得

$$x = -\theta \ln \left(\frac{n}{m+n} \right)$$

且

$$\frac{\mathrm{d}^2}{\mathrm{d}x^2} E(Q) = -\frac{m+n}{\theta} e^{-\frac{x}{\theta}} < 0$$

故当 $x = -\theta \ln \left(\dfrac{n}{m+n} \right)$ 时, $E(Q)$ 取极大值, 且可知这也是最大值.

例如, 若 $f_Y(y) = \begin{cases} \dfrac{1}{10\,000} e^{-\frac{y}{10\,000}}, & y > 0, \\ 0, & y \leqslant 0, \end{cases}$ 且有 $m = 500$ 元, $n = 2\,000$ 元, 则

$$x = -10\,000 \ln \left(\frac{2\,000}{500 + 2\,000} \right) = 2\,231.4$$

取 $x = 2\,231$ 件, 能获得最大利润.

4.1.3 数学期望的性质

下面给出数学期望的几个重要性质, 其中假定期望都是存在的. 本书只给出连续情形时的证明, 至于离散情形, 证明是类似的, 留给读者课下练习.

性质 4.1.1 若 C 是常数, 则有 $E(C) = C$.

性质 4.1.2 设 X 是一个随机变量, C 是常数, 则有 $E(CX) = CE(X)$.

性质 4.1.3 设 X, Y 是两个随机变量, 则有 $E(X+Y) = E(X) + E(Y)$.

推论 4.1.1 $E(X_1 + X_2 + \cdots + X_n) = E(X_1) + E(X_2) + \cdots + E(X_n)$.

推论 4.1.2 $E(k_1 X_1 + k_2 X_2 + \cdots + k_n X_n) = k_1 E(X_1) + k_2 E(X_2) + \cdots + k_n E(X_n)$.

性质 4.1.4 设 X, Y 是相互独立的随机变量, 则有 $E(XY) = E(X) \cdot E(Y)$.

推论 4.1.3 设 $X_1, X_2, \cdots, X_n$ 相互独立, 则 $E(X_1 X_2 \cdots X_n) = E(X_1) E(X_2) \cdots E(X_n)$.

证 性质 4.1.1 和性质 4.1.2 由读者自己证明, 在此只证明性质 4.1.3 和性质 4.1.4.

设二维随机变量 (X,Y) 的概率密度为 $f(x,y)$, 其边缘概率密度为 $f_X(x)$ 和 $f_Y(y)$, 由式(4.1.5)得

$$
\begin{aligned}
E(X+Y) &= \int_{-\infty}^{+\infty} \int_{-\infty}^{+\infty} (x+y) f(x,y) \mathrm{d}x \mathrm{d}y \\
&= \int_{-\infty}^{+\infty} \int_{-\infty}^{+\infty} x f(x,y) \mathrm{d}x \mathrm{d}y + \int_{-\infty}^{+\infty} \int_{-\infty}^{+\infty} y f(x,y) \mathrm{d}x \mathrm{d}y \\
&= E(X) + E(Y)
\end{aligned}
$$

性质 4.1.3 得证.

又若 X 和 Y 相互独立, 则

$$
\begin{aligned}
E(XY) &= \int_{-\infty}^{+\infty} \int_{-\infty}^{+\infty} xy f(x,y) \mathrm{d}x \mathrm{d}y \\
&= \int_{-\infty}^{+\infty} \int_{-\infty}^{+\infty} xy f_X(x) f_Y(y) \mathrm{d}x \mathrm{d}y \\
&= \left[\int_{-\infty}^{+\infty} x f_X(x) \mathrm{d}x \right] \left[\int_{-\infty}^{+\infty} y f_Y(y) \mathrm{d}y \right] = E(X) E(Y)
\end{aligned}
$$

性质 4.1.4 得证.

思考题 4.1.3 如何利用这些性质更加简洁地解出例 4.1.10 呢?

例 4.1.13 一民航客车载有 20 位旅客自机场开出, 旅客有 10 个车站可以下车, 如到达一个车站无旅客下车就不停车, 以 X 表示停车的次数, 求 $E(X)$. (设各位旅客在各个车站下车是等可能的, 并设各旅客是否下车相互独立.)

解 引入随机变量

$$
X_i = \begin{cases} 0 \\ 1 \end{cases} \quad (i = 1, 2, \cdots, 10)
$$

其中 "0" 表示 "在第 i 站没有人下车", "1" 表示 "在第 i 站有人下车", 易知

$$
X = X_1 + X_2 + \cdots + X_{10}
$$

根据题意, 任一旅客在第 i 站不下车的概率为 $\dfrac{9}{10}$, 因此 20 位旅客都不在第 i 站下车的概率为 $\left(\dfrac{9}{10}\right)^{20}$, 在第 i 站有人下车的概率为 $1 - \left(\dfrac{9}{10}\right)^{20}$, 即

$$
P\{X_i = 0\} = \left(\frac{9}{10}\right)^{20}, \qquad P\{X_i = 1\} = 1 - \left(\frac{9}{10}\right)^{20} \quad (i = 1, 2, \cdots, 10)
$$

由此

$$
E(X_i) = 1 - \left(\frac{9}{10}\right)^{20} \quad (i = 1, 2, \cdots, 10)
$$

进而

$$E(X) = E(X_1 + X_2 + \cdots + X_{10}) = E(X_1) + E(X_2) + \cdots + E(X_{10})$$
$$= 10\left[1 - \left(\frac{9}{10}\right)^{20}\right] = 8.784\,(\text{次})$$

注　本题若是直接去求 X 的分布, 然后再求 X 的数学期望将会十分烦琐, 换个角度, 将 X 分解成数个随机变量之和 $X = \sum\limits_{i=1}^{10} X_i$, 再利用数学期望的性质, 通过 $E(X_i)$ 计算出 $E(X)$. 这种处理方法具有一定的普遍意义, 称为**随机变量的分解法**. 这类通过分解手法能将复杂的问题化为较简单的问题, 是处理概率论问题常采用的方法, 且关键步骤是引入合适的 X_i, 使 $X = \sum\limits_{i=1}^{n} X_i$.

*例 4.1.14　将 n 只球随机地放入 M 个盒子中, 设每个球落入各个盒子是等可能的, 求有球的盒子数 X 的期望.

解　引入随机变量

$$X_i = \begin{cases} 1, \text{若第} i \text{个盒子中有球} \\ 0, \text{若第} i \text{个盒子中无球} \end{cases} \quad (i = 1, 2, \cdots, M)$$

每个随机变量 X_i 都服从两点分布. 若每个球落入每个盒子是等可能的, 均为 $\dfrac{1}{M}$, 则对第 i 个盒子, 一个球不落入这个盒子内的概率为 $1 - \dfrac{1}{M}$, n 个球都不落入这个盒子内的概率为 $\left(1 - \dfrac{1}{M}\right)^n$, 即

$$P\{X_i = 0\} = \left(1 - \frac{1}{M}\right)^n \quad (i = 1, 2, \cdots, M)$$

从而

$$P\{X_i = 1\} = 1 - \left(1 - \frac{1}{M}\right)^n \quad (i = 1, 2, \cdots, M)$$
$$E(X_i) = 1 - \left(1 - \frac{1}{M}\right)^n \quad (i = 1, 2, \cdots, M)$$

所以

$$E(X) = E\left(\sum_{i=1}^{M} X_i\right) = \sum_{i=1}^{M} E(X_i) = M\left[1 - \left(1 - \frac{1}{M}\right)^n\right]$$

这个例子有着丰富的现实背景, 例如, 把 M 个"盒子"看成 M 个"银行 ATM 机", n 个"球"看成 n 个"取款人". 假定每个人到哪个取款机取款是随机的, 那么 $E(X)$ 就是处于服务状态的取款机的平均个数. 当然, 有的取款机前可能有几个人排队等待取款.

4.2 方　差

4.2.1 方差的定义

数学期望是随机变量中最重要的数字特征之一. 可是在很多问题中, 除了需要知道随机变量的数学期望外, 还要知道随机变量与其数学期望之间的偏离情况. 如前面所讲的, 要检验教学质量时, 既要知道同学们的平均成绩, 即均值, 还要知道每个学生成绩与平均成绩的偏离情况. 平均成绩高, 偏离程度小, 说明同学们普遍掌握得较好. 如果成绩的偏离程度大, 尽管一些同学考得成绩很好, 但同时也有一部分同学考得不好, 这样整个班级的教学质量并不高.

那么, 如何度量一个随机变量与其数学期望之间的偏离程度呢? 可能首先想到的是偏离值 $X - E(X)$, 但其有正有负, 相加过程中可能互相抵消. 为了使得每一个偏离值(无论正负)都被考虑到, 可以采用 $|X - E(X)|$ 平均值 $E(|X - E(X)|)$ 来度量随机变量与其数学期望间的偏离程度. 但是因为绝对值运算不太方便作分析处理, 所以通常用 $E\{[X - E(X)]^2\}$ 来度量随机变量 X 与其数学期望 $E(X)$ 间的偏离程度, 这就是我们现在要研究的方差.

定义 4.2.1　设 X 是一个随机变量, 若 $E\{[X - E(X)]^2\}$ 存在, 则称 $E\{[X - E(X)]^2\}$ 为 X 的方差, 记为 $D(X)$ 或 $\mathrm{Var}(X)$, 即

$$D(X) = \mathrm{Var}(X) = E\{[X - E(X)]^2\} \tag{4.2.1}$$

并称 $\sqrt{D(X)}$ 为**标准差**或**均方差**, 记为 $\sigma(X)$.

按定义, 随机变量 X 的方差表达了 X 的取值与其数学期望的偏离程度. 若 $D(X)$ 较小则意味着 X 的取值比较集中在 $E(X)$ 附近; 反之, 若 $D(X)$ 较大则意味着 X 的取值比较分散. 因此, $D(X)$ 是刻画 X 取值分散程度的量, 它是衡量 X 取值分散程度的一个尺度.

注意, 方差 $D(X)$ 实际上是随机变量 X 的函数 $g(X) = [X - E(X)]^2$ 的数学期望.

取 $g(X) = [X - E(X)]^2$, 利用随机变量函数的数学期望的运算公式就可以方便地计算出 $D(X)$. 例如, 对离散型随机变量 X, 若其概率分布为 $P\{X = x_k\} = p_k \ (k = 1, 2, \cdots)$, 则有

$$D(X) = \sum_{k=1}^{\infty} [x_k - E(X)]^2 p_k \tag{4.2.2}$$

对于连续型随机变量 X, 若其概率密度为 $f(x)$, 则有

$$D(X) = \int_{-\infty}^{+\infty} [x - E(X)]^2 f(x) \mathrm{d}x \tag{4.2.3}$$

还有一个计算方差的重要公式, 使用数学期望的几条性质, 得到

$$\begin{aligned} D(X) &= E\{[X - E(X)]^2\} = E\{X^2 - 2XE(X) + [E(X)]^2\} \\ &= E(X^2) - 2E(X)E(X) + [E(X)]^2 \\ &= E(X^2) - [E(X)]^2 \end{aligned} \tag{4.2.4}$$

这是计算方差的常用公式, 适用于所有随机变量, 它把计算方差归结为计算两个期望 $E(X)$ 和 $E(X^2)$.

例 4.2.1　设离散型随机变量 X 的概率分布为

$$P\{X = 0\} = 0.2, \quad P\{X = 1\} = 0.5, \quad P\{X = 2\} = 0.3$$

求 $D(X)$.

解
$$E(X) = 0 \times 0.2 + 1 \times 0.5 + 2 \times 0.3 = 1.1$$
$$E(X^2) = 0^2 \times 0.2 + 1^2 \times 0.5 + 2^2 \times 0.3 = 1.7$$
$$D(X) = E(X^2) - [E(X)]^2 = 1.7 - 1.1^2 = 0.49$$

例 4.2.2 设 X 为一加油站在一天开始时储存的汽油量, Y 为一天中卖出的汽油量, 当然 $Y \le X$. 设 (X, Y) 具有概率密度函数

$$f(x, y) = \begin{cases} 3x, & 0 \le y < x \le 1 \\ 0, & \text{其他} \end{cases}$$

这里 "1" 表示 1 个容积单位. 求 $E(Y)$ 和 $D(Y)$.

解 方法一: 首先利用第 3 章的知识可以求出 Y 的边缘概率密度为

$$f_Y(y) = \begin{cases} \dfrac{3}{2}(1 - y^2), & 0 \le y \le 1 \\ 0, & \text{其他} \end{cases}$$

于是
$$E(Y) = \int_0^1 \frac{3}{2} y(1 - y^2) \, \mathrm{d}y = \frac{3}{8}$$

$$E(Y^2) = \int_0^1 \frac{3}{2} y^2 (1 - y^2) \, \mathrm{d}y = \frac{1}{5}$$

$$D(Y) = E(Y^2) - [E(Y)]^2 = 0.059\,4$$

方法二: 直接利用数学期望的性质来计算 $E(Y)$ 和 $E(Y^2)$ 即可.

$$E(Y) = \int_{-\infty}^{+\infty} \int_{-\infty}^{+\infty} yf(x, y) \mathrm{d}x\mathrm{d}y = \int_0^1 \mathrm{d}x \int_0^x 3xy\mathrm{d}y = \frac{3}{8}$$

$$D(Y) = E\{[Y - E(Y)]^2\}$$

$$= \int_{-\infty}^{+\infty} \int_{-\infty}^{+\infty} \left(y - \frac{3}{8}\right)^2 f(x, y) \mathrm{d}x\mathrm{d}y$$

$$= \int_0^1 \mathrm{d}x \int_0^x 3x \left(y - \frac{3}{8}\right)^2 \mathrm{d}y = 0.059\,4$$

4.2.2 方差的性质

方差具有以下 4 条重要性质(假设所遇到的随机变量的方差均存在).

性质 4.2.1 设 C 为常数, 则
$$D(C) = 0 \tag{4.2.5}$$
$$D(X \pm C) = D(X) \tag{4.2.6}$$

证 $D(C) = E\{[C - E(C)]^2\} = 0.$

$$D(X \pm C) = E\{[X \pm C - E(X \pm C)]^2\} = E\{[X - E(X)]^2\} = D(X)$$

式(4.2.5)表明, 常数的方差为零. 这很容易理解, 因为方差刻画了随机变量取值围绕其均值的波动情况, 作为特殊随机变量的常数, 其波动为零, 所以它的方差也是零.

性质 4.2.2 设 X 是一个随机变量, C 是常数, 则
$$D(CX) = C^2 D(X) \tag{4.2.7}$$

证 $D(CX) = E\{[CX - E(CX)]^2\} = C^2 E\{[X - E(X)]^2\} = C^2 D(X).$

性质 4.2.3 设 X,Y 是两个随机变量, 则有
$$D(X+Y)=D(X)+D(Y)+2E\{[X-E(X)][Y-E(Y)]\} \tag{4.2.8}$$
特别地, 若 X,Y 相互独立, 则有
$$D(X+Y)=D(X)+D(Y) \tag{4.2.9}$$

证 $D(X+Y)=E\{[(X+Y)-E(X+Y)]^2\}$

$\qquad\qquad\quad =E\{[(X-E(X)]+[Y-E(Y)]^2\}$

$\qquad\qquad\quad =E\{[X-E(X)]^2\}+E\{[Y-E(Y)]^2\}+2E\{[X-E(X)][Y-E(Y)]\}$

$\qquad\qquad\quad =D(X)+D(Y)+2E\{[X-E(X)][Y-E(Y)]\}$

其中, 上式右端第三项

$\qquad\qquad 2E\{[X-E(X)][Y-E(Y)]\}$

$\qquad =2E[XY-XE(Y)-YE(X)+E(X)E(Y)]$

$\qquad =2[E(XY)-E(X)E(Y)-E(Y)E(X)+E(X)E(Y)]$

若 X,Y 相互独立, 由数学期望的性质可知上式右端为 0, 于是
$$D(X+Y)=D(X)+D(Y)$$

推论 4.2.1 设 $X_1,X_2,\cdots,X_n$ 相互独立, 则
$$D(X_1\pm X_2\pm\cdots\pm X_n)=D(X_1)+D(X_2)+\cdots+D(X_n) \tag{4.2.10}$$

性质 4.2.4 $D(X)=0$ 的充要条件是 X 以概率1取常数 C, 即 $P\{X=C\}=1$, 这里 $C=E(X)$.

证 充分性. 设 $P\{X=E(X)\}=1$, 则有 $P\{X^2=[E(X)]^2\}=1$, 于是
$$D(X)=E(X^2)-[E(X)]^2=0$$

必要性的证明可参看其他相关书籍.

例 4.2.3 设 X 为随机变量, 其期望 $E(X)$ 和方差 $D(X)$ 都存在, 且 $D(X)>0$, 求 $Y=\dfrac{X-E(X)}{\sqrt{D(X)}}$ 的期望和方差.

解
$$E(Y)=\frac{E[X-E(X)]}{\sqrt{D(X)}}=0$$

$$D(Y)=\frac{D[X-E(X)]}{[\sqrt{D(X)}]^2}=\frac{D(X)}{D(X)}=1$$

这里称 $Y=\dfrac{X-E(X)}{\sqrt{D(X)}}$ 为 X 的标准化的随机变量.

4.2.3 几种重要分布方差和切比雪夫不等式

例 4.2.4 设随机变量 X 具有 $(0-1)$ 分布, 其分布律为
$$P\{X=0\}=1-p,\quad P\{X=1\}=p\quad(0<p<1)$$
求 $D(X)$.

解
$$E(X)=0\cdot(1-p)+1\cdot p=p$$
$$E(X^2)=0^2\cdot(1-p)+1^2\cdot p=p$$
则由式(4.2.4)可得
$$D(X)=E(X^2)-[E(X)]^2=p-p^2=p(1-p)$$

例 4.2.5 设 $X \sim b(n,p)$ ，求 $E(X), D(X)$.

解 由二项分布的定义知，随机变量 X 是 n 重伯努利试验中事件 A 发生的次数，且在每次试验中 A 发生的概率为 p . 引入随机变量

$$X_k = \begin{cases} 1 \\ 0 \end{cases} (k=1,2,\cdots,n)$$

其中："1"表示" A 在第 k 次试验发生"；"0"表示" A 在第 k 次试验不发生". 易知

$$X = X_1 + X_2 + \cdots + X_n$$

由于 X_k 只依赖于第 k 次试验，而各次试验相互独立，于是 $X_1, X_2, \cdots, X_n$ 相互独立，并且 $X_1, X_2, \cdots, X_n$ 服从同一 $(0-1)$ 分布，所以

$$E(X) = E(\sum_{k=1}^{n} X_k) = \sum_{k=1}^{n} E(X_k) = np$$

$$D(X) = D(\sum_{k=1}^{n} X_k) = \sum_{k=1}^{n} D(X_k) = np(1-p)$$

例 4.2.6 设 $X \sim \pi(\lambda)$ ，求 $E(X), D(X)$.

解 由上节结论知

$$E(X) = \lambda$$

又
$$\begin{aligned} E(X^2) &= E[X(X-1)+X] \\ &= E[X(X-1)] + E(X) \\ &= \sum_{k=0}^{\infty} k(k-1) \cdot \frac{e^{-\lambda}\lambda^k}{k!} + \lambda = \lambda^2 e^{-\lambda} \sum_{k=2}^{\infty} \frac{\lambda^{k-2}}{(k-2)!} + \lambda \\ &= \lambda^2 e^{-\lambda} e^{\lambda} + \lambda = \lambda^2 + \lambda \end{aligned}$$

再利用式(4.2.4)可得

$$D(X) = E(X^2) - [E(X)]^2 = \lambda^2 + \lambda - \lambda^2 = \lambda$$

可以看到，在泊松分布 $\pi(\lambda)$ 中，它的唯一参数 λ 既是数学期望，又是方差.

例 4.2.7 设 $X \sim U(a,b)$ ，求 $D(X)$.

解 X 的概率密度为

$$f(x) = \begin{cases} \dfrac{1}{b-a}, & a < x < b \\ 0, & 其他 \end{cases}$$

故
$$E(X) = \int_{-\infty}^{+\infty} xf(x)\mathrm{d}x = \int_a^b \frac{x}{b-a} \mathrm{d}x = \frac{a+b}{2}$$

$$D(X) = E(X^2) - [E(X)]^2 = \int_a^b x^2 \frac{1}{b-a} \mathrm{d}x - \left(\frac{a+b}{2}\right)^2 = \frac{(b-a)^2}{12}$$

例 4.2.8 设随机变量 X 服从参数为 $\theta(\theta > 0)$ 指数分布，其概率密度为

$$f(x) = \begin{cases} \dfrac{1}{\theta} e^{-\frac{x}{\theta}}, & x > 0 \\ 0, & x \leqslant 0 \end{cases}$$

求 $D(X)$.

解
$$E(X) = \int_{-\infty}^{+\infty} xf(x)\mathrm{d}x = \int_0^{+\infty} x\frac{1}{\theta}\mathrm{e}^{-\frac{x}{\theta}}\mathrm{d}x = -x\mathrm{e}^{-\frac{x}{\theta}}\Big|_0^{+\infty} + \int_0^{+\infty}\mathrm{e}^{-\frac{x}{\theta}}\mathrm{d}x = \theta$$

$$E(X^2) = \int_{-\infty}^{+\infty} x^2 f(x)\mathrm{d}x = \int_0^{+\infty} x^2\frac{1}{\theta}\mathrm{e}^{-\frac{x}{\theta}}\mathrm{d}x = -x^2\mathrm{e}^{-\frac{x}{\theta}}\Big|_0^{+\infty} + \int_0^{+\infty}2x\mathrm{e}^{-\frac{x}{\theta}}\mathrm{d}x = 2\theta^2$$

于是
$$D(X) = E(X^2) - [E(X)]^2 = 2\theta^2 - \theta^2 = \theta^2$$

例 4.2.9 设 $X \sim N(\mu, \sigma^2)$，求 $E(X), D(X)$.

解 X 的概率密度为
$$f(x) = \frac{1}{\sqrt{2\pi}\sigma}\mathrm{e}^{-\frac{(x-\mu)^2}{2\sigma^2}} \quad (-\infty < x < \infty; \sigma > 0, \mu, \sigma \in \mathbf{R})$$

故
$$E(X) = \int_{-\infty}^{+\infty} x \cdot \frac{1}{\sqrt{2\pi}\sigma}\mathrm{e}^{-\frac{(x-\mu)^2}{2\sigma^2}}\mathrm{d}x \quad (\diamondsuit\ \frac{x-\mu}{\sigma} = t, \mathrm{d}x = \sigma\mathrm{d}t)$$

$$= \int_{-\infty}^{+\infty} (\mu + \sigma t) \cdot \frac{1}{\sqrt{2\pi}\sigma}\mathrm{e}^{-\frac{t^2}{2}} \cdot \sigma\mathrm{d}t$$

$$= \frac{\mu}{\sqrt{2\pi}}\int_{-\infty}^{+\infty}\mathrm{e}^{-\frac{t^2}{2}}\mathrm{d}t + \frac{\sigma}{\sqrt{2\pi}}\int_{-\infty}^{+\infty}\frac{1}{\sqrt{2\pi}}t \cdot \mathrm{e}^{-\frac{t^2}{2}}\mathrm{d}t$$

$$= \frac{\mu}{\sqrt{2\pi}} \cdot \sqrt{2\pi} + 0 = \mu$$

同理
$$D(X) = E\{[X - E(X)]^2\} = E[(X-\mu)^2]$$

$$= \int_{-\infty}^{+\infty}(x-\mu)^2 \cdot \frac{1}{\sqrt{2\pi}\sigma}\mathrm{e}^{-\frac{(x-\mu)^2}{2\sigma^2}}\mathrm{d}x$$

$$= \int_{-\infty}^{+\infty}\sigma^2 t^2 \cdot \frac{1}{\sqrt{2\pi}\sigma}\mathrm{e}^{-\frac{t^2}{2}} \cdot \sigma\mathrm{d}t = \frac{\sigma^2}{\sqrt{2\pi}}\int_{-\infty}^{+\infty}t^2 \cdot \mathrm{e}^{-\frac{t^2}{2}}\mathrm{d}t$$

$$= \frac{\sigma^2}{\sqrt{2\pi}}\left[(-t) \cdot \mathrm{e}^{-\frac{t^2}{2}}\Big|_{-\infty}^{+\infty} + \int_{-\infty}^{+\infty}\mathrm{e}^{-\frac{t^2}{2}}\mathrm{d}t\right] = \frac{\sigma^2}{\sqrt{2\pi}} \cdot \sqrt{2\pi} = \sigma^2$$

这就是说正态分布的概率密度中的两个参数 μ 和 σ 分别是该分布的数学期望和均方差，因而正态分布完全可由它的数学期望和方差所确定.

再者，由上一章知识可知，若 $X_i \sim N(\mu_i, \sigma_i^2)$ $(i = 1, 2, \cdots, n)$，且它们相互独立，则它们的线性组合：$C_1X_1 + C_2X_2 + \cdots + C_nX_n$ ($C_1, C_2, \cdots, C_n$ 为不全为 0 的常数)仍然服从正态分布，这时又由期望和方差的性质可推知下一重要结论：

$$C_1X_1 + C_2X_2 + \cdots + C_nX_n \sim N(\sum_{i=1}^n C_i\mu_i, \sum_{i=1}^n C_i^2\sigma_i^2) \tag{4.2.11}$$

例如，若 $X \sim N(0,1)$，$Y \sim N(1,1)$，且它们相互独立，则 $Z = 2X - 3Y$ 也服从正态分布，$E(Z) = 2 \times 0 - 3 \times 1 = -3$，$D(Z) = 2^2 \times 1 + 3^2 \times 1 = 13$，故有
$$Z \sim N(-3, 13)$$

若 $X \sim N(\mu,\sigma^2)$, 按照例 4.2.3 的标准化随机变量的定义, $X^* = \dfrac{X-\mu}{\sigma}$ 为 X 的**标准化变量**, 且 $X^* \sim N(0,1)$.

例 4.2.10 设活塞的直径(单位: cm) $X \sim N(22.4,0.03^2)$, 汽缸的直径 $Y \sim N(22.5,0.04^2)$, X,Y 相互独立. 任取一只活塞和任取一只汽缸, 求活塞能装入汽缸的概率.

解 由题意可知需求 $P\{X<Y\} = P\{X-Y<0\}$, 因
$$X - Y \sim N(-0.10,0.002\,5)$$
故
$$\begin{aligned}
P\{X<Y\} &= P\{X-Y<0\} \\
&= P\left\{ \frac{(X-Y)-(-0.10)}{\sqrt{0.002\,5}} < \frac{0-(-0.10)}{\sqrt{0.002\,5}} \right\} \\
&= \varPhi\left(\frac{0.10}{0.05} \right) = \varPhi(2) = 0.977\,2
\end{aligned}$$

例 4.2.11 若 $X \sim N(\mu,\sigma^2)$, 计算

(1) $P\{\mu-\sigma < X < \mu+\sigma\}$;

(2) $P\{\mu-2\sigma < X < \mu+2\sigma\}$;

(3) $P\{\mu-3\sigma < X < \mu+3\sigma\}$.

解 (1) $P\{\mu-\sigma < X < \mu+\sigma\} = P\left\{ -1 < \dfrac{X-\mu}{\sigma} < 1 \right\}$
$$= \varPhi(1) - \varPhi(-1) = 2\varPhi(1) - 1 = 0.682\,6.$$

(2) $P\{\mu-2\sigma < X < \mu+2\sigma\} = P\left\{ -2 < \dfrac{X-\mu}{\sigma} < 2 \right\}$
$$= \varPhi(2) - \varPhi(-2) = 2\varPhi(2) - 1 = 0.954\,4.$$

(3) $P\{\mu-3\sigma < X < \mu+3\sigma\} = P\left\{ -3 < \dfrac{X-\mu}{\sigma} < 3 \right\}$
$$= \varPhi(3) - \varPhi(-3) = 2\varPhi(3) - 1 = 0.997\,4.$$

该例题计算结果表明, 服从正态分布 $N(\mu,\sigma^2)$ 的随机变量 X 取值于 $(\mu-2\sigma,\mu+2\sigma)$ 之内的概率为 95% 以上, 而取值于 $(\mu-3\sigma,\mu+3\sigma)$ 之外的概率则不到 1%, 这些结果是现代工业产品质量监控的理论基础.

下面介绍一个重要的不等式.

定理 4.2.1 设随机变量 X 具有数学期望 $E(X) = \mu$, 方差 $D(X) = \sigma^2$, 则对于任意正数 ε, 不等式
$$P\{|X-\mu| \geqslant \varepsilon\} \leqslant \frac{\sigma^2}{\varepsilon^2} \tag{4.2.12}$$
成立.

这一不等式称为**切比雪夫不等式**.

证 在此只就连续型随机变量的情况来证明, 设 X 的密度函数为 $f(x)$, 则有

$$P\{|X-\mu|\geqslant\varepsilon\}=\int_{|X-\mu|\geqslant\varepsilon}f(x)\mathrm{d}x\leqslant\int_{|X-\mu|\geqslant\varepsilon}\frac{|x-\mu|^2}{\varepsilon^2}f(x)\mathrm{d}x$$

$$\leqslant\frac{1}{\varepsilon^2}\int_{-\infty}^{+\infty}(x-\mu)^2f(x)\mathrm{d}x=\frac{\sigma^2}{\varepsilon^2}$$

切比雪夫不等式也可以写成如下的形式:

$$P\{|X-\mu|<\varepsilon\}\geqslant1-\frac{\sigma^2}{\varepsilon^2}\tag{4.2.13}$$

切比雪夫不等式给出了在随机变量 X 的分布未知, 而只知道 $E(X)$ 和 $D(X)$ 的情况下估计概率 $P\{|X-\mu|<\varepsilon\}$ 的界限. 但是值得注意的是, 这个估计是比较粗糙的, 如果已经知道随机变量的分布, 那么所求概率就可以确切计算出来, 也就没有必要利用该不等式来作估计了.

4.3 协方差及相关系数

数学期望 $E(X)$ 与方差 $D(X)$ 反映了随机变量 X 自身的两个数字特征, 但对于二维随机变量 (X,Y), 我们除了讨论 X 与 Y 的数学期望和方差以外, 还需要了解反映分量 X 与 Y 之间关联程度的数字特征, 即协方差及相关系数.

4.3.1 协方差及相关系数的定义与性质

定义 4.3.1 量 $E\{[X-E(X)][Y-E(Y)]\}$ 称为 X 与 Y 的协方差, 记为 $\mathrm{Cov}(X,Y)$, 即
$$\mathrm{Cov}(X,Y)=E\{[X-E(X)][Y-E(Y)]\}\tag{4.3.1}$$
将式(4.3.1)的右边展开, 易得下面的常用计算式:
$$\mathrm{Cov}(X,Y)=E(XY)-E(X)E(Y)\tag{4.3.2}$$
协方差具有下述性质:

性质 4.3.1 $\mathrm{Cov}(X,Y)=\mathrm{Cov}(Y,X),\mathrm{Cov}(X,X)=D(X),\mathrm{Cov}(X,a)=0$.

性质 4.3.2 $\mathrm{Cov}(aX,bY)=ab\mathrm{Cov}(X,Y)$ (a,b 为常数).

性质 4.3.3 $\mathrm{Cov}(X_1+X_2,Y)=\mathrm{Cov}(X_1,Y)+\mathrm{Cov}(X_2,Y)$.

性质 4.4.4 $D(X\pm Y)=D(X)+D(Y)\pm2\mathrm{Cov}(X,Y)$.

性质 4.4.5 若 X 与 Y 相互独立, 则 $\mathrm{Cov}(X,Y)=0$.

这些性质的证明利用协方差的定义比较容易完成, 这里就不再详细叙述.

例 4.3.1 设随机变量 (X,Y) 具有密度函数为
$$f(x,y)=\begin{cases}1, & |y|<x,0<x<1\\0, & \text{其他}\end{cases}$$
求 $\mathrm{Cov}(X,Y)$.

解
$$E(X)=\int_{-\infty}^{+\infty}\int_{-\infty}^{+\infty}xf(x,y)\mathrm{d}x\mathrm{d}y=\int_0^1\mathrm{d}x\int_{-x}^x x\mathrm{d}y=\frac{2}{3}$$

$$E(Y)=\int_{-\infty}^{+\infty}\int_{-\infty}^{+\infty}yf(x,y)\mathrm{d}x\mathrm{d}y=\int_0^1\mathrm{d}x\int_{-x}^x y\mathrm{d}y=0$$

$$E(XY) = \int_{-\infty}^{+\infty} \int_{-\infty}^{+\infty} xyf(x,y)\mathrm{d}x\mathrm{d}y = \int_0^1 x\mathrm{d}x \int_{-x}^{x} y\mathrm{d}y = 0$$

所以

$$\mathrm{Cov}(X,Y) = E(XY) - E(X)E(Y) = 0 - 0 \times \frac{2}{3} = 0$$

由协方差的定义知道它是有量纲的. 譬如 X 表示学生的身高, 单位是米(m), Y 表示体重, 单位是千克(kg), 则 $\mathrm{Cov}(X,Y)$ 带有量纲(m·kg).如果把身高的单位换成厘米(cm), 体重的单位换成克(g), 那么由协方差的性质 4.3.2 知, X 与 Y 的协方差将变成

$$\mathrm{Cov}(100X, 1\,000Y) = 10^5 \mathrm{Cov}(X,Y)$$

然而实际上, X 与 Y 并没有实质性的改变, 其相关程度不应该发生变化, 由此可以看出, 量纲选取的不同会对协方差计算产生影响.

为了消除量纲对协方差值的影响, 引入了相关系数的概念.

定义 4.3.2 设 (X,Y) 为二维随机变量, 若 $D(X),D(Y),\mathrm{Cov}(X,Y)$ 存在, 且 $D(X),D(Y)$ 都大于 0 , 则称 $\dfrac{\mathrm{Cov}(X,Y)}{\sqrt{D(X)}\cdot\sqrt{D(Y)}}$ 为 X 与 Y 的相关系数, 记为 ρ_{XY}, 即

$$\rho_{XY} = \frac{\mathrm{Cov}(X,Y)}{\sqrt{D(X)}\cdot\sqrt{D(Y)}} \tag{4.3.3}$$

相关系数的性质见下面的定理.

定理 4.3.1 设随机变量 X 与 Y 的相关系数 ρ_{XY} 存在, 则

(1) $|\rho_{XY}| \leqslant 1$;

(2) $|\rho_{XY}| = 1$ 的充要条件是, 存在常数 $a,b(b \neq 0)$ 使得 $P\{Y = a + bX\} = 1$ 成立.

证 (1) 以 X 的线性函数 $a + bX$ 来近似表示 Y, 以均方误差

$$\begin{aligned} e &= E[(Y - (a+bX))^2] \\ &= E(Y^2) + b^2 E(X^2) + a^2 - 2bE(XY) + 2abE(X) - 2aE(Y) \end{aligned} \tag{4.3.4}$$

来衡量以 $a + bX$ 来近似表达 Y 的好坏程度. e 越小表示 $a + bX$ 近似表达 Y 的程度越好. 为求 e 的最小值, 将 e 分别对 a,b 求偏导并令它们等于 0, 得

$$\begin{cases} \dfrac{\partial e}{\partial a} = 2a + 2bE(X) - 2E(Y) = 0 \\ \dfrac{\partial e}{\partial b} = 2bE(X^2) - 2E(XY) + 2aE(X) = 0 \end{cases}$$

解得

$$b_0 = \frac{\mathrm{Cov}(X,Y)}{D(X)}$$

$$a_0 = E(Y) - b_0 E(X) = E(Y) - \frac{\mathrm{Cov}(X,Y)}{D(X)} \cdot E(X)$$

将 a_0, b_0 带入式(4.3.4)得

$$\min_{a,b} E\{[Y - (a+bX)]^2\} = E\{[Y - (a_0 + b_0 X)]^2\} = (1 - \rho_{XY}^2)D(Y) \tag{4.3.5}$$

再由 $E\{[Y - (a_0 + b_0 X)]^2\}$ 及 $D(Y)$ 的非负性, 得 $1 - \rho_{XY}^2 \geqslant 0$, 亦即 $|\rho_{XY}| \leqslant 1$, (1)得证.

(2) 若 $|\rho_{XY}|=1$，则由式(4.3.5)得

$$E\{[Y-(a_0+b_0X)]^2\}=0$$

从而

$$0=E\{[Y-(a_0+b_0X)]^2\}=D[Y-(a_0+b_0X)]+[E(Y-(a_0+b_0X))]^2$$

故有

$$D[Y-(a_0+b_0X)]=0, \quad [E(Y-(a_0+b_0X))]=0$$

又由方差的性质 4.3.4 知

$$P\{Y-(a_0+b_0X)=0\}=1$$

即

$$P\{Y=a_0+b_0X\}=1$$

反之，若存在常数 a^*,b^* 使 $P\{Y=a^*+b^*X\}=1$，即

$$P\{Y-(a^*+b^*X)=0\}=1$$

则

$$P\{[Y-(a^*+b^*X)]^2=0\}=1$$

即得

$$E\{[Y-(a^*+b^*X)]^2\}=0$$

故有

$$0=E\{[Y-(a^*+b^*X)]^2\}\geqslant \min_{a,b}E\{[Y-(a+bX)]^2\}$$

$$=E\{[Y-(a_0+b_0X)]^2\}$$

$$=(1-\rho_{XY}^2)D(Y)$$

即得

$$|\rho_{XY}|=1$$

事实上，均方误差 e 是 $|\rho_{XY}|$ 的严格单调减少函数，这样 $|\rho_{XY}|$ 的含义就明显了. 当 $|\rho_{XY}|$ 较大时 e 较小，表明 X,Y（就线性关系来说）联系较紧密. 特别当 $|\rho_{XY}|=1$ 时，由定理 4.3.1(2)，X,Y 之间以概率 1 存在着线性关系. 于是 ρ_{XY} 是一个可以用来表征 X,Y 之间线性关系紧密程度的量. 当 $|\rho_{XY}|$ 较大时，我们通常说 X,Y 线性相关的程度较好；当 $|\rho_{XY}|$ 较小时，我们通常说 X,Y 线性相关的程度较差. 特别地，当 $\rho_{XY}=0$ 时，称 X 和 Y **不相关**.

4.3.2　随机变量的相互独立与不相关的关系

假设随机变量 X,Y 的相关系数 ρ_{XY} 存在. 当二者相互独立时，则 $E(XY)=E(X)E(Y)$，此时，$\mathrm{Cov}(X,Y)=E(XY)-E(X)E(Y)=0$，从而 $\rho_{XY}=0$，即 X,Y 不相关. 反之，若 X,Y 不相关，X,Y 却不一定相互独立(见例 4.3.2).其实，从"不相关"和"相互独立"的含义来看是明显的. 不相关只是就线性关系来说的，而相互独立却是就一般关系而言的. X,Y 相互独立意味着两个变量之间没有任何关系，而 X,Y 不相关，仅仅说明 X,Y 之间无线性关系，但并不排除有非线性关系，如对数关系、平方关系等. 因此，"不相关"是一个比"相互独立"弱得多的概念.

例 4.3.2 设 (X,Y) 的分布律如下:

Y \ X	-2	-1	1	2	$P\{Y=i\}$
1	0	1/4	1/4	0	1/2
4	1/4	0	0	1/4	1/2
$P\{X=i\}$	1/4	1/4	1/4	1/4	1

则 $E(X)=0, E(Y)=\dfrac{5}{2}, E(XY)=0$，于是当 $\rho_{XY}=0$ 时，X 与 Y 不相关，这表示 X,Y 不存在线性关系. 但 $P\{X=-2,Y=1\}=0\neq P\{X=-2\}P\{Y=1\}$，知 X,Y 不是相互独立的.

例 4.3.3 设 $(X,Y)\sim N(\mu_1,\mu_2,\sigma_1,\sigma_2,\rho)$，它的概率密度为

$$f(x,y)=\frac{1}{2\pi\sigma_1\sigma_2\sqrt{1-\rho^2}}\cdot\exp\left\{\frac{-1}{2(1-\rho^2)}\left[\frac{(x-\mu_1)^2}{\sigma_1^2}-2\rho\frac{(x-\mu_1)(y-\mu_2)}{\sigma_1\sigma_2}+\frac{(y-\mu_2)^2}{\sigma_2^2}\right]\right\}$$

试求 X 和 Y 的相关系数.

解 可知 $E(X)=\mu_1, E(Y)=\mu_2, D(X)=\sigma_1^2, D(Y)=\sigma_2^2$，而

$$\mathrm{Cov}(X,Y)=\int_{-\infty}^{+\infty}\int_{-\infty}^{+\infty}(x-\mu_1)(y-\mu_2)f(x,y)\mathrm{d}x\mathrm{d}y$$

$$\left(\text{令}\ t=\frac{1}{\sqrt{1-\rho^2}}\left(\frac{y-\mu_2}{\sigma_2}-\rho\cdot\frac{x-\mu_1}{\sigma_1}\right), u=\frac{x-\mu_1}{\sigma_1}\right)$$

$$=\frac{1}{2\pi}\int_{-\infty}^{+\infty}\int_{-\infty}^{+\infty}(\sigma_1\sigma_2\sqrt{1-\rho^2}\,tu+\rho\sigma_1\sigma_2 u^2)e^{-(u^2+t^2)/2}\mathrm{d}t\mathrm{d}u$$

$$=\frac{\rho\sigma_1\sigma_2}{2\pi}\left(\int_{-\infty}^{+\infty}u^2 e^{-\frac{u^2}{2}}\mathrm{d}u\right)\left(\int_{-\infty}^{+\infty}e^{-\frac{t^2}{2}}\mathrm{d}t\right)+\frac{\sigma_1\sigma_2\sqrt{1-\rho^2}}{2\pi}\left(\int_{-\infty}^{+\infty}u e^{-\frac{u^2}{2}}\mathrm{d}u\right)\left(\int_{-\infty}^{+\infty}t e^{-\frac{t^2}{2}}\mathrm{d}t\right)$$

$$=\frac{\rho\sigma_1\sigma_2}{2\pi}\sqrt{2\pi}\sqrt{2\pi}$$

即有

$$\mathrm{Cov}(X,Y)=\rho\sigma_1\sigma_2$$

于是

$$\rho_{XY}=\frac{\mathrm{Cov}(X,Y)}{\sqrt{D(X)}\sqrt{D(Y)}}=\rho$$

这就是说，二维正态随机变量 (X,Y) 的概率密度中的参数 ρ 就是 X 和 Y 的相关系数，因而二维正态随机变量的分布完全可由 X,Y 各自的期望、方差以及它们的相关系数所确定.

前面已经讲过，若 (X,Y) 服从二维正态分布，则 X,Y 独立的充要条件是 $\rho=0$. 现在又 $\rho_{XY}=\rho$，故对于二维正态随机变量 (X,Y) 而言，**X 和 Y 不相关与 X,Y 独立是等价的**.

例 4.3.4 对于两个随机变量 V,W，若 $E(V^2),E(W^2)$ 存在，证明

$$E^2(VW)\leqslant E(V^2)E(W^2)$$

这一不等式称为柯西-施瓦茨不等式(Cauchy-Schwarz inequality).

证 考虑实变量 t 的函数

$$q(t) = E[(V + tW)^2] = E(V^2) + 2tE(VW) + t^2 E(W^2)$$

因为对一切 t，有 $(V + tW)^2 \geq 0$，所以 $q(t) \geq 0$，从而二次方程 $q(t) = 0$ 没有实根，或者只有复根，因而二次方程 $q(t) = 0$ 的判别式

$$4E^2(VW) - 4E(V^2)E(W^2) \leq 0$$

即

$$E^2(VW) \leq E(V^2)E(W^2)$$

例 4.3.5 设 A, B 是两个随机事件，随机变量

$$X = \begin{cases} 1, & A\ 出现, \\ -1, & A\ 不出现, \end{cases} \qquad Y = \begin{cases} 1, & B\ 出现 \\ -1, & B\ 不出现 \end{cases}$$

试说明随机变量 X 和 Y 不相关的充分必要条件是 A 与 B 相互独立.

证 记 $P(A) = p_1, P(B) = p_2, P(AB) = p_{12}$.由数学期望的定义，可知

$$E(X) = P(A) - P(\bar{A}) = 2p_1 - 1, \quad E(Y) = 2p_2 - 1$$

由于 XY 只有两个可能值1和−1，可见

$$P\{XY = 1\} = P(AB) + P(\bar{A}\bar{B}) = 2p_{12} - p_1 - p_2 + 1$$

$$P\{XY = -1\} = 1 - P\{XY = 1\} = p_1 + p_2 - 2p_{12}$$

$$E(XY) = P\{XY = 1\} - P\{XY = -1\} = 4p_{12} - p_1 - p_2 + 1$$

从而

$$\mathrm{Cov}(X, Y) = E(XY) - E(X)E(Y) = 4p_{12} - 4p_1 p_2$$

因此，$\mathrm{Cov}(X, Y) = 0$ 当且仅当 $p_{12} = p_1 p_2$，即命题得证.

4.4 矩、协方差矩阵

4.4.1 矩、协方差矩阵的定义

定义 4.4.1 设 X 和 Y 是随机变量，若 $E(X^k)$ $(k = 1, 2, \cdots, n)$ 存在，称它为 X 的 k 阶原点矩，简称 k 阶矩.

若 $E\{[X - E(X)]^k\}$ $(k = 2, 3, \cdots, n)$ 存在，称它为 X 的 k 阶中心矩.

若 $E(X^k Y^l)$ $(k, l = 1, 2, \cdots, n)$ 存在，称它为 X 和 Y 的 $k + l$ 阶混合矩.

若 $E\{[X - E(X)]^k [Y - E(Y)]^l\}$ $(k, l = 1, 2, \cdots, n)$ 存在，称它为 X 和 Y 的 $k + l$ 阶混合中心矩.

本质上，X 的数学期望 $E(X)$ 是 X 的一阶原点矩，方差 $D(X)$ 是 X 的二阶中心矩，协方差 $\mathrm{Cov}(X, Y)$ 是 X 和 Y 的二阶混合中心矩.

定义 4.4.2 二维随机变量 (X_1, X_2) 有四个二阶中心矩（假设它们都存在），分别记为

$$c_{11} = E\{[X_1 - E(X_1)]^2\}$$

$$c_{12} = E\{[X_1 - E(X_1)][X_2 - E(X_2)]\}$$

$$c_{21} = E\{[X_2 - E(X_2)][X_1 - E(X_1)]\}$$

$$c_{22} = E\{[X_2 - E(X_2)]^2\}$$

将它们排成矩阵的形式
$$\begin{pmatrix} c_{11} & c_{12} \\ c_{21} & c_{22} \end{pmatrix}$$

这个矩阵称为随机变量 (X_1, X_2) 的 **协方差矩阵**.

  定义 4.4.3 若 n 维随机变量 $(X_1, X_2, \cdots, X_n)$ 的二阶混合中心矩
$$c_{ij} = E\{[X_i - E(X_i)][X_j - E(X_j)]\} \quad (i, j = 1, 2, \cdots, n)$$
都存在, 则称矩阵

$$\boldsymbol{C} = \begin{pmatrix} c_{11} & c_{12} & \cdots & c_{1n} \\ c_{21} & c_{22} & \cdots & c_{2n} \\ \vdots & \vdots & & \vdots \\ c_{n1} & c_{n2} & \cdots & c_{nn} \end{pmatrix}$$

为 n 维随机变量 $(X_1, X_2, \cdots, X_n)$ 的 **协方差矩阵**. 由于 $c_{ij} = c_{ji}$ $(i \neq j; i, j = 1, 2, \cdots, n)$, 所以上述矩阵是一个对称矩阵.

4.4.2 协方差矩阵的应用——n 维正态分布的概率密度表示

  一般来说, n 维随机变量的分布是不知道的, 或者说太复杂了, 所以在数学上不太容易处理, 因此在实际应用中协方差矩阵就显得重要.

  首先二维正态随机变量 (X_1, X_2) 的概率密度为
$$f(x_1, x_2) = \frac{1}{2\pi\sigma_1\sigma_2\sqrt{1-\rho^2}} \exp\left\{\frac{-1}{2(1-\rho^2)}\left[\frac{(x_1-\mu_1)^2}{\sigma_1^2} - 2\rho\frac{(x_1-\mu_1)(x_2-\mu_2)}{\sigma_1\sigma_2} + \frac{(x_2-\mu_2)^2}{\sigma_2^2}\right]\right\}$$

引入矩阵
$$\boldsymbol{X} = \begin{pmatrix} x_1 \\ x_2 \end{pmatrix}, \qquad \boldsymbol{\mu} = \begin{pmatrix} \mu_1 \\ \mu_2 \end{pmatrix}$$

(X_1, X_2) 的协方差矩阵为
$$\boldsymbol{C} = \begin{pmatrix} c_{11} & c_{12} \\ c_{21} & c_{22} \end{pmatrix} = \begin{pmatrix} \sigma_1^2 & \rho\sigma_1\sigma_2 \\ \rho\sigma_1\sigma_2 & \sigma_2^2 \end{pmatrix}$$

它的行列式 $\det\boldsymbol{C} = \sigma_1^2\sigma_2^2(1-\rho^2)$, $\boldsymbol{C}$ 的逆矩阵为
$$\boldsymbol{C}^{-1} = \frac{1}{\det\boldsymbol{C}}\begin{pmatrix} \sigma_2^2 & -\rho\sigma_1\sigma_2 \\ -\rho\sigma_1\sigma_2 & \sigma_1^2 \end{pmatrix}$$
则

$$(\boldsymbol{X}-\boldsymbol{\mu})'\boldsymbol{C}^{-1}(\boldsymbol{X}-\boldsymbol{\mu}) = \frac{1}{\det\boldsymbol{C}}(x_1-\mu_1, \quad x_2-\mu_2)\begin{pmatrix} \sigma_2^2 & -\rho\sigma_1\sigma_2 \\ -\rho\sigma_1\sigma_2 & \sigma_1^2 \end{pmatrix}\begin{pmatrix} x_1-\mu_1 \\ x_2-\mu_2 \end{pmatrix}$$

$$= \frac{1}{1-\rho^2}\left[\frac{(x_1-\mu_1)^2}{\sigma_1^2} - 2\rho\cdot\frac{(x_1-\mu_1)(x_2-\mu_2)}{\sigma_1\sigma_2} + \frac{(x_2-\mu_2)^2}{\sigma_2^2}\right]$$

于是 (X_1, X_2) 的概率密度可写为
$$f(x_1, x_2) = \frac{1}{(2\pi)^{2/2}(\det\boldsymbol{C})^{1/2}}\exp\left\{-\frac{1}{2}(\boldsymbol{X}-\boldsymbol{\mu})'\boldsymbol{C}^{-1}(\boldsymbol{X}-\boldsymbol{\mu})\right\}$$

推广到 n 维正态随机变量 $(X_1, X_2, \cdots, X_n)$, 引入列矩阵:

$$X = \begin{pmatrix} x_1 \\ x_2 \\ \vdots \\ x_n \end{pmatrix}, \quad \boldsymbol{\mu} = \begin{pmatrix} \mu_1 \\ \mu_2 \\ \vdots \\ \mu_n \end{pmatrix} = \begin{pmatrix} E(X_1) \\ E(X_2) \\ \vdots \\ E(X_n) \end{pmatrix}$$

则 n 维正态随机变量 $(X_1, X_2, \cdots, X_n)$ 的概率密度为

$$f(x_1, x_2, \cdots, x_n) = \frac{1}{(2\pi)^{n/2}(\det \boldsymbol{C})^{1/2}} \cdot \exp\left\{ -\frac{1}{2}(X - \boldsymbol{\mu})' \boldsymbol{C}^{-1}(X - \boldsymbol{\mu}) \right\}$$

n 维正态随机变量具有以下四条重要性质(证明略).

性质 4.4.1 n 维正态随机变量 $(X_1, X_2, \cdots, X_n)$ 的每一个分量 $X_i (i = 1, 2, \cdots, n)$ 都是正态变量; 反之, 若 $X_1, X_2, \cdots, X_n$ 都是正态随机变量, 且相互独立, 则 $(X_1, X_2, \cdots, X_n)$ 是 n 维正态随机变量.

性质 4.4.2 n 维随机变量 $(X_1, X_2, \cdots, X_n)$ 服从 n 维正态分布的充要条件是 $X_1, X_2, \cdots, X_n$ 的任意的线性组合 $l_1 X_1 + l_2 X_2 + \cdots + l_n X_n$ 服从一维正态分布(其中 $l_1, l_2, \cdots, l_n$ 不全为零).

性质 4.4.3 若 $(X_1, X_2, \cdots, X_n)$ 服从 n 维正态分布, 设 $Y_1, Y_2, \cdots, Y_k$ 是

$$X_1, X_2, \cdots, X_j \ (j = 1, 2, \cdots, n)$$

的线性函数, 则 $(Y_1, Y_2, \cdots, Y_k)$ 也服从多维正态分布, 也称为正态变量的**线性变换不变性**.

性质 4.4.4 设 $(X_1, X_2, \cdots, X_n)$ 服从 n 维正态分布, 则" $X_1, X_2, \cdots, X_n$ 相互独立"与" $X_1, X_2, \cdots, X_n$ 两两不相关"是等价的.

n 维正态随机分布在随机过程和数理统计中常会碰到.

4.5 部分问题的 MATLAB 求解

MATLAB 中有专门计算随机变量期望和方差的函数, 可为求解相关问题带来方便. 下面几个例子给出了 MATLAB 中期望和方差的应用方法.

例 4.5.1 例 4.1.1.

解 在 MATLAB 中输入:

```
>>X=[-2  3  4  5]
>>p=[0.05  0.25  0.55  0.15]
>>E(x)=X*p'
```

再按回车键, 显示 E(X) = 3.6, 即该厂可以期望每件产品获利 3.6 元.

例 4.5.2 已知随机变量 X 的分布列如下:

$$P\{X = k\} = \frac{1}{2^k} \quad (k = 1, 2, \cdots, n, \cdots)$$

计算 $E(X)$.

解 在 MATLAB 中输入:

```
>>syms k
>>symsum(k*(1/2)^k,k,1,inf)
```

再按回车键，显示 ans = 2，即期望为 2.

若随机变量 X 是连续型随机变量，其概率密度为 $f(x)$，则此时其数学期望计算的程序如下.

```
E(X)=int(x*f(x),-inf,inf)
```

如要求 $X \sim U(a,b)$ 的期望，可以在 MATLAB 中输入：

```
>>clear;
>>syms x a b
>>E(x)=int (x/(b-a),x,a,b)
```

再按回车键，显示 E(X)=1/2/(b−a)*(b^2−a^2)，即期望为 $\dfrac{a+b}{2}$.

若 $g(X)$ 是随机变量 X 的函数，则当 X 为离散型随机变量且有分布率
$$P\{X=x_k\}=p_k \quad (k=1,2,\cdots,n \text{ 或 } k=1,2,\cdots,n,\cdots)$$
时，随机变量 $g(X)$ 的数学期望的 MATLAB 计算程序为

```
E(g(x))=symsum(g(x_k)*p_k,1,inf)
```

当 X 为连续型随机变量且有概率密度 $f(x)$ 时，随机变量 $g(X)$ 的数学期望的 MATLAB 计算程序为

```
E(g(x))=int(g(x)*f(x), -inf,inf)
```

同样道理，基于以上函数的期望运算规律，若离散型随机变量有分布律
$$P\{X=x_k\}=p_k \quad (k=1,2,\cdots,n \text{ 或 } k=1,2,\cdots,n,\cdots)$$
则方差的 MATLAB 计算程序为

```
X=[x_1,x_2,…,x_n]; P=[p_1,p_2,…,p_n];
E(X)=X*p';
D(X)=X.^2*P'-(E(X))^2
```

若是连续型随机变量且概率密度函数为 $f(x)$，则方差的 MATLAB 计算程序为

```
E(x)=int(x*f(x), -inf,inf)
D(x)=int(x^2*f(x), -int,int)-(E(X))^2
```

例如，求均匀分布 $U(a,b)$ 的方差，可以接着式(4.5.1)计算输入：

```
>>D(X)=int(1/(b-a)*x^2,x,a,b)-(E(X))^2
```

运行后结果显示为

```
1/3/(b-a)*(B^3-a^3)-1/4(b-a)^2*(b^2-a^2)^2
```

可以继续将其化简，在命令窗口中输入：

```
simplify(1/3/(b-a)*(b^3-a^3)-1/4-(b-a)^2*(b^2-a^2)^2)
```

结果显示为

```
1/12*a^2-1/6*b*a+1/12*b^2
```

也即 $\dfrac{(b-a)^2}{12}$.

为了更加方便使用，MATLAB 给出了随机变量常见分布的期望、方差计算的函数调用格式，见表 4.5.1.

表 4.5.1

分布类型	函数	函数调用格式
二项分布	$Binostat$	$[E, D] = Binostat(N, P)$
几何分布	$Geostat$	$[E, D] = Geostat(P)$
超几何分布	$Hygestat$	$[E, D] = Hygestat(M, K, N)$
泊松分布	$Poisstat$	$[E, D] = Poisstat(\lambda)$
均匀分布	$Unifstat$	$[E, D] = Unifstat(N)$
指数分布	$Expstat$	$[E, D] = Expstat(MU)$
正态分布	$Normstat$	$[E, D] = Normstat(MU, SIGMA)$
t 分布	$Tstat$	$[E, D] = Tstat(V)$
χ^2 分布	$Ghi2stat$	$[E, D] = Chi2stat(V)$
F 分布	$fstat$	$[E, D] = fstat(V_1, V_2)$

例如, 求 $b(100, 0.9)$ 的期望与方差, 可以在 MATLAB 中输入:

```
>>n=100;>>p=0.9;
>>[E,D]=binostat(n,p)
```

结果显示:

```
E=90
D=9
```

习 题 4

A 类

1. 设随机变量 X 的分布律为

X	-1	0	1
P	0.4	0.4	0.2

求 $E(X)$, $E(X^2)$ 和 $E(3X^2 + 2)$.

2. 袋中有 5 个球, 编号为 1, 2, 3, 4, 5, 现在从袋中任意取 3 个球, 用 X 表示取出的 3 个球中的最大编号, 求 $E(X)$.

3. 设随机变量 X 的概率分布为

$$P\{X = k\} = \frac{a^k}{(a+1)^{k+1}} \quad (k = 0, 1, 2, \cdots)$$

其中 $a > 0$ 是个常数, 试求 $E(X)$.

4. 设随机变量 X 的概率分布为

$$P\left\{X=(-1)^{k+1}\frac{3^k}{k}\right\}=\frac{2}{3^k} \quad (k=1,2,\cdots)$$

说明 X 的期望 $E(X)$ 不存在.

5. 某产品的次品率为 0.1, 检验员每天检验 4 次, 每次随机地取 10 件产品进行检验, 产品是否为次品是相互独立的, 如果其中次品个数多于 1, 就去调整设备. 以 X 表示一天中调整设备的次数, 试求 $E(X)$.

6. 设 $X \sim \pi(\lambda)$, 求 $E\left(\dfrac{1}{X+1}\right)$.

7. 设随机变量 X 的概率密度函数为

$$f(x)=\begin{cases} \dfrac{1}{1\,500^2}x, & 0\leqslant x\leqslant 1500 \\[2mm] -\dfrac{1}{1\,500^2}(x-3\,000), & 1500< x\leqslant 3\,000 \\[2mm] 0, & \text{其他} \end{cases}$$

求 $E(X)$.

8. 设随机变量 X 的概率密度函数为

$$f(x)=\begin{cases} \mathrm{e}^{-x}, & x>0 \\ 0, & x\leqslant 0 \end{cases}$$

分别求 $Y=2X$ 和 $Y=\mathrm{e}^{-2X}$ 的期望 $E(Y)$.

9. 设随机变量 (X,Y) 的分布律如下:

Y \ X	1	2	3
−1	0.2	0.1	0
0	0.1	0	0.3
1	0.1	0.1	0.1

(1) 求 $E(X)$, $E(Y)$;

(2) 设 $Z=\dfrac{Y}{X}$, 求 $E(Z)$;

(3) 设 $Z=(X-Y)^2$, 求 $E(Z)$.

10. 设 ξ,η 是相互独立且服从同一分布的两个随机变量, 已知 ξ 的分布律为

$$P\{\xi=i\}=\frac{1}{3}\,(i=1,2,3)$$

又设 $X=\max\{\xi,\eta\}$, $Y=\min\{\xi,\eta\}$, 求:

(1) 二维随机变量 (X,Y) 的联合分布律;

(2) 随机变量 X 的数学期望 $E(X)$.

11. 设二维随机变量 (X,Y) 的概率密度为

$$f(x,y)=\begin{cases} 12y^2, & 0\leqslant y\leqslant x\leqslant 1 \\ 0, & \text{其他} \end{cases}$$

求 $E(X)$，$E(Y)$，$E(XY)$，$E(X^2+Y^2)$．

12. 对球的直径做近似测量，设其值均匀分布在 (a,b) 内，求球体体积的均值．

13. 游客乘电梯从电视塔底层到顶层观光，电梯于每个整点的第 5 min、25 min、55 min 从底层起运行．设你在早 8 点第 X 分钟到达底层等候电梯，且 $X \sim U(0,60)$，求等待时间的期望．

14. 设二维随机变量 (X,Y) 服从圆域 $x^2+y^2 \leqslant R^2$ 上的均匀分布，$Z = \sqrt{X^2+Y^2}$，求 $E(Z)$．

15. 设随机变量 X 服从瑞利分布，其概率密度为

$$f(x) = \begin{cases} \dfrac{x}{\sigma^2} \mathrm{e}^{-\frac{x^2}{2\sigma^2}}, & x > 0 \\ 0, & x \leqslant 0 \end{cases}$$

其中 $\sigma > 0$ 是个常数，求 $E(X)$，$D(X)$．

16. 设随机变量 $X_1, X_2, \cdots, X_n$ 相互独立，且 $E(X_i) = \mu, D(X_i) = \sigma^2 \ (i = 1,2,\cdots,n)$，求 $Z = \dfrac{X_1 + X_2 + \cdots + X_n}{n}$ 的期望和方差．

17. (1) 设随机变量 X_1, X_2, X_3, X_4 相互独立，且有

$$E(X_i) = i, \qquad D(X_i) = 5 - i \ (i = 1,2,3,4)$$

设 $Y = 2X_1 - X_2 + 3X_3 - \dfrac{1}{2}X_4$，求 $E(Y)$，$D(Y)$．

(2) 设随机变量 X,Y 相互独立，且 $X \sim N(720,30^2)$，$Y \sim N(640,25^2)$，求 $W = 2X + Y$ 和 $V = X - Y$ 的分布，并求概率 $P\{X > Y\}$，$P\{X + Y > 1\,400\}$．

18. 卡车运送水泥，设每袋水泥重量 X（单位：kg）服从 $X \sim N(50,2.5^2)$，问最多装多少袋水泥使总重量超过 $2\,000$ 的概率不大于 0.05？

19. 设随机变量 X 与 Y 相互独立，证明：

$$D(XY) = D(X)D(Y) + [E(X)]^2 D(Y) + [E(Y)]^2 D(X)$$

20. 设二维随机变量 (X,Y) 的概率密度为

$$f(x,y) = \begin{cases} \dfrac{1}{\pi}, & x^2 + y^2 \leqslant 1 \\ 0, & \text{其他} \end{cases}$$

试验证 X 和 Y 是不相关的，但 X 和 Y 不是相互独立的．

21. 已知随机变量 X 与 Y 分别服从正态分布 $N(1,3^2)$ 和 $N(0,4^2)$，且 X 与 Y 的相关系数 $\rho_{XY} = -1/2$，设 $Z = X/3 + Y/2$．

(1) 求 Z 的数学期望 $E(Z)$ 和方差 $D(Z)$；

(2) 求 X 与 Z 的相关系数 ρ_{XZ}；

(3) 问 X 与 Z 是否相互独立？为什么？

22. 设随机变量 X 具有概率密度

$$f(x,y) = \begin{cases} \dfrac{1}{8}(x+y), & 0 \leqslant x \leqslant 2, 0 \leqslant y \leqslant 2 \\ 0, & \text{其他} \end{cases}$$

求 $E(X)$，$E(Y)$，$\mathrm{Cov}(X,Y)$，ρ_{XY}，$D(X+Y)$．

23. 设二维随机变量 (X,Y) 的概率密度函数为

$$f(x,y)=\begin{cases}\mathrm{e}^{-(x+y)}, & x>0,y>0\\ 0, & \text{其他}\end{cases}$$

求 $\mathrm{Cov}(X,Y)$ 和 ρ_{XY}.

24. 设随机变量 $X\sim N(\mu,\sigma^2)$，$Y\sim N(\mu,\sigma^2)$，且设 X 与 Y 相互独立，试求 $W=aX+bY$ 和 $V=aX-bY$ 的相关系数.$(a,b$ 是不为零的常数)

25. 已知每一毫升正常男性成人血液中，白细胞数平均是 7300，均方差是 700，利用切比雪夫不等式估计每毫升含白细胞数在 5200～9400 的概率 p.

B 类

26. 设随机变量 $X_1,X_2,\cdots,X_n$ 相互独立，且都服从 $(0,1)$ 上的均匀分布，求：

(1) $U=\max\{X_1,X_2,\cdots,X_n\}$ 的数学期望；

(2) $V=\min\{X_1,X_2,\cdots,X_n\}$ 的数学期望.

27. 若有 n 把看上去样子相同的钥匙，其中只有一把能打开门上的锁，用它们去试开门上的锁.设取到每只钥匙是等可能的.若每把钥匙是开一次后除去，试用下面两种方法求试开次数 X 的数学期望.

(1) 写出 X 的分布律； (2) 不写出 X 的分布律.

28. 设随机变量 X 服从 $\varGamma$ 分布，其概率密度为

$$f(x)=\begin{cases}\dfrac{1}{\beta^{\alpha}\varGamma(\alpha)}x^{\alpha-1}\mathrm{e}^{-\frac{x}{\beta}}, & x>0\\ 0, & x\leqslant 0\end{cases}$$

其中 $\alpha>0,\beta>0$ 是常数，求 $E(X)$，$D(X)$.

29. 设随机变量 X,Y 相互独立，且都服从 $(0,1)$ 上的均匀分布.

(1) 求 $E(XY)$，$E(X/Y)$，$E[\ln(XY)]$，$E(|Y-X|)$.

(2) 以 X,Y 为边长作一长方形，以 A,C 表示该长方形的面积和周长，求 A,C 的相关系数.

30. 设随机变量 (X,Y) 服从二维正态分布，且有 $D(X)=\sigma_X^2$，$D(Y)=\sigma_Y^2$，证明：当 $a^2=\sigma_X^2/\sigma_Y^2$ 时，随机变量 $W=X-aY$ 和 $V=X+aY$ 相互独立.

精 彩 案 例

17 世纪，有一个赌徒向法国著名数学家帕斯卡挑战，给他出了一道题目：甲乙两个人赌博，他们两人获胜的几率相等，比赛规则是先胜三局者为赢家，一共进行五局，赢家可以获得 100 法郎的奖励.当比赛进行到第四局的时候，甲胜了两局，乙胜了一局，这时由于某些原因中止了比赛，那么如何分配这 100 法郎才比较公平？

用概率论的知识，不难得知，甲获胜的可能性大，乙获胜的可能性小.

因为甲输掉后两局的可能性只有 $\frac{1}{2} \times \frac{1}{2} = \frac{1}{4}$，也就是说甲赢得后两局或后两局中任意赢一局的概率为 $1 - \frac{1}{4} = \frac{3}{4}$，甲有 75% 的期望获得 100 法郎；而乙期望赢得 100 法郎就得在后两局均击败甲，乙连续赢得后两局的概率为 $\frac{1}{2} \times \frac{1}{2} = \frac{1}{4}$，即乙有 25% 的期望获得 100 法郎奖金.

可见，虽然不能再进行比赛，但依据上述可能性推断，甲乙双方最终胜利的客观期望分别为 75% 和 25%，因此甲应分得奖金 $100 \times 75\% = 75$ 法郎，乙应分得奖金 $100 \times 25\% = 25$ 法郎. 这个故事里出现了"期望"这个词，数学期望由此而来.

现实中也有很多类似案例值得研究和深思，例如生活中常常碰到的抽奖问题. 假设某百货超市现有一批快到期的日用产品急需处理，超市老板设计了免费抽奖活动来处理掉这些商品. 抽奖规则为纸箱中装有大小相同的 20 个球，10 个 10 分，10 个 5 分，从中摸出 10 个球，摸出的 10 个球的分数之和即为中奖分数，抽奖奖品如下：

一等奖 100 分，空调 1.5P 一台，价值 2500 元；

二等奖 95 分，电视机一个，价值 1000 元；

三等奖 90 分，洗衣液 8 瓶，价值 178 元；

四等奖 85 分，洗衣液 4 瓶，价值 88 元；

五等奖 80 分，洗衣液 2 瓶，价值 44 元；

六等奖 75 分，牙膏一盒，价值 8 元；

七等奖 70 分，洗衣粉一袋，价值 5 元；

八等奖 65 分，香皂一块，价值 3 元；

九等奖 60 分，牙刷一把，价值 2 元；

十等奖 5 分与 55 分为优惠奖，只收成本价 22 元，将获得洗衣液一瓶.

分析 表面上看整个活动对顾客都是有利的，一等奖到九等奖都是免费的，只有十等奖才收取一点成本价. 但经过分析可以知道商家真的亏损吗?顾客真能从中获得抽取大奖的机会吗?求得其期望值便可真相大白. 摸出 10 个球的分值只有 11 种情况，用 X 表示摸奖者获得的奖励金额数，计算得到 $E(X) = -10.098$，表明商家在平均每一次的抽奖中将获得 10.098 元，而平均每个抽奖者将花 10.098 元来享受这种免费的抽奖，由此可知顾客一点也没占到便宜. 相反，商家采用这种方法不仅把快要到期的商品处理了，而且还为超市大量集聚了人气，一举多得. 聪明的百货超市老板运用数学期望估计出了他不会亏损而做了这个免费抽奖活动，最后一举多得，从中也可看出了数学期望这一科学的方法在经济决策中的重要性.

第 5 章　大数定律及中心极限定理

极限定理是概率论的基本理论之一, 在概率论和数理统计的理论研究和实际应用中都具有十分重要的地位.本章将介绍有关随机变量序列的最根本的两个极限定理: 大数定律和中心极限定理.

大数定律和中心极限定理是概率论中最基本和最重要的两类定理, 是概率论发展历史过程中得到的深刻而又完美的结果.前者从理论上阐述在一定条件下大量重复出现的随机现象呈现的稳定性, 而后者则揭示了在客观世界中存在大量正态随机变量的数学根源, 并且正态分布有许多完美的理论, 从而可以获得既实用又简单的统计分析.

5.1　大　数　定　律

人们在长期的科学实践中发现, 某个事件发生的频率具有稳定性, 也就是说随着试验次数的增加, 事件发生的频率将稳定于一个确定的常数.对一个随机变量 X 进行大量的重复观测, 所得到的大批观测数据的算术平均值也具有某种稳定性.由于这类稳定性都是在对随机现象进行大量重复试验的条件下呈现的, 所以反映这方面规律的定律统称为大数定律.

在第 1 章中讲过, 随着试验次数的增加, 事件发生的频率呈现稳定性, 逐渐稳定于某个常数, 通常把这个性质称为 "频率稳定性", 这里面的 "稳定性" 该如何描述它呢?首先来看下面以概率收敛的定义:

定义 5.1.1　设 $Y_1, Y_2, \cdots, Y_n, \cdots$ 为一随机变量序列, a 为一常数. 若对于任意的 $\varepsilon > 0$, 有

$$\lim_{n \to \infty} p\{|Y_n - a| < \varepsilon\} = 1$$

则称 $Y_1, Y_2, \cdots, Y_n, \cdots$ **依概率收敛**于 a, 记为 $Y_n \xrightarrow{P} a$.

依概率收敛具有性质(证明略):设 $X_n \xrightarrow{P} a, Y_n \xrightarrow{P} b$, 又设函数 $g(x,y)$ 在 (a,b) 连续, 则

$$g(X_n, Y_n) \xrightarrow{P} g(a,b)$$

再引入随机变量序列 $X_1, X_2, \cdots, X_n, \cdots$ **相互独立**的概念. 若对于任意 $n > 1$, $X_1, X_2, \cdots, X_n$ 相互独立, 则称 $X_1, X_2, \cdots, X_n, \cdots$ 相互独立.

定理 5.1.1(切比雪夫定理)　设随机变量 $X_1, X_2, \cdots, X_n, \cdots$ 相互独立, 且具有相同的数学期望和方差: $E(X_k) = \mu$, $D(X_k) = \sigma^2$ $(k = 1, 2, \cdots)$. 作前 n 个随机变量的算术平均

$$\overline{X} = \frac{1}{n} \sum_{k=1}^{n} X_k$$

则 $\forall \varepsilon > 0,$ 有

$$\lim_{n \to \infty} P\left\{ |\overline{X} - \mu| < \varepsilon \right\} = \lim_{n \to \infty} P\left\{ \left| \frac{1}{n} \sum_{k=1}^{n} X_k - \mu \right| < \varepsilon \right\} = 1$$

即
$$\overline{X} = \frac{1}{n}\sum_{k=1}^{n} X_k \xrightarrow{\ p\ } \mu$$

证　因
$$E(\overline{X}) = E\left(\frac{1}{n}\sum_{k=1}^{n} X_k\right) = \frac{1}{n}E\left(\sum_{k=1}^{n} X_k\right) = \frac{1}{n}n\mu = \mu$$

$$D(\overline{X}) = D\left(\frac{1}{n}\sum_{k=1}^{n} X_k\right) = \frac{1}{n^2}D\left(\sum_{k=1}^{n} X_k\right) = \frac{1}{n^2}n\sigma^2 = \frac{\sigma^2}{n}$$

由切比雪夫不等式有

$$\lim_{n\to\infty} P\left\{\left|\overline{X} - \mu\right| < \varepsilon\right\} \geqslant 1 - \frac{\sigma^2/n}{\varepsilon^2}$$

令 $n \to \infty$, 得
$$\lim_{n\to\infty} P\left\{\left|\frac{1}{n}\sum_{k=1}^{n} X_k - \mu\right| < \varepsilon\right\} = 1$$

$\left\{\left|\dfrac{1}{n}\sum_{k=1}^{n} X_k - \mu\right| < \varepsilon\right\}$ 是一个事件, 由上面定理的结论可知: 当 $n \to +\infty$ 时, 这个事件的概率趋于 1, 即对于任意正数 ε, 当 n 充分大时, 不等式 $\left|\dfrac{1}{n}\sum_{k=1}^{n} X_k - \mu\right| < \varepsilon$ 成立的概率很大. 通俗地讲, 对于独立同分布且具均值存在的随机变量 $X_1, X_2, \cdots, X_n, \cdots$, 当 n 很大时, 它们的算术平均 $\dfrac{1}{n}\sum_{k=1}^{n} X_k$ 很可能接近于 μ. 于是, 在实际应用中, 对于满足定理条件的随机变量序列, 可以用它的算术平均作为其期望平均值的一种估计.

定理 5.1.2（伯努利定理） 设 n_A 是 n 次独立重复试验中事件 A 发生的次数, p 是事件 A 在每次试验中发生的概率, 则对于任意的 $\varepsilon > 0$, 有
$$\lim_{n\to\infty} P\left\{\left|\frac{n_A}{n} - p\right| < \varepsilon\right\} = 1 \quad \text{或} \quad \lim_{n\to\infty} p\left\{\left|\frac{n_A}{n} - p\right| \geqslant \varepsilon\right\} = 0$$

证　　令 $X_k = \begin{cases} 0, & \text{第 } k \text{ 次试验事件 } A \text{ 不发生} \\ 1, & \text{第 } k \text{ 次试验事件 } A \text{ 发生} \end{cases} \quad (k = 1, 2, \cdots)$

即有
$$n_A = X_1 + X_2 + \cdots + X_n$$

其中 $X_1, X_2, \cdots, X_n$ 相互独立, 且服从以 p 为参数的 $(0-1)$ 分布. 因此
$$E(X_k) = p, \quad D(X_k) = p(1-p) \quad (k = 1, 2, \cdots, n)$$

于是由切比雪夫定理有
$$\lim_{n\to\infty} P\left\{\left|\frac{X_1 + X_2 + \cdots + X_n}{n} - p\right| < \varepsilon\right\} = 1$$

即
$$\lim_{n\to\infty} P\left\{\left|\frac{n_A}{n} - p\right| < \varepsilon\right\} = 1$$

伯努利定理表明: 事件 A 发生的频率 $\dfrac{n_A}{n}$ 依概率收敛于事件发生的概率 p. 因此由实际推断原理, 当试验的次数 n 很大时, 事件 A 发生的频率与概率有较大偏差的可能性很小, 这时可以用事件发生的频率近似代替事件的概率.

已经知道, 一个随机变量的方差存在, 则其数学期望肯定存在; 但反之不真. 上述两个定理都要求随机变量序列的方差存在. 以下辛钦大数定理则去掉这一要求, 仅仅要求每个 X_i 的期望存在, 但 $\{X_i\}$ 需是独立同分布的随机变量序列.

定理 5.1.3(辛钦定理) 设随机变量 $X_1, X_2, \cdots, X_n \cdots$ 相互独立, 服从同一分布, 具有期望

$$E(X_k) = \mu \quad (k = 1, 2, \cdots, n)$$

则 $\forall \varepsilon > 0$, 有

$$\lim_{n \to \infty} P\left\{\left|\overline{X} - \mu\right| < \varepsilon\right\} = \lim_{n \to \infty} P\left\{\left|\frac{1}{n}\sum_{k=1}^{n} X_k - \mu\right| < \varepsilon\right\} = 1$$

证明略.

辛钦定理从理论上肯定了用算术平均值来估计期望值的合理性. 值得注意的是, 辛钦定理条件较宽, 切比雪夫定理是它的特例, 伯努利定理又是切比雪夫定理的特例或应用.

5.2 中心极限定理

上节讨论了大量随机现象平均结果的稳定的大数定律, 本节主要学习大量随机变量和的分布以正态分布为极限的中心极限定理.

人们在长期的实践中认识到, 若某一随机变量 X 是由大量相互独立的随机因素 $X_1, X_2, \cdots, X_n, \cdots$ 综合影响而形成的, 即 $X = X_1 + X_2 + \cdots + X_n + \cdots$, 而这些独立因素的出现都是随机的, 时有时无, 时大时小, 并且每个因素在总的影响中所起的作用都很小, 那么这个随机变量 X 便近似服从正态分布. 这个现象不是偶然的, 中心极限定理揭示了其背后的数学奥秘.

概率论中有关论证独立随机变量的和的极限分布是正态分布的一系列定理称为中心极限定理, 由棣莫弗首先提出, 是 $18 \sim 19$ 世纪概率论研究的最重要的中心问题, 因而被称为中心极限定理, 其内容十分丰富, 这里只讨论其中较特殊的情况——独立同分布的随机变量的和的极限分布.

定理 5.2.1(独立同分布的中心极限定理) 设随机变量 $X_1, X_2, \cdots, X_n \cdots$ 相互独立, 服从同一分布, 且具有数学期望和方差:

$$E(X_k) = \mu, \quad D(X_k) = \sigma^2 > 0 \quad (k = 1, 2, \cdots, n)$$

则随机变量 $X_1, X_2, \cdots, X_n \cdots$ 之和 $\sum_{k=1}^{n} X_k$ 的标准化变量

$$Y_n = \frac{\sum_{k=1}^{n} X_k - E(\sum_{k=1}^{n} X_k)}{\sqrt{D(\sum_{k=1}^{n} X_k)}} = \frac{\sum_{k=1}^{n} X_k - n\mu}{\sqrt{n}\sigma}$$

的分布函数 $F_n(x)$ 对于任意 x 满足

$$\lim_{n \to \infty} F_n(x) = \lim_{n \to \infty} P\left\{\frac{\sum_{k=1}^{n} X_k - n\mu}{\sqrt{n}\sigma} \leqslant x\right\} = \int_{-\infty}^{x} \frac{1}{\sqrt{2\pi}} e^{-t^2/2} dt = \Phi(x)$$

定理 5.2.1 的证明略.这个定理的证明是 20 世纪 20 年代由林德伯格 (Lindeberg) 和莱维 (Levy) 给出的.

定理 5.2.1 表明,均值为 μ,方差为 $\sigma^2 > 0$ 的独立同分布(无论服从什么分布)的随机变量 $X_1, X_2, \cdots, X_n \cdots$,当 n 充分大时,它们的和 $\sum\limits_{k=1}^{n} X_k$ 总是近似地服从正态分布,记为

$$\frac{\sum\limits_{k=1}^{n} X_k - n\mu}{\sqrt{n}\sigma} \overset{近似}{\sim} N(0,1)$$

也可以将上述结果改写为

$$\frac{\sum\limits_{k=1}^{n} X_k - n\mu}{\sqrt{n}\sigma} = \frac{\frac{1}{n}\sum\limits_{k=1}^{n} X_k - \mu}{\sigma / \sqrt{n}} = \frac{\overline{X} - \mu}{\sigma / \sqrt{n}} \overset{近似}{\sim} N(0,1)$$

即有

$$\overline{X} \overset{近似}{\sim} N\left(\mu, \frac{\sigma^2}{n}\right)$$

在实际问题中,有很多随机现象可以看成为许多因素的独立影响的综合结果,而每个因素对该现象的影响都很微小,那么,描述此种随机现象的随机变量可以看成许多相互独立的起微小作用的因素总和,它往往近似地服从正态分布,这就是中心极限定理的客观背景.例如:物理量的测量误差是由许多观察不到的可加的微小误差所合成;在任一指定时刻,一个城市的用电量是大量用户用电量的总和,它们往往都近似地服从正态分布.

这一结果是数理统计中大样本统计推断的基础,它在实际中有着广泛的应用,下面的定理是它的特例.

定理 5.2.2(棣莫弗−拉普拉斯定理) 设随机变量 η_n $(n = 1, 2, \cdots)$ 服从参数为 $n, p (0 < p < 1)$ 的二项分布,则对任意的 x,有

$$\lim_{n \to \infty} P\left\{ \frac{\eta_n - np}{\sqrt{np(1-p)}} \leqslant x \right\} = \int_{-\infty}^{x} \frac{1}{\sqrt{2\pi}} \mathrm{e}^{-t^2 / 2} \mathrm{d}t = \Phi(x)$$

证 由于 $\eta_n \sim b(n, p)$,由前面定理知 $\eta_n = X_1 + X_2 + \cdots + X_n$,其中 X_k 服从 $(0-1)$ 分布,且分布律为

$$P\{X_k = i\} = p^i (1-p)^{1-i} \quad (i = 0, 1; k = 1, 2, \cdots, n)$$

于是有

$$E(X_k) = p, \qquad D(X_k) = p(1-p) \quad (k = 1, 2, \cdots, n)$$

由定理 5.2.1 得

$$\lim_{n \to \infty} P\left\{ \frac{\eta_n - np}{\sqrt{np(1-p)}} \leqslant x \right\} = \lim_{n \to \infty} P\left\{ \frac{\sum\limits_{k=1}^{n} X_n - np}{\sqrt{np(1-p)}} \leqslant x \right\} = \int_{-\infty}^{x} \frac{1}{\sqrt{2\pi}} \mathrm{e}^{-t^2 / 2} \mathrm{d}t = \Phi(x)$$

定理 5.2.2 表明,正态分布是二项分布的极限分布,当 n 充分大时,可用正态分布来计算二项分布的概率.

例 5.2.1 根据以往经验,某种电器元件的寿命服从均值为 100 h 的指数分布,现随机地取 16 只,设它们的寿命是相互独立的,求这 16 只元件的寿命的总和大于 1920 h 的概率.

解 设第 i 只元件寿命为 $X_i (i=1,2,\cdots,16)$，则

$$E(X_i)=100, \quad D(X_i)=10\ 000 \quad (i=1,2,\cdots,16)$$

令 $X=\sum_{k=1}^{16} X_k$，故

$$E(X)=16\times100=1\ 600, \quad D(X)=160\ 000$$

$$P\{X>1920\}=P\left\{\frac{X-1\ 600}{400}>\frac{1\ 920-1\ 600}{400}\right\}$$

$$=P\{X^*>0.8\}\approx1-\varPhi(0.8)=1-0.788\ 1$$

$$=0.2119$$

例 5.2.2 多次测量一个物理量，每次都产生一个随机误差 $\varepsilon_i (i=1,2,\cdots,n)$，假定 ε_i 服从 $(-1,1)$ 内的均匀分布，问 n 次测量的算术平均值与真值的差小于正数 δ 的概率是多少?若 $n=100,\delta=0.1$，上述概率的近似值是多少?对 $\delta=0.1$，欲使上述概率值不小于 0.95，至少应该进行多少次测量?

解 设 Y 表示物理量的真值，$X_i (i=1,2,\cdots,n)$ 表示测量值，则

$$X_i=Y+\varepsilon_i, \quad \varepsilon_i\sim U(-1,1)$$

$$E(\varepsilon_i)=0, \quad D(\varepsilon_i)=\frac{4}{12}=\frac{1}{3}, \quad E(X_i)=Y, \quad D(X_i)=\frac{1}{3}$$

记 $X=\sum_{i=1}^{n} X_i$，且各次测量值之间相互独立，有

$$E(X)=nY, \quad D(X_i)=\frac{n}{3}$$

于是所求概率为

$$P\left\{\left|\frac{1}{n}\sum_{i=1}^{n}X_i-Y\right|<\delta\right\}=P\left\{\left|\frac{X-nY}{\sqrt{n/3}}\right|<\frac{n\delta}{\sqrt{n/3}}\right\}=P\left\{|X^*|<\sqrt{3n}\delta\right\}$$

根据中心极限定理，X^* 近似服从 $N(0,1)$，所以

$$P\left\{|X^*|<\sqrt{3n}\delta\right\}\approx\varPhi(\sqrt{3n}\delta)-\varPhi(-\sqrt{3n}\delta)=2\varPhi(\sqrt{3n}\delta)-1$$

若 $n=100,\delta=0.1$，则

$$P\left\{\left|\frac{1}{100}\sum_{i=1}^{100}X_i-Y\right|<0.1\right\}\approx2\varPhi(\sqrt{300}\cdot0.1)-1=2\varPhi(1.723)-1=0.916\ 8$$

欲使

$$P\left\{\left|\frac{1}{n}\sum_{i=1}^{n}X_i-Y\right|<0.1\right\}\geqslant0.95$$

只要

$$P\{|X^*|<\sqrt{3n}\delta\}=2\varPhi(\sqrt{3n}\cdot0.1)-1\geqslant0.95$$

即

$$\varPhi(\sqrt{3n}\cdot0.1)\geqslant0.975$$

查标准正态分布表得 $\sqrt{3n}\cdot0.1\geqslant1.96$，所以，$n\geqslant128.05$，取 $n=129$ 就能达到题目要求.

例 5.2.3 一船舶在海洋中航行，已知每遭受一次波浪的冲击，纵摇角大于 3° 的概率为 $p=1/3$，若船舶遭受 90 000 次波浪冲击，问其中有 29 500～30 500 次纵摇角大于 3° 的概率是

多少?

解 将船舶每遭受一次波浪冲击看作一次速记试验, 并假定各次冲击是相互独立的, 在 90 000 次冲击中纵摇角大于 3° 的次数 X 为一随机变量, 且 $X \sim b(90\,000, 1/3)$. 直接计算则所求概率为

$$P\{29\,500 \leqslant X \leqslant 30\,500\} = \sum_{k=29\,500}^{30\,500} \binom{90\,000}{k} \left(\frac{1}{3}\right)^k \left(\frac{2}{3}\right)^{90\,000-k}$$

此计算比较麻烦, 现用中心极限定理来作近似计算.

已知 $n = 90\,000$, $p = 1/3$, 所求概率为

$$P\{29\,500 \leqslant X \leqslant 30\,500\}$$

$$= P\left\{ \frac{29\,500 - 90\,000 \cdot \frac{1}{3}}{\sqrt{90\,000 \cdot \frac{1}{3} \cdot \frac{2}{3}}} \leqslant \frac{X - 90\,000 \cdot \frac{1}{3}}{\sqrt{90\,000 \cdot \frac{1}{3} \cdot \frac{2}{3}}} \leqslant \frac{30\,500 - 90\,000 \cdot \frac{1}{3}}{\sqrt{90\,000 \cdot \frac{1}{3} \cdot \frac{2}{3}}} \right\}$$

$$= P\left\{ -\frac{5}{\sqrt{2}} \leqslant \frac{X - 90\,000 \cdot \frac{1}{3}}{\sqrt{90\,000 \cdot \frac{1}{3} \cdot \frac{2}{3}}} \leqslant \frac{5}{\sqrt{2}} \right\}$$

$$\approx \Phi\frac{5\sqrt{2}}{2} - \Phi\left(-\frac{5\sqrt{2}}{2}\right) = 2\Phi\left(\frac{5\sqrt{2}}{2}\right) - 1$$

$$= 0.999\,5$$

例 5.2.4 某纺织厂有 900 台同型号纺织机各自独立工作, 每台正常工作的概率为 0.9, 求: (1)正常工作台数在 801 到 828 台之间的概率; (2)一台纺机在短期出故障只要一个人维修, 为了使纺机出故障无人维修的概率不超过 5.05%, 问应该至少聘用多少维修工人?

解 (1)设 X 为正常工作的纺机的台数(因为各台纺机是独立工作的), 故 $X \sim b(900, 0.9)$, 从而

$$E(X) = np = 810, \qquad D(X) = np(1-p) = 81$$

于是所求概率为

$$P\{801 < X \leqslant 828\} \xlongequal{\text{标准化}} P\left\{ \frac{801-810}{9} < \frac{X-810}{9} \leqslant \frac{828-810}{9} \right\}$$

$$\approx \Phi(2) - \Phi(-1) = \Phi(2) + \Phi(1) - 1 = 0.977\,2 + 0.841\,3 - 1 = 0.818\,5$$

(2) 设 Z 为聘用的人数, Y 为出故障的纺机的台数, 则由于 $Y \sim b(900, 0.1)$, 如上分析类似, 可知

$$E(Y) = np = 90, \qquad D(Y) = np(1-p) = 81$$

又{纺机出故障无人维修}等价于 $\{Y > Z\}$, 于是

$$P\{Y > Z\} = P\left\{ \frac{Y-90}{9} > \frac{Z-90}{9} \right\} \approx 1 - \Phi\left(\frac{Z-90}{9}\right) \leqslant 5.05\%$$

$$\Rightarrow \Phi\left(\frac{Z-90}{9}\right) \geqslant 0.949\,5$$

再通过查标准正态分布表可得:

$$\frac{Z-90}{9} \geqslant 1.64 \Rightarrow Z \geqslant 90+1.64\times 9 = 104.76$$

故至少需要配备 105 个维修工人, 才能使纺机出故障无人维修的概率不超过 5.05%.

例 5.2.5 (1) 一个复杂的系统由 100 个相互独立的元件组成, 在系统运行时每个元件损坏的概率为 0.10, 又知为使系统正常工作, 必须至少有 85 个元件工作, 求系统的可靠度(正常工作的概率);

(2) 上述系统假如由 n 个相互独立的元件组成, 而且又要求至少有 80% 的元件工作才能使整个系统正常工作, 问 n 至少为多少才能保证系统的可靠度为 0.95?

解 (1) 设

$$X_k = \begin{cases} 1, & \text{第 } k \text{ 个元件没损坏} \\ 0, & \text{第 } k \text{ 个元件损坏} \end{cases} \quad (k=1,2,\cdots,100)$$

X 为系统正常工作时完好的元件个数, 则

$$X = X_1 + X_2 + \cdots + X_{100} \sim b(100, 0.9)$$

且有

$$E(X) = 100\times 0.9 = 90, \qquad D(X) = 100\times 0.9\times 0.1 = 9$$

于是所求概率为

$$P\{X>85\} = 1-P\{X\leqslant 85\} = 1-P\left\{\frac{X-90}{\sqrt{9}}\leqslant \frac{85-90}{\sqrt{9}}\right\}$$

$$\approx 1-\Phi\left(-\frac{5}{3}\right) = \Phi\left(\frac{5}{3}\right) = 0.952\,2$$

(2)

$$0.95 = P\{X\geqslant 0.8n\} = P\left\{\frac{X-0.9\cdot n}{\sqrt{n\cdot 0.9\cdot 0.1}}\geqslant \frac{0.8n-0.9\cdot n}{\sqrt{n\cdot 0.9\cdot 0.1}}\right\}$$

$$= P\left\{\frac{X-0.9\cdot n}{\sqrt{n\cdot 0.9\cdot 0.1}}\geqslant -\frac{\sqrt{n}}{3}\right\} \approx 1-\Phi\left(-\frac{\sqrt{n}}{3}\right)$$

查表得 $\frac{\sqrt{n}}{3} = 1.65$, 求得 $n = 24.5$, 即至少需要 25 个元件.

例 5.2.6 某保险公司有一万人参加保险, 每人付 18 元保险费, 在一年内一个人死亡的概率为 0.006, 死亡时其家属可向保险公司领取 2 500 元, 问保险公司亏本的概率为多大?

解 一万人每年的保险费为 $10\,000\times 18 = 180\,000$(元), 公司不亏本, 即每年赔偿费不大于 18 万元. 在一万人中, 一年内死亡人数不多于 $180\,000\div 2\,500 = 72$(人).

本例概型为 $n=10\,000, p=0.006$ 的二项分布概型, 设 η_n 为死亡的人数, 则

$$\eta_n \sim b(10\,000, 0.006)$$

$$np = 60, \qquad \sqrt{npq} = 7.723$$

由棣莫佛-拉普拉斯定理知

$$P\{\eta_n\leqslant 72\} = P\left\{\frac{\eta_n-60}{7.723}\leqslant \frac{72-60}{7.723}\right\} = \{\eta_n^*\leqslant 1.55\} \approx \Phi(1.55) = 0.939\,4$$

故

$$P\{\eta_n>72\} = 1-0.939\,4 = 0.060\,6$$

习 题 5

A 类

1. 设由机器包装的每袋大米的重量是一个随机变量, 期望是 10 kg, 方差是 0.1 kg^2. 求 100 袋这种大米的总重量在 990～1010 kg 的概率.

2. 计算器在进行加法计算时, 将每个加数舍入最靠近它的整数, 设所有舍入误差相互独立且在 $(-0.5, 0.5)$ 上服从均匀分布.

(1) 将 1500 个数相加, 问误差总和的绝对值超过 15 的概率是多少?

(2) 最多可有几个数相加使得误差总和的绝对值小于 10 的概率不小于 0.90?

3. 设各零件的重量都是随机变量, 它们相互独立, 且服从相同的分布, 其数学期望为 0.5 kg, 均方差为 0.1 kg, 问 5000 只零件的总重量不超过 2510 kg 的概率是多少?

4. 一公寓有 200 住户, 一户住户拥有汽车辆数 X 的分布律为

X	0	1	2
p_k	0.1	0.6	0.3

问需要多少车位, 才能使每辆汽车都具有一个车位的概率至少为 0.95?

5. 参加家长会的家长人数是一个随机变量, 设其中 1 名学生无家长参加、1 名只有一位家长参加、1 名学生有 2 名家长来参加家长会的概率分别是 0.05, 0.8, 0.15. 若学校共有 400 名学生, 设各学生参加会议的家长人数相互独立, 且服从同一分布. 求:

(1) 参加会议的家长人数 X 超过 450 的概率;

(2) 有 1 名家长来参加会议的学生人数不多于 340 的概率.

6. 一学校有 1000 名住校生, 每人以 80% 的概率去图书馆上自习. 问图书馆至少应该准备多少个座位, 才能以 99% 的概率保证去上自习的学生都有座位.

7. 某市保险公司开办一年人身保险业务, 被保险人每年需交付保险费 160 元, 若一年内发生重大人身事故, 其本人或家属可获 2 万元赔金. 已知该市人员一年内发生重大人身事故的概率为 0.005, 现有 5000 人参加此项保险, 问保险公司一年内从此项业务所得到的总收益在 20 万到 40 万之间的概率是多少?

B 类

8. 银行为支付某日即将到期的债券需准备一笔现金. 设这批债券共发行 500 张, 每张债券到期之日需付本息 1000 元. 若持券人 (一人一券) 与债券到期之日到银行领取本息的概率为 0.4, 问银行于当日至少准备多少现金才能以 99.9% 的把握满足持券人的兑换?

9. 某药厂断言, 该厂生产的某种药品对于医治一种疑难病症的治愈率为 0.8, 医院任意抽查 100 个服用该药品的病人, 若其中多于 75 人治愈, 就接受此断言, 否则就拒绝该断言.

(1) 若实际上此药品对这种疾病的治愈率为 0.8, 问接受这一断言的概率是多少?

(2) 若实际上此药品对这种疾病的治愈率为 0.7, 问接受这一断言的概率是多少?

精彩案例: 大数定律发展历史

大数定律研究的是随机现象统计规律性的一类定理, 当大量重复某一相同实验的时候, 其最后的实验结果可能会稳定在某一数值附近. 就像抛硬币一样, 当不断地抛掷, 抛上千次, 甚至上万次时, 就会发现, 正面或者反面向上的次数都会接近一半. 除了抛硬币, 现实中还有许许多多这样的例子. 例如掷骰子(最著名的是蒲丰投针实验). 这些实验传达了一个共同的信息, 那就是大量重复实验最终的结果都会比较稳定. 那稳定性到底是什么? 怎样去用数学语言把它表达出来? 其中会不会有某种规律性? 是必然的还是偶然的?

很早之前, 人们就发现了这一规律性现象, 也有不少的数学家对这一现象进行了研究, 其中包括伯努利(后来人们为了纪念他, 都认为他是第一个研究这一问题的人, 其实在他之前已有其他数学家研究过). 伯努利在 1713 年提出了一个极限定理, 当时这个定理还没有名称, 后来人们称这个定理为伯努利大数定律, 是概率论历史上第一个有关大数定律的极限定理, 它是概率论和数理统计学的基本定律.

当大量重复某一实验时, 最后的频率无限接近事件概率. 伯努利成功地通过数学语言将现实生活中这种现象表达出来, 赋予其确切的数学含义. 他让人们对这一类问题有了新的认识, 有了更深刻的理解, 为后来的人们研究大数定律问题指明了方向, 起到了引领作用, 为大数定律的发展奠定了基础. 除伯努利之外, 还有许许多多的数学家为大数定律的发展做出了重要的贡献, 有的甚至花了毕生的心血, 像棣莫佛-拉普拉斯、李雅普诺夫、林德伯格、费勒、切比雪夫、辛钦等, 他们对大数定律乃至概率论的进步所起的作用都是不可估量的.

1733 年, 棣莫佛-拉普拉斯经过推理证明, 得出了二项分布的极限分布是正态分布的结论, 后来他又在原来的基础上做了改进, 证明不止二项分布满足这个条件, 其他任何分布都是可以的, 为中心极限定理的发展做出了伟大的贡献. 在这之后大数定律的发展出现了停滞. 直到 20 世纪, 李雅普诺夫又在拉普拉斯定理的基础上做了自己的创新, 得出了特征函数法, 将大数定律的研究延伸到函数层面, 这对中心极限定理的发展有着重要的意义. 到 1920 年, 数学家们开始探讨中心极限定理在什么条件下普遍成立, 这才有了后来的林德伯格条件和费勒条件, 这些成果对中心极限定理的发展都功不可没.

经过几百年的发展, 大数定律体系已经很完善了, 也出现更多更广泛的大数定律, 例如切比雪夫大数定律、辛钦大数定律、泊松大数定律、马尔可夫大数定律等. 正是这些数学家们的不断研究, 大数定律才得以如此迅速发展, 并得以完善.

第6章 样本及抽样分布

在前面 5 章中学习了概率论的基本内容.概率论是根据大量同类随机现象的统计规律, 对随机现象出现某一结果的可能性做出一种客观的科学判断, 对这种出现的可能性大小做出数量上的描述; 比较这些可能性的大小、研究它们之间的联系, 从而形成一整套数学理论和方法.在概率论中, 所研究的随机变量的分布是假设已知的, 在这一前提下去研究它的性质、特点和规律性.但当人们实际去研究并解决一个实际问题时, 往往又会遇到下面的问题:

(1) 所研究的随机现象可以用什么样的分布刻画, 这样选择的分布合理吗?

(2) 所选择的分布的参数是多少?如何估计和确定这些参数, 怎样对所估计的参数进行评估?

与概率论中所研究的随机变量有所不同, 上述问题涉及的随机变量, 它的分布是未知的, 或者是不完全知道的, 人们是通过对随机变量进行重复独立的观测, 合理地取得一些数据, 对这些数据进行分析, 据此对所研究的随机变量的分布作出统计上的推断, 并增进对这一实际问题中随机现象的了解与把握, 从而着手解决问题.这就是数理统计基本且主要的任务.

数理统计是应用概率的理论来研究大量随机现象的规律性,对通过科学安排的一定数量的试验所得到的统计方法给出严格的理论证明,并判定各种方法应用的条件以及方法、公式、结论的可靠程度和局限性,人们能从一组样本来判定是否能以相当大的概率来保证某一判断是正确的, 并可以控制发生错误的概率.

数理统计研究的内容十分丰富, 重要的分支有抽样论、试验设计、统计推断和多元统计分析等, 一般从研究的任务来看可分为两大主要方面.

(1) 试验的设计和研究, 即研究怎样更合理、更有效地抽取样本, 整理数据资料.

(2) 统计推断, 即如何对所得的数据资料进行分析、研究, 从而对所研究的对象的性质、特点作出推断.

本书只讲述第二个问题, 统计推断问题.本章介绍总体、随机样本及统计量等基本概念, 并着重介绍几个与正态总体相关的常用统计量及其分布.

6.1 随机样本和统计量

6.1.1 随机样本

在数理统计中, 常研究有关对象的某一项数量指标, 如灯泡的寿命、人的身高等.对这一数量指标进行试验或观察, 将试验的全部可能的观察值称为**总体**, 即把所研究的对象的某项数量指标的全体称为**总体**, 也称总体为**母体**.这些可能的观察值不一定都不相同, 数目上也不一定是有限的, 总体中的每一个可能的观察值称为**个体**.总体中所含个体的个数称为总体的**容量**.容量为有限的称为**有限总体**, 容量为无限的称为**无限总体**.

例如: 在考察某高校二年级学生的身高这一试验中, 若该年级学生共 3 000 人, 每一个学生的身高是一个可能观测值(这些可能的观察值有可能相同, 因为有些学生的身高可能相同), 所形成的总体中共含有 3 000 个可能观测值, 是一个有限总体; 观察并记录某一城市每天(包括以往、现在和将来)的平均气温, 所得总体是无限总体; 在实际问题中, 有些有限总体的容量很大, 可以认为它是一个无限总体. 例如, 考察我国正在使用的某种型号的节能灯的寿命所形成的总体, 由于可能观测值的个数很多, 就可以认为是无限总体.

在统计研究中, 关心的不是每个个体的某种具体特性, 而是个体的某项或几项数量指标 X 在总体中的分布情况. 例如, 在研究某高校二年级学生的身高分布时, 只关心他们的身高. 在从总体中任意抽出一个个体, 就是对总体进行一次观察或试验, 对于抽取的不同个体, 它们的指标值可能是不同的, 因此数量指标 X 是一随机变量, 它的概率分布就完整地描述了总体中我们所关心的那个数量指标 X 的分布情况, 而对于研究而言, 总体就是数量指标 X. 因此, 一个总体对应于一个随机变量 X, 对于总体的研究相当于是对该总体所对应的随机变量 X 的研究, 所以, 今后不加区分总体与它对应的随机变量, 统称为总体 X. 此时, 该随机变量的概率分布称为**总体分布**, 它的数字特征称为总体的数字特征, 比如总体均值、总体方差等.

若总体的分布为 F, 则也称 F 为总体. 例如, 假定某高校二年级学生的身高指标 $X \sim N(\mu, \sigma^2)$, (其中 $\mu > 0$), 则称它为正态总体, 意思是指身高总体中的个体观察值是 $N(\mu, \sigma^2)$ 正态分布随机变量的值. 在实际问题中, 总体的分布一般是未知的, 或者是不完全知道的, 在数理统计中, 人们是通过从总体中合理地抽取一部分个体, 据此对所研究的总体的分布作出统计上的推断. 被抽取的部分个体称为总体的一个**样本**.

所谓从总体抽取一个个体, 就是对总体 X 进行一次观察并记录其观测值. 因此, 有理由认为任意抽出的个体, 也是一个随机变量, 它与总体 X 有相同的概率分布. 而在相同的条件下, 对总体 X 进行 n 次重复、独立的观察, 并将观测结果按实验顺序记为 $X_1, X_2, \cdots, X_n$, 将其称为总体 X 的一个容量为 n 的样本. 由于 $X_1, X_2, \cdots, X_n$ 是在相同的条件下对总体 X 独立进行的观察, 所以有理由认为 $X_1, X_2, \cdots, X_n$ 是相互独立的, 且与总体 X 有相同的概率分布. 把这样得到的 $X_1, X_2, \cdots, X_n$ 称为来自总体 X 的一个容量为 n 的**简单随机样本**, 或称**独立同分布样本**, 简称 **iid 样本**或**样本**. 这种抽样方法称为**简单抽样**. 以后如不加说明, 所提到的样本都是指简单随机样本.

对总体 X 进行 n 次观察一经完成, 得到一组具体的实数值 $x_1, x_2, \cdots, x_n$, 它们依次是样本 $X_1, X_2, \cdots, X_n$ 的观察值, 称为**样本值或样本的一个实现**.

对有限总体, 采用有放回抽样即可得到简单随机样本, 但有放回抽样用起来不方便, 实际中当个体的总数 N 比要得到的样本容量 n 大得多时, 可以将不放回抽样当作有放回抽样. 对无限总体, 则总是采用不放回抽样. 因为抽取一个个体不影响其分布.

总体中的每一个个体是随机试验的一个观察值, 因此也可以将样本 $X_1, X_2, \cdots, X_n$ 看作一个随机向量, 写作 $(X_1, X_2, \cdots, X_n)$, 此时相应的样本值写作 $(x_1, x_2, \cdots, x_n)$. 若 $(y_1, y_2, \cdots, y_n)$ 也是相应于样本 $(X_1, X_2, \cdots, X_n)$ 的一个样本值, 一般来说它与 $(x_1, x_2, \cdots, x_n)$ 是不同的. 样本就是观察或试验数据, 观测值的不同是因为受到随机因素影响而造成的, 这种影响都反映在随机

向量 $(X_1, X_2, \cdots, X_n)$ 的联合分布中，把样本 $(X_1, X_2, \cdots, X_n)$ 的联合分布称为**样本分布**，换句话说，样本分布是样本所受随机因素影响的最完整的描述.

由样本的定义可得，若 $(X_1, X_2, \cdots, X_n)$ 为总体 F 的一个样本，则 $X_1, X_2, \cdots, X_n$ 相互独立且分布函数都为 F，所以 $(X_1, X_2, \cdots, X_n)$ 的联合分布函数为

$$F^*(x_1, x_2, \cdots, x_n) = \prod_{i=1}^{n} F(x_i) \tag{6.1.1}$$

若 X 为离散型随机变量且具有分布律 $P\{X = x\} = p(x)$，则 $(X_1, X_2, \cdots, X_n)$ 的联合分布律为

$$P\{X_1 = x_1, X_2 = x_2, \cdots, X_n = x_n\} = \prod_{i=1}^{n} p(x_i) \tag{6.1.2}$$

若 X 为连续型随机变量且具有概率密度 f，则 $(X_1, X_2, \cdots, X_n)$ 的联合概率密度为

$$f^*(x_1, x_2, \cdots, x_n) = \prod_{i=1}^{n} f(x_i) \tag{6.1.3}$$

由上可知，对于简单随机样本，样本分布完全可由总体分布来确定.

例 6.1.1 设总体 $X \sim b(m, p)$，$X_1, X_2, \cdots, X_n$ 是来自总体 X 的简单随机样本，求 $(X_1, X_2, \cdots, X_n)$ 的联合分布律.

解 由 $X \sim b(m, p)$ 知，总体 X 的分布律为

$$P\{X = x\} = C_m^x p^x (1-p)^{m-x} \quad (x = 0, 1, 2, \cdots, m)$$

依照式(6.1.2)，可得 $(X_1, X_2, \cdots, X_n)$ 的联合分布律为

$$P\{X_1 = x_1, X_2 = x_2, \cdots, X_n = x_n\}$$

$$= \prod_{i=1}^{n} C_m^{x_i} p^{x_i} (1-p)^{m-x_i} = \prod_{i=1}^{n} C_m^{x_i} p^{\sum_{i=1}^{n} x_i} (1-p)^{nm - \sum_{i=1}^{n} x_i} \quad (x_i = 0, 1, 2, \cdots, m)$$

例 6.1.2 设某高校二年级学生的身高 $X \sim N(\mu, \sigma^2)$，$X_1, X_2, \cdots, X_n$ 是来自身高总体的一个简单随机样本，求 $(X_1, X_2, \cdots, X_n)$ 的联合概率密度.

解 由 $X \sim N(\mu, \sigma^2)$ 知，总体 X 的概率密度为

$$f(x; \mu, \sigma) = \frac{1}{\sqrt{2\pi}\sigma} e^{-\frac{(x-\mu)^2}{2\sigma^2}} \quad (x \in \mathbf{R})$$

依照式(6.1.3)，可得 $(X_1, X_2, \cdots, X_n)$ 的联合概率密度为

$$f^*(x_1, x_2, \cdots, x_n) = \prod_{i=1}^{n} f(x_i)$$

$$= \prod_{i=1}^{n} \frac{1}{\sqrt{2\pi}\sigma} e^{-\frac{(x_i-\mu)^2}{2\sigma^2}} = (2\pi\sigma^2)^{-\frac{n}{2}} e^{-\frac{1}{2\sigma^2} \sum_{i=1}^{n} (x_i-\mu)^2} \quad x_i \in \mathbf{R} \; (i = 0, 1, 2, \cdots, n)$$

从以上两例中可见，解决一个实际的统计学问题，往往归结为样本分布或总体分布的确定. 因此，通常将样本分布或总体分布称为该问题的**统计模型**. 前面讲到对于简单抽样得到的样本，完全可以由总体分布来确定样本分布，但实际问题中，总体分布并不一定是完全已知的，许多情况下，总体 X 的分布函数 $F(x; \theta)$ 的类型往往已知，但所依赖的常数 θ（θ 可以是向

量)未知, 通常把总体分布中的未知常数称为**参数**. 例 6.1.1 中, 当 p 未知时, p 是一个参数; 例 6.1.2 中, 当 μ, σ 未知时, 则 $\theta = (\mu, \sigma)$ 是参数.

在一个具体问题中, 总体分布中的参数往往具有实际意义, 虽然可能未知, 但根据参数的性质和意义, 可以给出参数的取值范围, 这个范围称为**参数空间**, 用 Θ 表示. 在例 6.1.1 中, 当 p 未知时

$$\Theta = \{p, 0 \leqslant p \leqslant 1\} = [0, 1]$$

在例 6.1.2 中, 当 μ, σ 未知时

$$\Theta = \{\theta = (\mu, \sigma), \mu > 0, \sigma > 0\}$$

如果总体分布的类型已知, 未知的仅仅是分布中所含的参数, 称为**参数统计问题**, 而抽样的目的就是为了确定这些未知常数, 只有从参数空间中确定了未知参数, 才能彻底掌握总体分布的具体表达式, 这部分内容将在第 7 章中研究. 还有一类问题是总体分布的类型未知或知之甚少, 称为**非参数统计问题**, 该类问题不在本书研究范围内.

已知, 概率分布是概率论的主要研究内容, 由此可见, 研究统计学问题需要用到概率论, 但数理统计和概率论研究问题的侧重点却是不同的. 概率论研究分布类型, 主要在于掌握这些分布的数学性质或者统计规律, 而数理统计是研究如何利用样本去推断这些分布中的未知参数或其他信息, 概率论中研究的许多分布都可作为统计学研究问题时的统计模型. 由此可见数理统计和概率论关系密切, 但两者却是独立平行的学科, 概率论为数理统计的研究提供了理论基础, 数理统计则是概率论在实践中的一种应用.

6.1.2 统计量及其抽样分布

通过抽样观察, 对要解决的且又所知不多的随机问题, 可以取得一批样本数据, 它们是进行统计推断的依据. 但是样本自身往往呈现为一堆 "杂乱无章" 的数字, 因此, 在利用样本推断总体的实际应用中, 往往不是直接使用样本本身, 而是首先要考察样本与总体的关系, 然后针对不同的问题构造样本的适当函数, 这样的函数应该简单方便又具有明显的概率意义, 利用这样的函数进行统计推断.

定义 6.1.1 设 $X_1, X_2, \cdots, X_n$ 是来自总体 X 的一个样本, $g(X_1, X_2, \cdots, X_n)$ 是 $X_1, X_2, \cdots, X_n$ 的函数, 若 g 中不含未知参数, 则称 $g(X_1, X_2, \cdots, X_n)$ 是一**统计量**.

由定义可知, 统计量是样本的函数, 样本是随机变量, 因此统计量也是一个随机变量. 设 $(x_1, x_2, \cdots, x_n)$ 是相应于样本 $(X_1, X_2, \cdots, X_n)$ 的一个样本值, 则称 $g(x_1, x_2, \cdots, x_n)$ 是 $g(X_1, X_2, \cdots, X_n)$ 的观测值.

思考题 6.1.1 设总体 $X \sim N(\mu, \sigma^2)$, $X_1, X_2, \cdots, X_n$ 是来自总体的简单随机样本, 其中 μ, σ^2 未知, 则下面不是统计量的是

(A) X_i (B) $\dfrac{1}{n}\sum_{i=1}^{n} X_i$ (C) $\dfrac{1}{n}\sum_{i=1}^{n}(X_i - \mu)^2$ (D) $\max_{1 \leqslant i \leqslant n} X_i$

以下给出几个常用的统计量, 它们是不依赖于样本的分布类型的. 设 $X_1, X_2, \cdots, X_n$ 来自总体 X, $x_1, x_2, \cdots, x_n$ 为样本的观察值.

1. 样本矩

样本平均值
$$\overline{X} = \frac{1}{n}\sum_{i=1}^{n} X_i$$

其观测值为
$$\overline{x} = \frac{1}{n}\sum_{i=1}^{n} x_i$$

样本方差
$$S^2 = \frac{1}{n-1}\sum_{i=1}^{n}(X_i - \overline{X})^2 = \frac{1}{n-1}\left(\sum_{i=1}^{n} X_i^2 - n\overline{X}^2\right)$$

其观测值为
$$s^2 = \frac{1}{n-1}\sum_{i=1}^{n}(x_i - \overline{x})^2 = \frac{1}{n-1}\left(\sum_{i=1}^{n} x_i^2 - n\overline{x}^2\right)$$

样本标准差
$$S = \sqrt{S^2} = \sqrt{\frac{1}{n-1}\sum_{i=1}^{n}(X_i - \overline{X})^2}$$

其观测值为
$$s = \sqrt{s^2} = \sqrt{\frac{1}{n-1}\sum_{i=1}^{n}(x_i - \overline{x})^2}$$

样本 k 阶(原点)矩
$$A_k = \frac{1}{n}\sum_{i=1}^{n} X_i^k \quad (k = 1, 2, \cdots)$$

其观测值为
$$a_k = \frac{1}{n}\sum_{i=1}^{n} x_i^k \quad (k = 1, 2, \cdots)$$

样本 k 阶中心矩
$$B_k = \frac{1}{n}\sum_{i=1}^{n}(X_i - \overline{X})^k \quad (k = 2, 3, \cdots)$$

其观测值为
$$b_k = \frac{1}{n}\sum_{i=1}^{n}(x_i - \overline{x})^k \quad (k = 2, 3, \cdots)$$

特别样本的二阶中心矩
$$B_2 = \frac{1}{n}\sum_{i=1}^{n}(X_i - \overline{X})^2$$

其观测值为
$$b_2 = \frac{1}{n}\sum_{i=1}^{n}(x_i - \overline{x})^2$$

显然, 样本均值就是样本的一阶原点矩, 它集中反映总体均值的信息, 常用来估计总体的均值. 样本方差 S^2 和样本二阶中心矩为 B_2 集中反映总体方差的信息, 常用来估计总体方差, 两者的差别将在第 7 章统计量的评选标准中看到.

2. 顺序统计量

设 $X_1, X_2, \cdots, X_n$ 来自总体 X, 将其按由小到大的顺序排列如下:
$$X_{(1)} \leqslant X_{(2)} \leqslant \cdots \leqslant X_{(n)}$$
则称 $(X_{(1)}, X_{(2)}, \cdots, X_{(n)})$ 为该样本的**顺序统计量**, $X_{(i)}$ 称为该样本的第 i 个顺序统计量, 特别称
$$X_{(1)} = \min_{1 \leqslant i \leqslant n} X_{(i)}$$
为**最小顺序统计量**, 其对应的观测值 $x_{(1)}$ 称为**样本极小值**, 称
$$X_{(n)} = \max_{1 \leqslant i \leqslant n} X_{(i)}$$

为最大顺序统计量, 其对应的观测值 $x_{(n)}$ 称为**样本极大值**. 称

$$R = X_{(n)} - X_{(1)}$$

为**样本极差统计量**.

样本极差集中反映了总体标准差的信息, 可用于估计总体分布的离散程度.

下述定理给出了第 7 章要介绍的矩估计法的理论基础.

定理 6.1.1 设总体 X 的 k 阶矩 $E(X^k) \overset{\text{记作}}{=\!=\!=} \mu_k$ 存在, $X_1, X_2, \cdots, X_n$ 是来自总体 X 的一个样本, 则当 $n \to \infty$ 时, 有

(1) $A_k = \dfrac{1}{n}\sum_{i=1}^{n} X_i^k \overset{P}{\longrightarrow} \mu_k \ (k=1,2,\cdots)$;

(2) 若 g 连续, 则有 $g(A_1, A_2, \cdots, A_k) \overset{P}{\longrightarrow} g(\mu_1, \mu_2, \cdots, \mu_k)$.

证 (1) 因 $X_1, X_2, \cdots, X_n$ 相互独立且与 X 有相同分布, 故 $X_1^k, X_2^k, \cdots, X_n^k$ 相互独立且与 X^k 有相同的分布, 且有

$$E(X_i^k) = \mu_k \quad (i=1,2,\cdots,n)$$

从而由第 5 章的辛钦大数定律知

$$A_k = \frac{1}{n}\sum_{i=1}^{n} X_i^k \overset{P}{\longrightarrow} \mu_k \quad (k=1,2,\cdots)$$

(2) 又 g 连续, 据第 5 章依概率收敛的序列的性质有

$$g(A_1, A_2, \cdots, A_k) \overset{P}{\longrightarrow} g(\mu_1, \mu_2, \cdots, \mu_k)$$

例 6.1.3 设总体 X 的均值 $E(X) = \mu$, 方差 $D(X) = \sigma^2$. $X_1, X_2, \cdots, X_n$ 是总体的简单随机样本, 求 $E(\bar{X})$, $D(\bar{X})$, $E(S^2)$.

解
$$E(\bar{X}) = \frac{1}{n}\sum_{i=1}^{n} E(X_i) = \frac{1}{n} n\mu = \mu$$

又由已知 $X_1, X_2, \cdots, X_n$ 独立同分布, 于是

$$D(\bar{X}) = \frac{1}{n^2}\sum_{i=1}^{n} D(X_i) = \frac{1}{n^2} n \cdot \sigma^2 = \frac{\sigma^2}{n}$$

$$E(S^2) = \frac{1}{n-1}\left[\sum_{i=1}^{n} E(X_i^2) - nE(\bar{X}^2)\right] = \frac{1}{n-1}\left[n\sigma^2 + n\mu^2 - n\left(\frac{\sigma^2}{n} + \mu^2\right)\right]$$

$$= \frac{1}{n-1}[(n-1)\sigma^2] = \sigma^2$$

例 6.1.4 设总体 $X \sim \pi(\lambda)$, $X_1, X_2, \cdots, X_n$ 是总体的简单随机样本, $\bar{X}$ 为样本均值, 试用切比雪夫不等式估计 $P\{|\bar{X} - \lambda| < \varepsilon\}$ 的下界.

解 由已知 $X_1, X_2, \cdots, X_n$ 独立同分布, 且服从 $\pi(\lambda)$, 故 $E(X_i) = D(X_i) = \lambda$. 由上例的结论有 $E(\bar{X}) = E(X) = \lambda$, $D(\bar{X}) = \dfrac{\lambda}{n}$. 由切比雪夫不等式有

$$P\{|\bar{X} - \lambda| < \varepsilon\} \geqslant 1 - \frac{D(\bar{X})}{\varepsilon^2} = 1 - \frac{\lambda}{n\varepsilon^2}$$

经验分布函数 设总体 X 的分布函数为 $F(x)$ 未知，$X_1, X_2, \cdots, X_n$ 为来自总体 F 的一个样本，虽然有 $F_{X_i}(x) = F(x)\ (i = 1, 2, \cdots, n)$，但是无法得到 $F_{X_i}(x)$，因此得不到总体分布 $F(x)$. 所以要求总体分布，还得从样本和样本的观测值出发，为此引入经验分布函数的概念. 对于 $\forall x \in \mathbf{R}$，定义经验分布函数 $F_n(x)$ 如下：

$$F_n(x) = \frac{1}{n} S(x) \quad (-\infty < x < \infty)$$

其中 $S(x)$ 表示 $X_1, X_2, \cdots, X_n$ 中取值不大于 x 的随机变量的个数. 对于总体 F 的一个容量为 n 的样本值 $x_1, x_2, \cdots, x_n$，将它们按从小到大的次序排列，并重新编号，设为 $x_{(1)} \leqslant x_{(2)} \leqslant \cdots \leqslant x_{(n)}$. 则经验分布函数 $F_n(x)$ 的观察值为

$$F_n(x) = \begin{cases} 0, & x < x_{(1)} \\ \dfrac{k}{n}, & x_{(k)} \leqslant x < x_{(k+1)} \\ 1, & x \geqslant x_{(n)} \end{cases}$$

例如，若总体的一组样本值为 $1, 2, 3$，则经验分布函数的观察值为

$$F_3(x) = \begin{cases} 0, & x < 1 \\ \dfrac{1}{3}, & 1 \leqslant x < 2 \\ \dfrac{2}{3}, & 2 \leqslant x < 3 \\ 1, & x \geqslant 3 \end{cases}$$

设总体的一组样本值为 $2, 2, 3$，则经验分布函数的观察值为

$$F_3(x) = \begin{cases} 0, & x < 2 \\ \dfrac{2}{3}, & 2 \leqslant x < 3 \\ 1, & x \geqslant 3 \end{cases}$$

又如，设总体的一组样本值为 $1, 1, 2$，则经验分布函数的观察值为

$$F_3(x) = \begin{cases} 0, & x < 1 \\ \dfrac{2}{3}, & 1 \leqslant x < 2 \\ 1, & x \geqslant 2 \end{cases}$$

可见，样本观测值不同，一般经验分布函数也会不同. 对于经验分布函数 $F_n(x)$ 具有性质如下：

定理 6.1.2 对于任意实数 x，当 $n \to \infty$ 时，$F_n(x)$ 以概率 1 一致收敛到分布函数 $F(x)$. 即

$$P\left\{ \lim_{n \to \infty} \sup_{-\infty < x < \infty} |F_n(x) - F(x)| = 0 \right\} = 1$$

这是格里汶科(Glivenko)在 1933 年证明的结果. 该结果表明，对于任意实数 x，当 $n \to \infty$ 时，经验分布函数的任一观测值 $F_n(x)$ 与总体分布函数 $F(x)$ 只有微小的差别，从而在实际上可将经验分布函数 $F_n(x)$ 当作总体分布函数 $F(x)$ 来使用.

6.2 正态总体相关的常用统计量

统计量也是一个随机变量, 它的分布称为**抽样分布**. 在使用统计量进行统计推断时, 常需要知道它的分布. 当总体的分布函数已知时, 抽样分布是确定的, 然而要求出统计量的精确分布, 一般来说是困难的, 由于误差问题的普遍性, 又由中心极限定理, 正态分布在概率论中有特殊的重要意义和地位, 本节来介绍来自正态总体的几个常用统计量的分布.

6.2.1 χ^2 分布

定义 6.2.1 设 $X_1, X_2, \cdots, X_n$ 是来自总体 $N(0,1)$ 的样本, 则称统计量

$$\chi^2 = X_1^2 + X_2^2 + \cdots + X_n^2 \tag{6.2.1}$$

服从自由度为 n 的 χ^2 分布, 记为 $\chi^2 \sim \chi^2(n)$. 其密度函数为

$$f(y) = \begin{cases} \dfrac{1}{2^{n/2}\,\Gamma(n/2)} y^{n/2-1} \mathrm{e}^{-y/2}, & y > 0 \\ 0, & \text{其他} \end{cases} \tag{6.2.2}$$

$f(y)$ 的图形如图 6.2.1 所示.

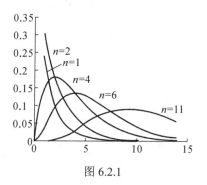

图 6.2.1

已知, 若 $X \sim N(0,1)$, 则 $X^2 \sim \chi^2(1)$, 且 $\chi^2(1)$ 即为 $\Gamma\left(\dfrac{1}{2}, 2\right)$. 因此, 若 $X_1, X_2, \cdots, X_n$ 为 $X \sim N(0,1)$ 的样本, 由定义 $X_i^2 \sim \chi^2(1)$, 即 $X_i^2 \sim \Gamma\left(\dfrac{1}{2}, 2\right)$ $(i = 1, 2, \cdots, n)$. 又因为 $X_1, X_2, \cdots, X_n$ 相互独立, 故 $X_1^2, X_2^2, \cdots, X_n^2$ 也相互独立, 再由 Γ 分布的独立可加性知

$$\chi^2 = \sum_{i=1}^{n} X_i^2 \sim \Gamma\left(\frac{n}{2}, 2\right)$$

即 χ^2 的概率密度为式(6.2.2)所示.

思考题 6.2.1 设 $X_1, X_2, \cdots, X_n$ 是来自总体 $N(\mu, \sigma^2)$ 的一个简单随机样本, 问

$$\sum_{i=1}^{n} \left(\frac{X_i - \mu}{\sigma}\right)^2 = \frac{1}{\sigma^2} \sum_{i=1}^{n} (X_i - \mu)^2$$

服从什么分布?

由 Γ 分布的独立可加性知, χ^2 分布具有**可加性**, 即:

定理 6.2.1 设 $\chi_1^2 \sim \chi^2(n_1)$，$\chi_2^2 \sim \chi^2(n_2)$ 且 χ_1^2, χ_2^2 相互独立，则
$$\chi_1^2 + \chi_2^2 \sim \chi^2(n_1 + n_2)$$

χ^2 分布的期望与方差分别为 $E(\chi^2) = n$，$D(\chi^2) = 2n$．

事实上，由于 $X_1 \sim N(0,1)$，所以 $E(X_i^2) = D(X_i) = 1$．

$$E(X_i^4) = \int_{-\infty}^{+\infty} \frac{1}{\sqrt{2\pi}} x^4 e^{-\frac{x^2}{2}} dx = \frac{2}{\sqrt{2\pi}} \int_0^{+\infty} x^4 e^{-\frac{x^2}{2}} dx$$

令 $y = \dfrac{x^2}{2}$，则有

$$E(X_i^4) = \frac{4}{\sqrt{\pi}} \int_0^{+\infty} y^{\frac{5}{2}-1} e^{-y} dy = \frac{4}{\sqrt{\pi}} \Gamma\left(\frac{5}{2}\right) = \frac{4}{\sqrt{\pi}} \cdot \frac{3}{2} \cdot \frac{1}{2} \Gamma\left(\frac{1}{2}\right) = 3$$

于是
$$D(X_i^2) = E(X_i^4) - [E(X_i^2)]^2 = 3 - 1 = 2 \quad (i = 1, 2, \cdots, n)$$

所以
$$E(\chi^2) = E(\sum_{i=1}^n X_i^2) = \sum_{i=1}^n E(X_i^2) = n$$

$$D(\chi^2) = D(\sum_{i=1}^n X_i^2) = \sum_{i=1}^n D(X_i^2) = 2n$$

χ^2 分布的分位点 对给定的正数 $\alpha\ (0 < \alpha < 1)$，称满足条件

$$P\{\chi^2 > \chi_\alpha^2(n)\} = \int_{\chi_\alpha^2(n)}^{+\infty} f(y) dy = \alpha \tag{6.2.3}$$

的点 $\chi_\alpha^2(n)$ 为 $\chi^2(n)$ 分布的**上 α 分位点**，如图 6.2.2 所示．对于不同的 α，n，上 α 分位点的值已制成表格（参见附表 3）．但该表只给出了 $n = 40$ 为止，对于当 n 充分大时（$n > 45$），费希尔(Fisher)证明，近似有

$$\chi_\alpha^2(n) \approx \frac{1}{2}(z_\alpha + \sqrt{2n-1})^2 \tag{6.2.4}$$

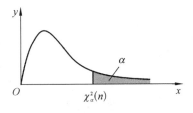

图 6.2.2

其中 z_α 为标准正态分布的上 α 分位点．

例如，对于 $\alpha = 0.1$，$n = 25$，可直接查附表 3 得 $\chi_{0.1}^2(25) = 34.382$．而对于 $\chi_{0.05}^2(50)$ 则由式(6.2.4)得

$$\chi_{0.1}^2(25) \approx \frac{1}{2}(1.645 + \sqrt{99})^2 = 67.221$$

（查更详细的查表得 $\chi_{0.05}^2(50) = 67.505$）．

例 6.2.1 设 $X_1, X_2, \cdots, X_n$ 为总体 $X \sim N(0, 0.5^2)$ 的一个样本，求 $P\left\{\sum_{i=1}^7 X_i^2 > 4\right\}$．

解 因为 X_i 与 X 有相同分布，$i = 1, 2 \cdots, n$，所以

$$\frac{X_i - 0}{0.5} = 2X_i \sim N(0,1) \quad (i = 1, 2 \cdots, n)$$

从而
$$\sum_{i=1}^7 \left(\frac{X_i - 0}{0.5}\right)^2 = 4\sum_{i=1}^7 X_i^2 \sim \chi^2(7)$$

故
$$P\left\{\sum_{i=1}^7 X_i^2 > 4\right\} = P\left\{4\sum_{i=1}^7 X_i^2 > 16\right\} = P\{\chi^2(7) > 16\}$$

查表可知，$P\left\{\sum_{i=1}^{7} X_i^2 > 4\right\} \approx 0.025$.

例 6.2.2 总体 $X \sim N(0, 1)$，$X_1, X_2, \cdots, X_n$ 为来自总体 X 的样本，设

$$Y = (X_1 + X_2 + X_3)^2 + (X_4 + X_5 + X_6)^2$$

确定常数 C，使 CY 为 χ^2 分布.

解 由已知得 $X_1 + X_2 + X_3 \sim N(0,3)$，故 $\dfrac{1}{\sqrt{3}}(X_1 + X_2 + X_3) \sim N(0,1)$，即

$$\frac{1}{3}(X_1 + X_2 + X_3)^2 \sim \chi^2(1)$$

同理 $\dfrac{1}{3}(X_4 + X_5 + X_6)^2 \sim \chi^2(1)$.

又因 $X_1 + X_2 + X_3$ 与 $X_4 + X_5 + X_6$ 相互独立，故函数 $(X_1 + X_2 + X_3)^2$ 与 $(X_4 + X_5 + X_6)^2$ 也相互独立，从而，由 χ^2 分布的可加性得 $\dfrac{1}{3}Y \sim \chi^2(2)$，即 $C = \dfrac{1}{3}$.

6.2.2　t 分布

定义 6.2.2 设 $X \sim N(0,1)$，$Y \sim \chi^2(n)$，且 X，Y 相互独立，则称统计量

$$t = \frac{X}{\sqrt{Y/n}} \tag{6.2.5}$$

为服从自由度为 n 的 t 分布，又称学生氏(student)分布，记为 $t \sim t(n)$. 其概率密度函数为

$$h(t) = \frac{\Gamma[(n+1)/2]}{\sqrt{\pi n}\,\Gamma(n/2)}\left(1 + \frac{t^2}{n}\right)^{-(n+1)/2} \quad (-\infty < t < +\infty) \tag{6.2.6}$$

$h(t)$ 的图形如图 6.2.3 所示.

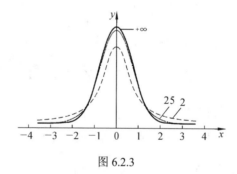

图 6.2.3

从图形看出，t 分布的概率密度函数关于 $t = 0$ 直线对称，且当 n 充分大时，t 分布的概率密度函数图形类似于标准正态分布的概率密度函数图形. 事实上，利用 Γ 函数的性质有

$$\lim_{n\to\infty} h(t) = \frac{1}{\sqrt{2\pi}} \mathrm{e}^{-t^2/2} \tag{6.2.7}$$

因此，当 n 充分大时 t 分布近似于 $N(0,1)$ 分布.

t 分布的分位点 对给定的正数 $\alpha\,(0 < \alpha < 1)$，称满足条件

$$P\{t > t_\alpha(n)\} = \int_{t_\alpha(n)}^{+\infty} h(t)\,\mathrm{d}t = \alpha \qquad (6.2.8)$$

的点 $t_\alpha(n)$ 为 t 分布的上 α 分位点, 如图 6.2.4 所示.

由 $h(t)$ 的对称性和上 α 分位点的定义, 有

$$t_{1-\alpha}(n) = -t_\alpha(n) \qquad (6.2.9)$$

t 分布的上 α 分位点可从附表 2 中查得. 当 n 充分大

时($n > 45$)有, 对常用的 α 的值, 有 $t_\alpha(n) \approx z_\alpha$.

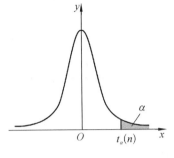

图 6.2.4

6.2.3　F 分布

定义 6.2.3　设 $U \sim \chi^2(n_1)$, $V \sim \chi^2(n_2)$ 且 U, V 相互独立, 则称统计量

$$F = \frac{U/n_1}{V/n_2} \qquad (6.2.10)$$

为服从自由度为 $(n_1,\ n_2)$ 的 F 分布, 记为 $F \sim F(n_1,\ n_2)$. 其概率密度函数为

$$\psi(y) = \begin{cases} \dfrac{\Gamma[(n_1+n_2)/2](n_1/n_2)^{n_1/2}\,y^{(n_1/2)-1}}{\Gamma(n_1/2)\Gamma(n_2/2)[1+(n_1 y/n_2)]^{(n_1+n_2)/2}}, & y > 0 \\ 0, & \text{其他} \end{cases}$$

其图形如图 6.2.5 所示, 它是不对称的.

F 分布具有的性质: 由定义若 $F \sim F(n_1,\ n_2)$, 则 $\dfrac{1}{F} \sim F(n_2,\ n_1)$.

F 分布的上 α 分位点　对给定的正数 $\alpha\,(0 < \alpha < 1)$, 称满足条件

$$P\{F > F_\alpha(n_1, n_2)\} = \int_{F_\alpha(n_1,\ n_2)}^{+\infty} \psi(y)\mathrm{d}y = \alpha \qquad (6.2.11)$$

的点 $F_\alpha(n_1,\ n_2)$ 为 F 分布的上 α 分位点(图 6.2.6). F 分布的上 α 分位点可从附表 4 中查得.

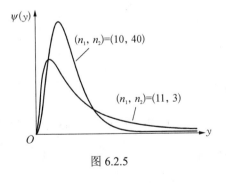

图 6.2.5

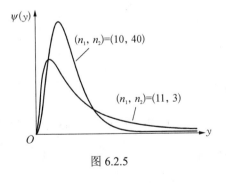

图 6.2.6

F 分布的上 α 分位点具有性质:

$$F_{1-\alpha}(n_1, n_2) = \frac{1}{F_\alpha(n_2, n_1)} \qquad (6.2.12)$$

证　若 $F \sim F(n_1,\ n_2)$, 则有

$$1 - \alpha = P\{F > F_{1-\alpha}(n_1, n_2)\} = P\left\{\frac{1}{F} < \frac{1}{F_{1-\alpha}(n_1, n_2)}\right\}$$

$$= 1 - P\left\{\frac{1}{F} \geqslant \frac{1}{F_{1-\alpha}(n_1, n_2)}\right\}$$

故 $P\left\{\dfrac{1}{F} \geqslant \dfrac{1}{F_{1-\alpha}(n_1, n_2)}\right\} = \alpha$. 又 $\dfrac{1}{F} \sim F(n_2, n_1)$，从而有

$$P\left\{\frac{1}{F} > F_{\alpha}(n_2, n_1)\right\} = \alpha$$

比较得 $F_{\alpha}(n_2, n_1) = \dfrac{1}{F_{1-\alpha}(n_1, n_2)}$，即 $F_{1-\alpha}(n_1, n_2) = \dfrac{1}{F_{\alpha}(n_2, n_1)}$.

6.2.4　正态总体的样本均值与样本方差的分布

设总体 X (不论服从什么分布, 只要期望和方差存在)的均值为 μ, 方差为 σ^2, $X_1, X_2, \cdots, X_n$ 是来自 X 的一个样本, $\overline{X}$, S^2 是样本均值和样本方差, 则有

$$E(\overline{X}) = \mu, \quad D(\overline{X}) = \frac{\sigma^2}{n}, \quad E(S^2) = \sigma^2$$

在前面已经知道, 若 $X_i \sim N(\mu_i, \sigma_i^2)$ $(i = 1, 2, \cdots, n)$, 且它们相互独立, 则它们的线性组合 $C_1 X_1 + C_2 X_2 + \cdots + C_n X_n \sim N\left(\displaystyle\sum_{i=1}^{n} C_i \mu_i, \sum_{i=1}^{n} C_i^2 \sigma_i^2\right)$ $(C_1, C_2, \cdots, C_n$ 是不全为 0 的常数$)$. 将这一重要结果用于来自某个正态总体的样本, 可知 $\overline{X} = \dfrac{1}{n} \displaystyle\sum_{i=1}^{n} X_i$ 也服从正态分布, 同时可得下述结论.

定理 6.2.2　设 $X_1, X_2, \cdots, X_n$ 是来自正态总体 $N(\mu, \sigma^2)$ 的一个样本, $\overline{X}$ 为样本均值, 则有

$$\overline{X} \sim N\left(\mu, \frac{\sigma^2}{n}\right) \tag{6.2.13}$$

推论 6.2.1　设 $X_1, X_2, \cdots, X_n$ 是来自正态总体 $N(\mu, \sigma^2)$ 的一个样本, $\overline{X}$ 为样本均值, 则有

$$\frac{\overline{X} - \mu}{\sigma / \sqrt{n}} \sim N(0, 1) \tag{6.2.14}$$

因 $\dfrac{\overline{X} - \mu}{\sigma / \sqrt{n}}$ 是 $\overline{X}$ 的标准化变量, 故式(6.2.14)是显然的.

例 6.2.3　在总体 $X \sim N(30, 2^2)$ 中, 取一个容量为 16 的样本, 求 $\overline{X}$ 的值落在 29~31 的概率.

解　由 $\overline{X} \sim N\left(30, \dfrac{2^2}{16}\right) = N\left[30, \left(\dfrac{1}{2}\right)^2\right]$, 所求概率为

$$P\{29 < \overline{X} < 31\} = \Phi\left(\frac{31 - 30}{\frac{1}{2}}\right) - \Phi\left(\frac{29 - 30}{\frac{1}{2}}\right) = \Phi(2) - \Phi(-2) = 2\Phi(2) - 1$$

$$= 2 \times 0.977\,2 - 1 = 0.954\,4$$

对于正态总体 $N(\mu, \sigma^2)$ 的样本均值 $\overline{X}$ 和样本方差 S^2, 有关于两者的下述两个定理:

定理 6.2.3 设 $X_1, X_2, \cdots, X_n$ 是来自正态总体 $N(\mu, \sigma^2)$ 的一个样本, $\overline{X}$, S^2 分别为样本均值和样本方差, 则有

(1) $\dfrac{(n-1)S^2}{\sigma^2} \sim \chi^2(n-1)$;

(2) $\overline{X}$ 与 S^2 独立.

(证明略)

思考题 6.2.2 $\displaystyle\sum_{i=1}^{n}\left(\dfrac{X_i - \mu}{\sigma}\right)^2 = \dfrac{1}{\sigma^2}\sum_{i=1}^{n}(X_i - \mu)^2$ (其中 μ 为总体均值, 并且已知)与

$$\frac{(n-1)S^2}{\sigma^2} = \frac{1}{\sigma^2}\sum_{i=1}^{n}(X_i - \overline{X})^2$$

的分布有何不同?

定理 6.2.4 设 $X_1, X_2, \cdots, X_n$ 是来自正态总体 $N(\mu, \sigma^2)$ 的一个样本, $\overline{X}$, S^2 分别为样本均值和样本方差,则有

$$\frac{\overline{X} - \mu}{S / \sqrt{n}} \sim t(n-1) \tag{6.2.15}$$

证 因为 $\dfrac{\overline{X} - \mu}{\sigma / \sqrt{n}} \sim N(0,1)$, $\dfrac{(n-1)S^2}{\sigma^2} \sim \chi^2(n-1)$, 两者独立, 所以

$$\frac{\overline{X} - \mu}{S / \sqrt{n}} = \frac{\overline{X} - \mu}{\sigma / \sqrt{n}} \bigg/ \sqrt{\frac{(n-1)S^2}{\sigma^2(n-1)}} \sim t(n-1)$$

对于两个正态总体的样本均值和样本方差有以下定理:

定理 6.2.5 设总体 $X \sim N(\mu_1, \sigma_1^2)$, 总体 $Y \sim N(\mu_2, \sigma_2^2)$, 且 X 与 Y 相互独立, 设 $X_1, X_2, \cdots, X_{n_1}$ 为来自总体 X 的样本, $Y_1, Y_2, \cdots, Y_{n_2}$ 为来自总体 Y 的样本, 则 $\overline{X} - \overline{Y} \sim N\left(\mu_1 - \mu_2, \dfrac{\sigma_1^2}{n_1} + \dfrac{\sigma_2^2}{n_2}\right)$.

证 由定理 6.2.2 知

$$\overline{X} \sim N\left(\mu_1, \frac{\sigma_1^2}{n_1}\right), \qquad \overline{Y} \sim N\left(\mu_2, \frac{\sigma_2^2}{n_2}\right)$$

又 X 与 Y 相互独立, 从而 $\overline{X}$ 与 $\overline{Y}$ 也相互独立, 所以

$$E(\overline{X} - \overline{Y}) = \mu_1 - \mu_2, \qquad D(\overline{X} - \overline{Y}) = \frac{\sigma_1^2}{n_1} + \frac{\sigma_2^2}{n_2}$$

故

$$\overline{X} - \overline{Y} \sim N\left(\mu_1 - \mu_2, \frac{\sigma_1^2}{n_1} + \frac{\sigma_2^2}{n_2}\right)$$

定理 6.2.6 设 $X_1, X_2, \cdots, X_{n_1}$ 为来自总体 $X \sim N(\mu_1, \sigma_1^2)$ 的样本, $Y_1, Y_2, \cdots, Y_{n_2}$ 为来自总体 $Y \sim N(\mu_2, \sigma_2^2)$ 的样本, 且这两个样本相互独立. 设

$$\overline{X} = \frac{1}{n_1}\sum_{i=1}^{n_1} X_i, \qquad \overline{Y} = \frac{1}{n_2}\sum_{i=1}^{n_2} Y_i$$

分别是这两个样本的均值,

$$S_1^2 = \frac{1}{n_1-1}\sum_{i=1}^{n_1}(X_i-\bar{X})^2, \qquad S_2^2 = \frac{1}{n_2-1}\sum_{i=1}^{n_2}(Y_i-\bar{Y})^2$$

分别是这两个样本的方差, 则有

(1) $\dfrac{S_1^2/S_2^2}{\sigma_1^2/\sigma_2^2} \sim F(n_1-1, n_2-1)$;

(2) 当 $\sigma_1^2 = \sigma_2^2 = \sigma^2$ 时, 有

$$\frac{(\bar{X}-\bar{Y})-(\mu_1-\mu_2)}{S_w\sqrt{\dfrac{1}{n_1}+\dfrac{1}{n_2}}} \sim t(n_1+n_2-2)$$

其中: $S_w^2 = \dfrac{(n_1-1)S_1^2+(n_2-1)S_2^2}{n_1+n_2-2}$, $S_w = \sqrt{S_w^2}$.

证 (1) 由于 $\dfrac{(n_1-1)S_1^2}{\sigma_1^2} \sim \chi^2(n_1-1)$, $\dfrac{(n_2-1)S_2^2}{\sigma_2^2} \sim \chi^2(n_2-1)$. 且 S_1^2 和 S_2^2 相互独立, 则由 F 分布的定义可得

$$\frac{(n_1-1)S_1^2}{(n_1-1)\sigma_1^2} \Big/ \frac{(n_2-1)S_2^2}{(n_2-1)\sigma_2^2} \sim F(n_1-1, n_2-1)$$

即

$$\frac{S_1^2/S_2^2}{\sigma_1^2/\sigma_2^2} \sim F(n_1-1, n_2-1)$$

(2) 由于 $\bar{X}-\bar{Y} \sim N\left(\mu_1-\mu_2, \dfrac{\sigma_1^2}{n_1}+\dfrac{\sigma_2^2}{n_2}\right)$, 把它标准化即有

$$U = \frac{(\bar{X}-\bar{Y})-(\mu_1-\mu_2)}{\sigma\sqrt{\dfrac{1}{n_1}+\dfrac{1}{n_2}}} \sim N(0,1)$$

又因 $\dfrac{(n_1-1)S_1^2}{\sigma_1^2} \sim \chi^2(n_1-1)$, $\dfrac{(n_2-1)S_2^2}{\sigma_2^2} \sim \chi^2(n_2-1)$, 且它们独立, 则 χ^2 分布的可加性为

$$V = \frac{(n_1-1)S_1^2}{\sigma^2} + \frac{(n_2-1)S_2^2}{\sigma^2} \sim \chi^2(n_1+n_1-2)$$

又 U, V 相互独立, 所以由 t 分布的定义有

$$\frac{U}{\sqrt{V/(n_1+n_2-2)}} = \frac{(\bar{X}-\bar{Y})-(\mu_1-\mu_2)}{S_w\sqrt{\dfrac{1}{n_1}+\dfrac{1}{n_2}}} \sim t(n_1+n_2-2)$$

下面的例子给出了 t 分布与 F 分布之间的关系.

例 6.2.4 设 $T \sim t(n)$, 求 T^2 的分布.

解 因为 $T = \dfrac{X}{\sqrt{\dfrac{Y}{n}}}$, 其中 $X \sim N(0,1)$, $Y \sim \chi^2(n)$, 且 X 与 Y 独立, 从而 X^2 与 Y 相互独立.

又 $X^2 \sim \chi^2(1)$, 所以

$$T^2 = \frac{X^2}{Y/n} = \frac{X^2/1}{y/n} \sim F(1, \ n)$$

例 6.2.5 设总体 $X \sim N(0, \sigma^2)$，(X_1, X_2) 为来自此总体的一个样本，求 $Y = \dfrac{(X_1 + X_2)^2}{(X_1 - X_2)^2}$ 的概率密度.

解 由已知可得

$$X_1 + X_2 \sim N(0, 2\sigma^2), \qquad \frac{X_1 + X_2}{\sqrt{2}\sigma} \sim N(0,1)$$

$$X_1 - X_2 \sim N(0, 2\sigma^2), \qquad \frac{X_1 - X_2}{\sqrt{2}\sigma} \sim N(0,1)$$

所以
$$\left(\frac{X_1 + X_2}{\sqrt{2}\sigma}\right)^2 \sim \chi^2(1), \qquad \left(\frac{X_1 - X_2}{\sqrt{2}\sigma}\right)^2 \sim \chi^2(1)$$

又 X_1, X_2 为来自正态总体 X 的简单样本，从而 (X_1, X_2) 服从二维正态分布，进而经线性变换所得二维随机变量 $(X_1 + X_2, X_1 - X_2)$ 也服从二维正态分布. 又因为

$$\text{Cov}(X_1 + X_2, X_1 - X_2) = E(X_1^2) - E(X_2^2) = 2\sigma^2 - 2\sigma^2 = 0$$

由二维正态分布的随机变量不相关与相互独立等价，知 $X_1 + X_2$ 与 $X_1 - X_2$ 是相互独立的，从而 $\left(\dfrac{X_1 + X_2}{\sqrt{2}\sigma}\right)^2$ 与 $\left(\dfrac{X_1 - X_2}{\sqrt{2}\sigma}\right)^2$ 相互独立，于是，由 F 分布的定义可得

$$Y = \frac{(X_1 + X_2)^2}{(X_1 - X_2)^2} = \left(\frac{X_1 + X_2}{\sqrt{2}\sigma}\right)^2 \Big/ \left(\frac{X_1 - X_2}{\sqrt{2}\sigma}\right)^2 \sim F(1,1)$$

6.3 部分问题的 MATLAB 求解

MATLAB 软件提供了专用的统计工具箱，可用于解决常见的统计学问题. 本章中出现了常用的三大分布，它们在参数估计和假设检验等统计推断问题中有广泛应用. 以下仅简单介绍 MATLAB 中有关这三大分布的常用命令. 其他常用分布的有关函数读者可参考本书 10.2 节的有关内容或参考专门的 MATLAB 书籍.

有关三大分布的常用 MATLAB 命令有：

`chi2pdf(x,n)` 计算自由度为 n 的 χ^2 分布在 x 各点处的概率密度函数值.

`chi2cdf(x,n)` 计算自由度为 n 的 χ^2 分布在 x 各点处的分布函数值.

`chi2inv(1-alpha,n)` 计算自由度为 n 的 χ^2 分布的上 α 分位点.

`tpdf(x,n)` 计算自由度为 n 的 t 分布在 x 各点处的概率密度函数值.

`tcdf(x,n)` 计算自由度为 n 的 t 分布在 x 各点处的分布函数值.

`tinv(1-alpha,n)` 计算自由度为 n 的 t 分布的上 α 分位点.

`fpdf(x,n)` 计算自由度为 n 的 F 分布在 x 各点处的概率密度函数值.

`fcdf(x,n)` 计算自由度为 n 的 F 分布在 x 各点处的分布函数值.

`finv(1-alpha,n)` 计算自由度为 n 的 F 分布的上 α 分位点.

例 6.3.1 设 $X_1, X_2, \cdots, X_n$ 为总体 $X \sim N(0, 0.5^2)$ 的一个样本, 求 $P\left\{\sum\limits_{i=1}^{7} X_i^2 > 4\right\}$.

解 因 X_i 与 X 有相同分布 $(i = 1, 2 \cdots, n)$, 故

$$\frac{X_i - 0}{0.5} = 2X_i \sim N(0, 1) \quad (i = 1, 2 \cdots, n)$$

从而

$$\sum_{i=1}^{7} \left(\frac{X_i - 0}{0.5}\right)^2 = 4 \sum_{i=1}^{7} X_i^2 \sim \chi^2(7)$$

则

$$P\left\{\sum_{i=1}^{7} X_i^2 > 4\right\} = P\left\{4 \sum_{i=1}^{7} X_i^2 > 16\right\}$$

查表可知, $P\left\{\sum\limits_{i=1}^{7} X_i^2 > 4\right\} \approx 0.025$.

此例是本章 6.2 节中例 6.2.1, 最后计算概率时通过查附表 2 得到了近似值, 如果将 $P\left\{4 \sum\limits_{i=1}^{7} X_i^2 > 16\right\}$ 等价表示为

$$P\left\{4 \sum_{i=1}^{7} X_i^2 > 16\right\} = 1 - P\left\{4 \sum_{i=1}^{7} X_i^2 < 16\right\}$$

可用 MATLAB 代码直接进行计算:

输入命令
```
p=1-chi2cdf(16,7)
```
结果为
```
p=0.0251
```
上述结果比查表得到的近似值更精确些.

习 题 6

A 类

1. 设 $X_1, X_2, \cdots, X_6$ 是来自服从参数为 λ 的泊松分布 $\pi(\lambda)$ 的样本, 试写出样本的联合分布律.

2. 设 $X_1, X_2, \cdots, X_n$ 是来自泊松分布 $\pi(\lambda)$ 的一个样本, $\bar{X}$ 与 S^2 分别为样本均值与样本方差, 试求 $E(\bar{X})$, $D(\bar{X})$, $E(S^2)$.

3. 在总体 $X \sim N(52, 6.3^2)$ 中随机容量为 36 的样本, 求样本均值落在 $50.8 \sim 53.8$ 的概率.

4. 设总体 $X \sim N(0, \sigma^2)$, $X_1, X_2, \cdots, X_n$ 为来自总体 X 的样本, 则统计量 $\sum\limits_{i=1}^{10} (-1)^i X_i \Big/ \sqrt{\sum\limits_{i=11}^{20} X_i^2}$ 服从何分布?

5. 设 $X_1, X_2, \cdots, X_n$ 是来自正态总体 $X \sim N(0, \sigma^2)$ 的样本, 试证:

(1) $\dfrac{1}{\sigma^2}\sum_{i=1}^{n}X_i^2 \sim \chi^2(n)$;   (2) $\dfrac{1}{n\sigma^2}\left(\sum_{i=1}^{n}X_i\right)^2 \sim \chi^2(1)$.

6. 设总体 $X \sim N(40,5^2)$.

(1) 抽取容量为 36 的样本, 求 $P\{38 \leqslant \overline{X} \leqslant 43\}$;

(2) 抽取容量为 64 的样本, 求 $P\{|\overline{X}-40|<1\}$;

(3) 取样本容量 n 多大时, 才能使 $P\{|\overline{X}-40|<1\}=0.95$?

B 类

7. 设 $X_1,X_2,\cdots,X_5$ 是独立且服从相同分布的随机变量, 且每一个 $X_i\,(i=1,2,\cdots,5)$ 都服从 $N(0,1)$.

(1) 试给出常数 C, 使得 $C(X_1^2+X_2^2)$ 服从 χ^2 分布, 并指出它的自由度;

(2) 试给出常数 C, 使得 $C\dfrac{X_1+X_2}{\sqrt{X_3^2+X_4^2+X_5^2}}$ 服从 t 分布, 并指出它的自由度.

8. 某市有 $100\,000$ 个年满 18 岁的居民, 他们中有 10% 年收入超过 1 万、20% 受过高等教育的居民. 今从中抽取 $1\,600$ 人的随机样本, 求:

(1) 样本中不少于 11% 的人年收入超过 1 万的概率;

(2) 样本中 19% 和 21% 之间的人受过高等教育的概率.

9. 设在总体 $X \sim N(\mu,\sigma^2)$ (μ,σ^2 未知) 中抽得一容量为 16 的样本, 求:

(1) $P\{S^2/\sigma^2 \leqslant 2.041\}$, 其中 S^2 为样本方差;

(2) $D(S^2)$.

10. 设 $T \sim t(n)\,(n>1)$, 求 $\dfrac{1}{T^2}$ 的分布.

11. 设总体 $X \sim N(\mu_1,\sigma_1^2)$, $Y \sim N(\mu_2,\sigma_2^2)$, 从两个总体分别抽样, 得到如下结果:

$$n_1=8,\ S_1^2=8.75;\qquad n_2=10,\ S_2^2=2.66$$

求概率 $P\{\sigma_1^2>\sigma_2^2\}$.

12. 设总体 X 的概率密度为 $f_X(x)=\begin{cases}2x, & 0<x<1,\\ 0, & \text{其他}.\end{cases}$ X_1,X_2 为来自 X 的样本, 求 $P\left\{\dfrac{X_1}{X_2}\leqslant\dfrac{1}{2}\right\}$.

13. 设总体 X 的概率密度为 $f(x,\theta)=\begin{cases}\dfrac{3x^2}{\theta^3}, & 0<x<\theta,\\ 0, & \text{其他}.\end{cases}$ 其中 $\theta\in(0,+\infty)$ 为未知参数,

$X_1,X_2,\cdots,X_n$ 为来自总体 X 的样本, 令 $T=\max(X_1,X_2,X_3)$. 求 T 的概率密度.

14. 设总体 X 的概率密度为 $f(x)=\dfrac{1}{2}\mathrm{e}^{-|x|}(-\infty<x<+\infty)$, $X_1,X_2,\cdots,X_n$ 为来自总体 X 的样本, 其样本方差为 S^2, 求 $E(S^2)$.

精彩案例：概率史话

在概率论和统计学中，学生 t 分布经常应用在对呈正态分布的总体的均值进行估计. 当总体的标准差是未知的但却又需要估计时，可以运用学生 t 分布.

1899 年，爱尔兰都柏林的吉尼斯啤酒厂聘用牛津化学系的毕业生威廉·戈塞到该厂就职，希望将他的生物化学知识用于啤酒生产. 当时，为降低啤酒质量监控的成本，威廉·戈塞发明了 t 检验法，并于 1908 年在 *Biometrika* 期刊上发表，因为吉尼斯酿酒厂的规定禁止戈塞发表关于酿酒过程变化性的研究成果，戈塞不得不以"学生"(Student)为笔名，发表自己的研究成果，所以 t 分布又称为学生氏分布.

吉尼斯啤酒厂是一家很有远见的企业，为保持技术人员的高水准，该厂和高校一样给予技术人员"学术假"，1906～1907 年威廉·戈塞得以到"统计学之父"卡尔·皮尔逊教授在伦敦大学学院(University College London, UCL)的实验室访问学习. 因此，很难说 t 检验法是戈塞在啤酒厂还是在 UCL 访学期间提出的，但"学生"与戈塞之间的联系是被 UCL 的统计学家们发现的，尤其因为皮尔逊教授恰是 *Biometrika* 的主编.

第7章 参数估计

在上一章里, 介绍了数理统计的基本概念, 从本章起将讨论统计推断问题, 该问题是数理统计的重要内容之一.所谓统计推断就是利用样本的信息来对总体进行分析和推断, 即由样本来推断总体, 或者由部分推断总体.**这是数理统计学的核心内容.**统计推断一般由参数估计和假设检验两部分组成.本章介绍参数估计.

哪些问题是属于参数估计呢?它主要包括下面两个类型.

(1) 在处理很多问题时, 常常根据经验或理论(如中心极限定理)假设总体的分布函数类型为已知, 但依赖于一个或多个未知参数, 不妨设总体的分布函数为 $F(x;\theta_1,\theta_2,\cdots,\theta_m)$, 要求估计分布中的未知参数 $\theta_1,\theta_2,\cdots,\theta_m$ 及其函数.

例如, 在某炸药制造厂, 一天中发生着火现象的次数 X 是一个随机变量, 假设它服从以 $\lambda > 0$ 为参数的泊松分布, 参数 λ 为未知.现有若干样本值, 试估计参数 λ 或 $P(X=0)=\mathrm{e}^{\lambda}$.

(2) 总体的分布函数类型为未知, 要求估计总体的某些数字特征, 如期望、方差等的问题.

例如, 元件厂生产某种电子元件, 其寿命 X 是随机的, 特别关心的是元件的平均寿命及 X 的波动情况, 即要求估计总体 X 的数学期望 $E(X)$ 和方差 $D(X)$.

参数估计问题又可分为点估计和区间估计两类.本章将讨论参数估计的常用方法, 估计量的评价标准及正态总体参数的估计问题.

7.1 点 估 计

7.1.1 点估计量的概念

点估计问题的一般提法是: 设总体 X 的分布函数为 $F(x;\theta_1,\theta_2,\cdots,\theta_m)$, 其中 $\theta_1,\theta_2,\cdots,\theta_m$ 为未知参数, 根据样本 $(X_1,X_2,\cdots,X_n)$ 构造 m 个统计量 $\hat{\theta}_k(X_1,X_2,\cdots,X_k)$ $(k=1,2,\cdots,m)$ 来估计 θ_k, 称 $\hat{\theta}_k(X_1,X_2,\cdots,X_k)$ 是参数 θ_k 的一个**估计量**.若 $(x_1,x_2,\cdots,x_n)$ 是样本的观测值, 则代入估计量所得到的值 $\hat{\theta}_k(x_1,x_2,\cdots,x_k)$ 称为参数 θ_k 的一个估计值.在不至于混淆的情况下, 把估计量或估计值统称为**估计**, 并且简记为 $\hat{\theta}_k$.由于对于一个样本观测值而言, 这种估计值在数轴上是一个点, 所以又称这种估计为**点估计**.

构造点估计的方法很多, 常用的有两种方法: 矩估计法和极大似然估计法.

7.1.2 矩估计法

用矩法求估计被认为是最古老的求估计的方法之一, 它由皮尔逊在 20 世纪初提出, 其基本思想如下:

矩是描述随机变量的最简单的数字特征. 样本来自于总体, 样本矩在一定程度上也反映了总体矩的特征, 若总体的 k 阶矩 $\mu_k = E(X^k)$ 存在, 由辛钦大数定律, 则当样本容量 $n \to \infty$ 时, 样本的 k 阶矩 $A_k = \dfrac{1}{n}\sum\limits_{i=1}^{n} X_i^k$ 依概率收敛到总体 X 的 k 阶矩 $\mu_k = E(X^K)$, 即

$$A_k \xrightarrow{\ P\ } \mu_k (n \to \infty) \ (k = 1, 2, \cdots)$$

根据依概率收敛的随机变量序列的性质, 若 g 为连续函数, 则有

$$g(A_1, A_2, \cdots, A_k) \xrightarrow{\ P\ } g(\mu_1, \mu_2, \cdots, \mu_k)$$

因而自然想到用"**替代**"的思想, 把样本矩作为相应的总体矩的估计, 而把样本矩的连续函数作为相应的总体矩的连续函数的估计, 这种估计方法称为**矩估计法**. 具体做法如下:

设 X 为连续型随机变量, 其概率密度为 $f(x; \theta_1, \theta_2, \cdots, \theta_k)$, 或 X 为离散型随机变量, 其分布律为 $P\{X = x\} = p(x; \theta_1, \theta_2, \cdots, \theta_k)$, 其中 $\theta_1, \theta_2, \cdots, \theta_k$ 为待估参数, $X_1, X_2, \cdots, X_n$ 是来自 X 的样本. 假设总体 X 的前 k 阶矩

$$\mu_l = EX^l = \int_{-\infty}^{\infty} x^l \, f(x; \theta_1, \theta_2, \cdots, \theta_k) \mathrm{d}x \qquad (X \text{ 为连续型随机变量})$$

或

$$\mu_l = EX^l = \sum_{x \in R_X} x^l \, p(x; \theta_1, \theta_2, \cdots, \theta_k) \qquad (X \text{ 为离散型随机变量})$$

存在, 其中: $l = 1, 2, \cdots, k$; R_X 是 X 可能取值的范围. 一般来说, 它们是 $\theta_1, \theta_2, \cdots, \theta_k$ 的函数, 设

$$\begin{cases} \mu_1 = \mu_1(\theta_1, \theta_2, \cdots, \theta_k) \\ \mu_2 = \mu_2(\theta_1, \theta_2, \cdots, \theta_k) \\ \qquad \cdots\cdots \\ \mu_k = \mu_k(\theta_1, \theta_2, \cdots, \theta_k) \end{cases} \tag{7.1.1}$$

这是一个包含 k 个未知参数 $\theta_1, \theta_2, \cdots, \theta_k$ 的联立方程组. 一般可以从中解出 $\theta_1, \theta_2, \cdots, \theta_k$, 得到

$$\begin{cases} \theta_1 = \theta_1(\mu_1, \mu_2, \cdots, \mu_k) \\ \theta_2 = \theta_2(\mu_1, \mu_2, \cdots, \mu_k) \\ \qquad \cdots\cdots \\ \theta_k = \theta_k(\mu_1, \mu_2, \cdots, \mu_k) \end{cases} \tag{7.1.2}$$

以 A_i 分别代替上式中的 μ_i $(i = 1, 2, \cdots, k)$, 就以 $\hat{\theta}_i = \theta_i(A_1, A_2, \cdots, A_k)$ $(i = 1, 2, \cdots, k)$ 分别作为 $\theta_1, \theta_2, \cdots, \theta_k$ 的估计量, 这种估计量称为**矩估计量**, 矩估计量的观察值称为**矩估计值**.

例 7.1.1 设总体 X 的均值 μ 及方差 σ^2 都存在, 且有 $\sigma^2 > 0$, 但 μ, σ^2 均为未知, 又设 $X_1, X_2, \cdots, X_n$ 是来自总体 X 的一个样本, 试求 μ 和 σ^2 的矩估计量.

解 因为

$$\begin{cases} \mu_1 = E(X) = \mu \\ \mu_2 = E(X^2) = D(X) + [E(X)]^2 = \sigma^2 + \mu^2 \end{cases}$$

解得

$$\begin{cases} \mu = \mu_1 \\ \sigma^2 = \mu_2 - \mu_1^2 \end{cases}$$

分别以 A_1, A_2 代替 μ_1, μ_2, 得到 μ 和 σ^2 的矩估计量分别为

所以得

$$\begin{cases} \hat{\mu} = \overline{X} \\ \widehat{\sigma^2} = A_2 - A_1^2 = \dfrac{1}{n}\sum\limits_{i=1}^{n} X_i^2 - \overline{X}^2 = \dfrac{1}{n}\sum\limits_{i=1}^{n}(X_i - \overline{X})^2 \end{cases}$$

例 7.1.2 设总体 X 服从参数为 λ 的泊松分布, 求参数 λ 的矩估计.

解 因 $\lambda = E(X) = D(X)$, 故由例 7.1.1 可得参数 λ 的两个矩估计:

$$\hat{\lambda}_1 = \bar{X}, \qquad \hat{\lambda}_2 = \frac{1}{n}\sum_{i=1}^{n}(X_i - \bar{X})^2$$

例 7.1.3 设总体 X 在 $[a,b]$ 上服从均匀分布, a,b 为未知. $X_1, X_2, \cdots, X_n$ 是来自总体 X 的样本, 试求 a,b 的矩估计量.

解
$$\mu_1 = E(X) = (a+b)/2$$
$$\mu_2 = E(X^2) = D(X) + [E(X)]^2 = (b-a)^2/12 + (a+b)^2/4$$

即
$$\begin{cases} a+b = 2\mu_1 \\ b-a = \sqrt{12(\mu_2 - \mu_1^2)} \end{cases}$$

解得
$$a = \mu_1 - \sqrt{3(\mu_2 - \mu_1^2)}, \qquad b = \mu_1 + \sqrt{3(\mu_2 - \mu_1^2)}$$

分别以 A_1 , A_2 代替 μ_1 , μ_2 得 a,b 的矩估计量为

$$\hat{a} = A_1 - \sqrt{3(A_2 - A_1^2)} = \bar{X} - \sqrt{\frac{3}{n}\sum_{i=1}^{n}(X_i - \bar{X})^2}$$

$$\hat{b} = A_1 + \sqrt{3(A_2 - A_1^2)} = \bar{X} + \sqrt{\frac{3}{n}\sum_{i=1}^{n}(X_i - \bar{X})^2}$$

注: (1) 由例 7.1.1 可以看出, 对于任何分布的总体, 总体均值 μ 的矩法估计都为 $\bar{X}$, 方差 σ^2 的矩法估计都为 $B_2 = \frac{1}{n}\sum_{i=1}^{n}(X_i - \bar{X})^2$. 这说明矩估计没有充分利用总体分布的信息, 损失了一部分很有用的信息. 因此, 在很多场合下矩法估计显得粗糙和过于一般.

(2) 由例 7.1.2 可以看出, 对于同一个参数, 矩估计不唯一, 可能会有多个矩估计量. 针对这一的情况, 实际中采用**低阶优先**的原则. 如例 7.1.2 中参数 λ 的矩估计常取 $\hat{\lambda}_1 = \bar{X}$.

7.1.3 最(极)大似然估计法

最(极)大似然估计法是求估计用得最多、最重要的方法, 它最早由高斯(Gauss)在 1821 年提出, 但一般将它归功于费歇尔(Fisher), 因为费歇尔在 1922 年再次提出了这种想法并证明了它的一些性质, 从而使最大似然法得到了广泛的应用. 但应用这种方法的前提是总体 X 的分布类型为已知.

为说明最大似然原理的直观想法, 先看一个例子:

例 7.1.4 袋中有黑、白两种颜色的小球, 只知道其中一种占80%,如果做了一次观测,从袋中抽出一球,恰为白球,你对袋中两种球的比例将作何种推断?

对上述问题, 人们自然会认为: 推断白球占 80%是合理的.

现在从概率上来分析一下例 7.1.4 的推断. 对于袋中黑白两种颜色的小球, 可以用一总体 X 来描述, $\{X=1\}$ 表示"从袋中任取一球, 恰为黑球", $\{X=0\}$ 表示"从袋中任取一球, 恰为白球", 则 $X \sim b(1,\theta)$, 其中 θ 为未知参数, 且 $\theta \in \Theta = \{0.2, 0.8\}$, 今作了一次观测(样本容

量 $n=1$），恰为白球，即 $x_1=0$，出现当前观测值这一事件的概率为

$$P\{X_1=x_1\}=P\{X_1=x_1;\theta\}=\theta^{x_1}(1-\theta)^{1-x_1}=1-\theta$$

这是一依赖参数 θ 的函数，若 $\theta=0.2$（白球多），则 $P\{X_1=x_1;\theta\}=0.8$；若 $\theta=0.8$（黑球多），则 $P\{X_1=x_1;\theta\}=0.2$，有

$$P\{X_1=x_1;\theta=0.2\}=0.8>P\{X_1=x_1;\theta=0.8\}=0.2$$

显然，袋中是白球多时出现 x_1 的概率 0.8 比袋中是黑球多时出现 x_1 的概率 0.2 要大得多，这表明样本 $x_1=0$ 来自 $\theta=0.2$ 的总体比来自 $\theta=0.8$ 的总体的可能性大得多，因而取 $\theta=0.2$（白球多）作为 θ 的估计值比取 $\theta=0.8$（黑球多）作为 θ 的估计值更为合理. 从参数估计的角度上说，总体的参数 θ 有 $\hat{\theta}_1=0.2$ 和 $\hat{\theta}_2=0.8$ 两种选择，自然选取使概率 $P\{X_1=x_1;\theta\}$ 大的 $\hat{\theta}_1=0.2$ 作为 θ 的估计. 一般地，如果对于 θ 可供选择的估计值由多个，也自然应该选择使出现当前观测值这一事件的概率最大的一个 $\hat{\theta}$ 作为 θ 的估计. 这就是最大似然法的原理.

最大似然估计的一般提法：

设总体 X 是离散型随机变量，其分布律 $P\{X=x\}=p(x;\theta)$ 的形式为已知，其中 $\theta=(\theta_1,\theta_2,\cdots,\theta_k)\in\Theta$ 为待估参数. $X_1,X_2,\cdots,X_n$ 是来自 X 的样本，$x_1,x_2,\cdots,x_n$ 为样本的观测值，则 $X_1,X_2,\cdots,X_n$ 的联合分布律

$$L(\theta)=P\{X_1=x_1,X_2=x_2,\cdots,X_n=x_n\}=\prod_{i=1}^{n}p(x_i;\theta)$$

称为样本的**似然函数**，当固定样本观测值 $x_1,x_2,\cdots,x_n$ 时，在参数空间 Θ 内，求一个使似然函数 $L(\theta)$ 达到最大值的点 $\hat{\theta}=(\hat{\theta}_1,\hat{\theta}_2,\cdots,\hat{\theta}_k)$，以 $\hat{\theta}_i=\hat{\theta}_i(x_1,x_2,\cdots,x_n)$ 作为 $\theta_i(i=1,2,\cdots,k)$ 的估计值，直观来说就是 $\hat{\theta}_i(x_1,x_2,\cdots,x_n)$ "看起来最像是 θ_i"，称 $\hat{\theta}_i(x_1,x_2,\cdots,x_n)$ 称为 $\theta_i(i=1,2,\cdots,k)$ 的最大似然估计值；而相应的统计量 $\hat{\theta}_i(X_1,X_2,\cdots,X_n)$ 称为 $\theta_i(i=1,2,\cdots,k)$ 的最大似然估计量.

若总体 X 是连续型随机变量，设其概率密度函数为 $f(x;\theta)$，其中 $\theta=(\theta_1,\theta_2,\cdots,\theta_k)\in\Theta$ 为待估参数，$f(x;\theta)$ 的形式为已知，$X_1,X_2,\cdots,X_n$ 是来自 X 的样本，则 $X_1,X_2,\cdots,X_n$ 的联合密度为

$$\prod_{i=1}^{n}f(x_i;\theta)$$

设 $x_1,x_2,\cdots,x_n$ 是相应于样本 $X_1,X_2,\cdots,X_n$ 的一个样本观察值，则随机点 $(X_1,X_2,\cdots,X_n)$ 落到点 $(x_1,x_2,\cdots,x_n)$ 的邻域（边长分别为 $\mathrm{d}x_1,\mathrm{d}x_2,\cdots,\mathrm{d}x_n$ 的 n 维立方体）内的概率近似为

$$\prod_{i=1}^{n}f(x_i;\theta)\mathrm{d}x_i \tag{7.1.3}$$

其值随 θ 的取值而变化. 和离散型的情况一样，应选择 θ 的值使式(7.1.3)中的概率达到最大，但因子 $\prod_{i=1}^{n}\mathrm{d}x_i$ 不随 θ 而变，故只需考虑

$$L(\theta)=L(x_1,x_2,\cdots,x_n;\theta)=\prod_{i=1}^{n}f(x_i;\theta)$$

的最大值. 其中 $L(\theta)$ 称为样本的似然函数. 若 $\hat{\theta}$ 使

$$L(\hat{\theta}) = L(x_1, x_2, \cdots, x_n; \hat{\theta}) = \max_{\theta \in \Theta} L(x_1, x_2, \cdots, x_n; \theta) \qquad (7.1.4)$$

则 $\hat{\theta}_i(x_1, x_2, \cdots, x_n)$ 称为 $\theta_i \ (i=1,2,\cdots,k)$ 的**最大似然估计值**；相应的统计量 $\hat{\theta}_i(X_1, X_2, \cdots, X_n)$ 称为 $\theta_i \ (i=1,2,\cdots,k)$ 的**最大似然估计量**.

求参数 θ 的最大似然估计，就是求似然函数的最大值点，在很多情形下，$L(\theta)$ 关于 θ 可微，这时 $\hat{\theta}$ 常可从方程组

$$\frac{\partial L(\theta)}{\partial \theta_i} = 0 \quad (i=1,2,\cdots,k) \qquad (7.1.5)$$

解得. 由于 $L(\theta)$ 与 $\ln L(\theta)$ 具有相同的最大值点，为了简化计算，也可以通过求解下列方程组

$$\frac{\partial \ln L(\theta)}{\partial \theta_i} = 0 \quad (i=1,2,\cdots,k) \qquad (7.1.6)$$

来确定 θ_i 的最大似然估计值 $\hat{\theta}_i(x_1, x_2, \cdots, x_n) \ (i=1,2,\cdots,k)$，并称 $\ln L(\theta)$ 为对数似然函数.

例7.1.5 设 $X \sim b(1,p)$，p 为未知参数，$X_1, X_2, \cdots, X_n$ 是来自 X 的一个样本，求参数 p 的极大似然估计.

解 因总体 X 的分布律为

$$P\{X = x\} = p^x(1-p)^{1-x} \quad (x=0,1)$$

故似然函数为

$$L(p) = \prod_{i=1}^{n} p^{x_i}(1-p)^{1-x_i} = p^{\sum\limits_{i=1}^{n} x_i}(1-p)^{n-\sum\limits_{i=1}^{n} x_i} \quad (x_i=0,1; \quad i=1,2,\cdots,n)$$

取对数得

$$\ln L(p) = \left(\sum_{i=1}^{n} x_i\right)\ln p + \left(n - \sum_{i=1}^{n} x_i\right)\ln(1-p)$$

令

$$\frac{\mathrm{d}\ln L(p)}{\mathrm{d}p} = \frac{\sum\limits_{i=1}^{n} x_i}{p} - \frac{n - \sum\limits_{i=1}^{n} x_i}{1-p} = 0$$

解得

$$\hat{p} = \frac{1}{n}\sum_{i=1}^{n} x_i = \overline{x}$$

这是对数似然函数的最大值，因为它是 p 中唯一的一阶导数等于 0 的点，并且二阶导数严格小于 0. 所以 p 的最大似然估计量为

$$\hat{p} = \frac{1}{n}\sum_{i=1}^{n} X_i = \overline{X}$$

例7.1.6 设 $X \sim N(\mu, \sigma^2)$，μ，σ^2 未知，$(X_1, X_2, \cdots, X_n)$ 为 X 的一个样本，$(x_1, x_2, \cdots, x_n)$ 是 $(X_1, X_2, \cdots, X_n)$ 的一个样本值，求 μ，σ^2 的极大似然估计值及相应的估计量.

解 X 的概率密度为

$$f(x; \mu, \sigma) = \frac{1}{\sqrt{2\pi}\sigma}\mathrm{e}^{-\frac{(x-\mu)^2}{2\sigma^2}} \quad (x \in \mathbf{R})$$

似然函数为

$$L(\mu, \sigma^2) = \prod_{i=1}^{n} \frac{1}{\sqrt{2\pi}\sigma} e^{-\frac{(x_i-\mu)^2}{2\sigma^2}} = (2\pi\sigma^2)^{-\frac{n}{2}} e^{-\frac{1}{2\sigma^2}\sum_{i=1}^{n}(x_i-\mu)^2}$$

取对数, 得

$$\ln L(\mu, \sigma^2) = -\frac{n}{2}(\ln 2\pi + \ln \sigma^2) - \frac{1}{2\sigma^2}\sum_{i=1}^{n}(x_i-\mu)^2$$

由式(7.1.6)得到方程组

$$\begin{cases} \dfrac{\partial}{\partial \mu}(\ln L) = \dfrac{1}{\sigma^2}\sum_{i=1}^{n}(x_i-\mu) = 0 \\ \dfrac{\partial}{\partial \sigma^2}(\ln L) = -\dfrac{n}{2\sigma^2} + \dfrac{1}{2\sigma^4}\sum_{i=1}^{n}(x_i-\mu)^2 = 0 \end{cases}$$

解此方程组求得 μ, σ^2 的最大似然估计值为

$$\hat{\mu} = \frac{1}{n}\sum_{i=1}^{n}x_i = \bar{x}, \qquad \widehat{\sigma^2} = \frac{1}{n}\sum_{i=1}^{n}(x_i-\bar{x})^2$$

所以 μ, σ^2 的最大似然估计量分别为

$$\hat{\mu} = \frac{1}{n}\sum_{i=1}^{n}X_i = \bar{X}, \qquad \widehat{\sigma^2} = \frac{1}{n}\sum_{i=1}^{n}(X_i-\bar{X})^2$$

在计算参数的极大似然估计时, 还应该注意当似然函数取值不为零所对应的 $(x_1, x_2, \cdots, x_n)$ 取值区域与未知参数有关时, 通常无法通过解似然方程组来获得参数的极大似然估计, 这时必须直接根据似然函数进行分析, 请看下面的例子.

例 7.1.7 设 $X \sim U[a,b]$, a,b 未知, $(x_1, x_2, \cdots, x_n)$ 是一个样本值, 试求 a,b 的最大似然估计.

解 X 的概率密度函数为

$$f(x;a,b) = \begin{cases} \dfrac{1}{b-a}, & a \leqslant x \leqslant b \\ 0, & \text{其他} \end{cases}$$

似然函数为

$$L(a,b) = \begin{cases} \dfrac{1}{(b-a)^n}, & a \leqslant x_1, x_2, \cdots, x_n \leqslant b \\ 0, & \text{其他} \end{cases}$$

记 $x_{(1)} = \min\{x_1, x_2, \cdots, x_n\}$, $x_{(n)} = \max\{x_1, x_2, \cdots, x_n\}$. 由于 $a \leqslant x_1, x_2, \cdots, x_n \leqslant b$, 等价于 $a \leqslant x_{(1)}$, $x_{(n)} \leqslant b$, 似然函数可写成

$$L(a,b) = \begin{cases} \dfrac{1}{(b-a)^n}, & a \leqslant x_{(1)}, x_{(n)} \leqslant b \\ 0, & \text{其他} \end{cases}$$

此处不能用解似然方程组的方法求最大似然估计, 利用函数最大值的定义直接分析 $L(a,b)$, 因为对于满足条件 $a \leqslant x_{(1)}, x_{(n)} \leqslant b$ 的任意 a,b 有

$$L(a,b) = \frac{1}{(b-a)^n} \leqslant \frac{1}{(x_{(n)}-x_{(1)})^n}$$

即 $L(a,b)$ 在 $a = x_{(1)}$, $b = x_{(n)}$ 时取得最大值

$$L_{\max}(a,b) = \frac{1}{(x_{(n)} - x_{(1)})^n}$$

故 a,b 的最大似然估计值为

$$\hat{a} = x_{(1)} = \min_{1 \le i \le n}\{x_i\}, \qquad \hat{b} = x_{(n)} = \max_{1 \le i \le n}\{x_i\}$$

a,b 的最大似然估计量为

$$\hat{a} = X_{(1)} = \min_{1 \le i \le n}\{X_i\}, \qquad \hat{b} = X_{(n)} = \max_{1 \le i \le n}\{X_i\}$$

例 7.1.8 设总体 $X \sim U\left[\theta - \frac{1}{2}, \theta + \frac{1}{2}\right]$，其中 θ 为未知参数 $(X_1, X_2, \cdots, X_n)$ 是来自 X 的一个样本，试求 θ 的最大似然估计量.

解 X 的概率密度函数为

$$f(x;\theta) = \begin{cases} 1, & \theta - \frac{1}{2} \le x \le \theta + \frac{1}{2} \\ 0, & \text{其他} \end{cases}$$

似然函数为

$$L(\theta) = \begin{cases} 1, & \theta - \frac{1}{2} \le x_i \le \theta + \frac{1}{2}(1 \le i \le n) \\ 0, & \text{其他} \end{cases}$$

$$= \begin{cases} 1, & \theta - \frac{1}{2} \le x_{(1)} \le x_{(n)} \le \theta + \frac{1}{2} \\ 0, & \text{其他} \end{cases}$$

$$= \begin{cases} 1, & x_{(n)} - \frac{1}{2} \le \theta \le x_{(1)} + \frac{1}{2} \\ 0, & \text{其他} \end{cases}$$

显然在区间 $\left[x_{(n)} - \frac{1}{2}, x_{(1)} + \frac{1}{2}\right]$ 上的每一点均为 $L(\theta)$ 的最大值点，因此 θ 的最大似然估计值为

$$\hat{\theta} = x_{(n)} - \frac{1}{2} + t(x_{(1)} - x_{(n)} + 1), \quad 0 \le t \le 1$$

相应最大似然估计量

$$\hat{\theta} = X_{(n)} - \frac{1}{2} + t(X_{(1)} - X_{(n)} + 1), \quad 0 \le t \le 1$$

由例 7.1.8 可以看出，最大似然估计不一定唯一.

此外，最大似然估计具有下述性质：设 θ 的函数 $u = u(\theta)$，$\theta \in \Theta$ 具有单值反函数 $\theta = \theta(u)$，$u \in U$. 若 $\hat{\theta}$ 是 θ 的最大似然估计，则 $\hat{u} = u(\hat{\theta})$ 是 $u(\theta)$ 的最大似然估计. 这一性质被称为最大似然估计的**不变性**.

事实上，因为 $\hat{\theta}$ 是 θ 的最大似然估计，于是有

$$L(x_1, x_2, \cdots, x_n; \hat{\theta}) = \max_{\theta \in \Theta} L(x_1, x_2, \cdots, x_n; \theta)$$

其中 $x_1, x_2, \cdots, x_n$ 是 X 的一个样本值，考虑到 $\hat{u} = u(\hat{\theta})$，且有 $\hat{\theta} = \theta(\hat{u})$，上式可写成

$$L(x_1, x_2, \cdots, x_n; \theta(\hat{u})) = \max_{u \in U} L(x_1, x_2, \cdots, x_n; \theta(u))$$

这就证明了 $\hat{u} = u(\hat{\theta})$ 是 $u(\theta)$ 的最大似然估计.

例如, 在例 7.1.6 中得到 σ^2 的最大似然估计为 $\widehat{\sigma^2} = \dfrac{1}{n}\sum_{i=1}^{n}(X_i - \bar{X})^2$, 而 $u = u(\sigma^2) = \sqrt{\sigma^2}$ 具有单值反函数 $\sigma^2 = \mu^2 (\mu \geqslant 0)$, 据上述性质, 得到标准差 σ 的最大似然估计为

$$\hat{\sigma} = \sqrt{\widehat{\sigma^2}} = \sqrt{\frac{1}{n}\sum_{i=1}^{n}(X_i - \bar{X})^2}$$

还需要指出的是, 似然方程组(7.1.5)或对数似然方程组(7.1.6)除了一些简单的情况外, 往往没有有限函数形式的解, 这就需要用数值方法求近似解, 常用的算法有牛顿-拉弗森算法、拟牛顿算法, 读者可参考有关的参考书, 也可利用一些数学软件(如 MATLAB)求最大似然估计的数值解.

7.2 估计量的评价标准

从上一节可以看出, 对于同一未知参数, 用不同的估计方法求出的估计量可能不同, 即使用同一种方法, 也可能得到多个估计量, 而且, 原则上讲, 任何统计量都可以作为未知参数的估计量. 那么在同一参数的多个可能的估计量中哪一个是最好的估计量呢?这就涉及到估计量的评价标准问题, 下面介绍几个常用的标准, 即无偏性、有效性和相合性.

7.2.1 无偏性

设 $\hat{\theta} = \hat{\theta}(X_1, X_2, \cdots, X_n)$ 是未知参数 θ 的估计量, 则 $\hat{\theta}$ 是一个随机变量, 而待估参数 θ 是一个确定的数值, 对于不同的样本值 $(x_1, x_2, \cdots, x_n)$ 就会得到不同的估计值, 在一般情况下有一个偏差 $\hat{\theta}(x_1, x_2, \cdots, x_n) - \theta$ (虽然我们不知道它是多少), 这个偏差可能是正的, 也可能是负的, 一次估计中出现一个偏差是不足为奇的. 如果用 $\hat{\theta} = \hat{\theta}(X_1, X_2, \cdots, X_n)$ 对 θ 进行多次估计, 偏差的平均值为 0, 即 $E(\hat{\theta} - \theta) = 0$. 这就是所谓无偏性的概念, 严格定义如下:

定义 7.2.1 设 $\hat{\theta} = \hat{\theta}(X_1, X_2, \cdots, X_n)$ 是未知参数 $\theta \in \Theta$ 的估计量, 若 $E(\hat{\theta})$ 存在, 且对 $\forall \theta \in \Theta$ 有 $E(\hat{\theta}) = \theta$, 则称 $\hat{\theta}$ 是 θ 的**无偏估计量**, 称 $\hat{\theta}$ 具有**无偏性**.

如果 $E(\hat{\theta}) \neq \theta$, 那么称 $E(\hat{\theta}) - \theta$ 为估计量 $\hat{\theta}$ 的偏差, 若

$$\lim_{n \to \infty} E(\hat{\theta}) = \theta$$

则称 $\hat{\theta}$ 为 θ 的渐近无偏估计量.

在科学技术中, $E(\hat{\theta}) - \theta$ 反映了以 $\hat{\theta}$ 作为 θ 的估计的系统误差, 无偏估计的实际意义就是无系统误差.

例7.2.1 设总体 X 的 k 阶矩 $\mu_k = E(X^k)$ $(k \geqslant 1)$ 存在, $X_1, X_2, \cdots, X_n$ 是 X 的一个样本, 证明: 不论 X 服从什么分布, $A_k = \dfrac{1}{n}\sum_{i=1}^{n} X_i^k$ 是 μ_k 的无偏估计.

证 $X_1, X_2, \cdots, X_n$ 与 X 同分布, 故有

$$E(X_i^k) = E(X^k) = \mu_k \quad (i = 1, 2, \cdots, n)$$

即有

$$E(A_k) = \frac{1}{n}\sum_{i=1}^{n} E(X_i^k) = \mu_k$$

特别地, 不论 X 服从什么分布, 只要 $E(X)$ 存在, $\overline{X}$ 总是 $E(X)$ 的无偏估计.

例 7.2.2 X 为任一总体, 若 $E(X) = \mu$, $D(X) = \sigma^2$ 都存在, $X_1, X_2, \cdots, X_n$ 是 X 的一个样本, 则估计量 $\widehat{\sigma^2} = \frac{1}{n}\sum_{i=1}^{n}(X_i - \overline{X})^2$ 是 σ^2 的渐近无偏估计量.

证
$$E(\widehat{\sigma^2}) = E\left(\frac{1}{n}\sum_{i=1}^{n}(X_i - \overline{X})^2\right) = \frac{n-1}{n}E\left(\frac{1}{n-1}\sum_{i=1}^{n}(X_i - \overline{X})^2\right)$$
$$= \frac{n-1}{n}E(S^2) = \frac{n-1}{n}\sigma^2$$

故 $\widehat{\sigma^2}$ 不是 σ^2 的无偏估计量, 但由于

$$\lim_{n\to\infty} E(\widehat{\sigma^2}) = \lim_{n\to\infty}\frac{n-1}{n}\sigma^2 = \sigma^2$$

所以 $\widehat{\sigma^2}$ 是 σ^2 的渐近无偏估计量. 若对 $\widehat{\sigma^2}$ 乘上系数 $\frac{n}{n-1}$ 进行修偏, 则所得到的估计量就是无偏估计了. 即

$$E\left(\frac{n}{n-1}\widehat{\sigma^2}\right) = E\left[\frac{1}{n-1}\sum_{i=1}^{n}(X_i - \overline{X})^2\right] = E(S^2) = \sigma^2$$

而 $\frac{n}{n-1}\widehat{\sigma^2}$ 恰恰就是样本方差

$$S^2 = \frac{1}{n-1}\sum_{i=1}^{n}(X_i - \overline{X})^2$$

可见, S^2 可以作为 σ^2 的估计, 而且是无偏估计. 因此, 常用 S^2 作为方差 σ^2 的估计量. 从无偏的角度考虑, S^2 比 B_2 作为 $\widehat{\sigma^2}$ 的估计要好.

在实际应用中, 无偏估计对整个系统(整个试验)而言无系统偏差, 就一次试验来讲, $\hat{\theta}$ 可能偏大也可能偏小, 实质上说明不了什么问题, 只是平均来说偏差为 0. 所以无偏性并不算是一个好的点估计的评价标准, 它也只有在大量的重复试验中才能体现出来; 另一方面, 无偏估计只涉及到一阶矩(均值), 虽然计算简便, 但是往往会出现一个参数的无偏估计有多个(也可能不存在), 而无法确定哪个估计量好.

例 7.2.3 设总体 X 服从指数分布, X 的密度函数为

$$f(x;\theta) = \begin{cases} \dfrac{1}{\theta}\mathrm{e}^{-\frac{x}{\theta}}, & x > 0 \\ 0, & \text{其他} \end{cases}$$

其中: 参数 $\theta > 0$ 为未知; $X_1, X_2, \cdots, X_n$ 是来自 X 的一个样本, 则 $\overline{X}$ 和 $nX_{(1)} = n[\min(X_1, X_2, \cdots, X_n)]$ 都是 θ 的无偏估计.

证 因为 $E(\overline{X}) = E(X) = \theta$, 所以 $\overline{X}$ 是 θ 的无偏估计. 而 $X_{(1)} = \min(X_1, X_2, \cdots, X_n)$ 服从参数为 $\dfrac{\theta}{n}$ 的指数分布[仿例 3.5.5 的(1)], 其概率密度为

$$f_{\min}(x;\theta)=\begin{cases}\dfrac{n}{\theta}\mathrm{e}^{-\frac{nx}{\theta}}, & x>0\\[2mm] 0, & \text{其他}\end{cases}$$

故知
$$E(X_{(1)})=\frac{\theta}{n}, \qquad E(nX_{(1)})=\theta$$

即 $nX_{(1)}$ 也是 θ 的无偏估计. 事实上, $X_1,X_2,\cdots,X_n$ 中的每一个均可作为 θ 的无偏估计.

比较参数 θ 的两个无偏估计 $\hat{\theta}_1$ 和 $\hat{\theta}_2$, 究竟哪个无偏估计更好、更合理, 这就看哪个估计量的观察值更接近真实值的附近, 即估计量的观察值更密集地分布在真实值的附近. 我们知道, 方差是随机变量取值与其数学期望(此时数学期望 $E(\hat{\theta}_1)=E(\hat{\theta}_2)=\theta$)的偏离程度的度量. 所以无偏估计中以方差最小者为最好、最合理. 由此引入估计量的有效性概念.

7.2.2 有效性

定义 7.2.2 设 $\hat{\theta}_1=\hat{\theta}_1(X_1,X_2,\cdots,X_n)$ 与 $\hat{\theta}_2=\hat{\theta}_2(X_1,X_2,\cdots,X_n)$ 都是 θ 的无偏估计量, 若对于 $\theta\in\Theta$, 有

$$D(\hat{\theta}_1)\leqslant D(\hat{\theta}_2) \tag{7.2.1}$$

且至少对于某一个 $\theta\in\Theta$, 式(7.2.1)中的不等号严格成立, 则称 $\hat{\theta}_1$ 较 $\hat{\theta}_2$ 有效.

例 7.2.4 在例 7.2.3 中, 因 $D(X)=\theta^2$, 故 $D(\bar{X})=\dfrac{\theta^2}{n}$; 又 $D(X_{(1)})=\dfrac{\theta^2}{n^2}$, 则 $D(nX_{(1)})=\theta^2$, 当 $n>1$ 时, 显然有 $D(\bar{X})<D(nX_{(1)})$, 故 $\bar{X}$ 较 $nX_{(1)}$ 有效.

例 7.2.5 设 $X_1,X_2,\cdots,X_n$ 是来自总体 X 的一样本, 且 $E(X)=\mu$, $D(X)=\sigma^2$.

(1) 设常数 $c_i\neq\dfrac{1}{n}$ $(i=1,2,\cdots,n)$, 且 $\displaystyle\sum_{i=1}^{n}c_i=1$, 证明 $\hat{\mu}_1=\displaystyle\sum_{i=1}^{n}c_iX_i$ 是 μ 的无偏估计量;

(2) 证明 $\hat{\mu}=\bar{X}$ 比 $\hat{\mu}_1=\displaystyle\sum_{i=1}^{n}c_iX_i$ 更有效.

证 (1) $E(\hat{\mu}_1)=\displaystyle\sum_{i=1}^{n}c_iE(X_i)=\sum_{i=1}^{n}c_i\mu=\mu$, $E(\hat{\mu})=E(\bar{X})$ 知 $\hat{\mu},\hat{\mu}_1$ 都是 μ 的无偏估计量.

(2) 利用柯西-施瓦茨不等式

$$1=\left(\sum_{i=1}^{n}c_i\right)^2\leqslant\left(\sum_{i=1}^{n}1^2\right)\left(\sum_{i=1}^{n}c_i^2\right)=n\sum_{i=1}^{n}c_i^2$$

得到
$$\sum_{i=1}^{n}c_i^2\geqslant\frac{1}{n}$$

则有
$$D(\hat{\mu}_1)=\sum_{i=1}^{n}c_i^2D(X_i)=\sigma^2\sum_{i=1}^{n}c_i^2\geqslant\frac{\sigma^2}{n}=D(\bar{X})=D(\hat{\mu})$$

即 $\bar{X}$ 较一切 $\displaystyle\sum_{i=1}^{n}c_iX_i$ 有效, 因此, 总是用 $\bar{X}$ 作为总体均值 μ 的估计量.

7.2.3 一致性(相合性)

无偏性和有效性的概念是在样本容量固定的前提下提出的. 伴随着样本容量的增大, 估计值能稳定于待估参数的真值, 为此引入一致性的概念.

定义 7.2.3 设 $\hat{\theta} = \hat{\theta}(X_1, X_2, \cdots, X_n)$ 是 θ 的估计量, 若对任意 $\forall \theta \in \Theta$, 当 $n \to \infty$ 时, $\hat{\theta}$ 依概率收敛于 θ, 即对 $\forall \varepsilon > 0$, 有 $\lim\limits_{n \to \infty} P\{|\hat{\theta} - \theta| < \varepsilon\} = 1$, 则称 $\hat{\theta}$ 是 θ 的一致(相合)估计量.

例如, 在任何分布中, $\bar{X}$ 是 $E(X)$ 的相合估计, 而 S^2 与 B_2 都是总体方差 $D(X)$ 的一致(相合)估计量.

一致性或相合性的概念适用于大样本情形. 估计量的一致性表明: 对于大样本, 由一次抽样得到的估计量 $\hat{\theta}$ 的值可以作为未知参数 θ 的近似值. 如果 $\hat{\theta}$ 不是 θ 的一致估计量, 那么, 无论样本容量取多大, $\hat{\theta}$ 都不能足够准确地估计 θ, 这样的估计量往往是不可取的. 所以, 一致性是对估计量的基本要求.

7.3 区 间 估 计

对于一个未知量, 在测量或计算时, 仅仅得到一个近似值是不够的, 参数估计也一样. 例如: 某公司的数据分析人员根据历史数据(样本值)对该公司下一季度的销售利润做出一个估计值, 估计下一季度的销售利润是 100 万元, 当下一季度结束时, 实际利润恰好等于 100 万的概率为 0, 因此此点估计值给人的印象还不是令人十分放心的. 假如数据分析人员说: "他有 95% 的把握保证, 下一季度的销售利润介于 90 万到 110 万之间." 相比较而言, 这样的说法, 肯定会使公司的管理者心里感到更踏实些! 这种说法实际上就是一个区间估计. 一般来讲, 对于未知参数 θ, 除了求出它的点估计 $\hat{\theta}$ 外, 还希望估计出一个范围, 这样的范围通常以区间的形式给出, 同时还给出此区间包含参数 θ 真值的可信程度. 这种形式的估计称为区间估计, 这种的区间即所谓的置信区间.

定义 7.3.1 设总体 X 的分布函数 $F(x;\theta)$ 含有一个未知参数 θ, $\theta \in \Theta$, 对于给定的 $\alpha\ (0 < \alpha < 1)$, 若由来自总体 X 的样本 $X_1, X_2, \cdots, X_n$ 确定出两个统计量

$$\underline{\theta} = \underline{\theta}(X_1, X_2, \cdots, X_n) \quad \text{和} \quad \overline{\theta} = \overline{\theta}(X_1, X_2, \cdots, X_n)$$

其中 $\underline{\theta} < \overline{\theta}$, 对于 $\forall \theta \in \Theta$ 满足:

$$P\{\underline{\theta} < \theta < \overline{\theta}\} \geqslant 1 - \alpha \tag{7.3.1}$$

则称 $(\underline{\theta}, \overline{\theta})$ 为 θ 的置信度为 $1 - \alpha$ 的置信区间, $1 - \alpha$ 称为置信度或置信水平, $\underline{\theta}$ 称为双侧置信区间的置信下限, $\overline{\theta}$ 称为置信上限.

当 X 是连续型随机变量时, 对于给定的 α, 总是按 $P\{\underline{\theta} < \theta < \overline{\theta}\} = 1 - \alpha$ 求出置信区间的; 而当 X 是离散型随机变量时, 对于给定的 α, 常常找不到区间 $(\underline{\theta}, \overline{\theta})$ 使得 $P\{\underline{\theta} < \theta < \overline{\theta}\}$ 恰为 $1 - \alpha$, 此时寻找区间 $(\underline{\theta}, \overline{\theta})$ 使得 $P\{\underline{\theta} < \theta < \overline{\theta}\}$ 至少为 $1 - \alpha$ 且尽可能接近 $1 - \alpha$.

需要指出的是, 置信区间的端点 $\underline{\theta}$ 和 $\overline{\theta}$ 是不依赖于未知参数 θ 的随机变量, 置信区间

$(\underline{\theta}, \overline{\theta})$ 是随机区间, 置信度 $1-\alpha$ 表示随机区间 $(\underline{\theta}, \overline{\theta})$ 包含 θ 的可靠程度, $1-\alpha$ 越大, $(\underline{\theta}, \overline{\theta})$ 作为置信区间就越可靠. 而区间 $(\underline{\theta}, \overline{\theta})$ 的长度 $\overline{\theta} - \underline{\theta}$ 反映了区间估计的精度, 长度越短, 区间估计的精度就越高. 对于样本的一组观测值, 区间

$$[\underline{\theta}(x_1, x_2, \cdots, x_n), \ \overline{\theta}(x_1, x_2, \cdots, x_n)]$$

是确定的区间, 它或者包含 θ 的真值, 或者不包含 θ 的真值, 其结论也是确定的. 若反复抽样多次, 每个样本值确定一个区间 $(\underline{\theta}, \overline{\theta})$, 据伯努利大数定律, 在这么多的区间中, 包含 θ 真值的约占 $100(1-\alpha)\%$, 不包含 θ 真值的约仅占 $100\alpha\%$, 例如, 当 $\alpha = 0.005$ 时, 反复抽样 1000 次, 则得到的 1000 个区间中不包含 θ 真值的区间大约为 5 个.

　　是不是置信度 $1-\alpha$ 越大的置信区间就越好呢? 答案是否定的. 因为一般来说, 置信度 $1-\alpha$ 越大, $(\underline{\theta}, \overline{\theta})$ 的长度就会越长, 估计就会越不精确, 使置信区间的应用价值下降. 反之, 若提高估计精度, 就会要求置信区间长度缩短, 置信度 $1-\alpha$ 就会相应变小, $(\underline{\theta}, \overline{\theta})$ 作为 θ 的估计就越不可靠. 所以, 区间估计的一般提法是: 在给定较大的置信度 $1-\alpha$ 下, 确定参数 θ 的置信区间 $(\underline{\theta}, \overline{\theta})$, 并尽量选取其中长度最小者作为 θ 的置信区间. 不过, 关于精度问题, 本书将不作更多的讨论.

　　构造未知参数 θ 的置信区间的最常用方法是**枢轴量法**, 其一般步骤如下.

　　(1) 寻求一个样本 $X_1, X_2 \cdots, X_n$ 和 θ 的函数 $W(X_1, X_2, \cdots, X_n; \theta)$; 使得 W 的分布已知, 且不依赖于任何未知参数. 称具有这种性质的函数 W 为**枢轴量**. W 一般从 θ 的点估计着手, 利用抽样分布的性质得到.

　　(2) 对于给定的置信度 $1-\alpha$, 定出两个常数 a, b, 使 $P\{a < W < b\} = 1-\alpha$. 这一步通常由抽样分布的分位数得到.

　　(3) 若能从 $a < W < b$ 中得到与之等价的不等式 $\underline{\theta} < \theta < \overline{\theta}$, 其中:

$$\underline{\theta} = \underline{\theta}(X_1, X_2, \cdots, X_n), \qquad \overline{\theta} = \overline{\theta}(X_1, X_2, \cdots, X_n)$$

都是统计量, 则 $(\underline{\theta}, \overline{\theta})$ 就是 θ 的一个置信度为 $1-\alpha$ 的置信区间.

7.4　正态总体均值与方差的区间估计

7.4.1　单个总体 $N(\mu, \sigma^2)$ 的情况

设 $X_1, X_2, \cdots, X_n$ 为总体 $N(\mu, \sigma^2)$ 的样本, 给定置信水平为 $1-\alpha$, $\overline{X}, S^2$ 分别是样本均值和样本方差.

　　1. 均值 μ 的置信区间

　　(1) σ^2 为已知, 由于 $\overline{X}$ 是 μ 的无偏估计, 利用抽样分布知识, 构造枢轴量

$$Z = \frac{\overline{X} - \mu}{\sigma / \sqrt{n}} \sim N(0,1) \tag{7.4.1}$$

据标准正态分布的 α 分位点的定义, 如图 7.4.1 所示, 可得

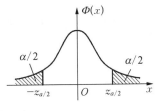

图 7.4.1

$$P\{|Z| \leqslant z_{\alpha/2}\} = 1 - \alpha \qquad (7.4.2)$$

即

$$P\left\{\bar{X} - \frac{\sigma}{\sqrt{n}} z_{\alpha/2} \leqslant \mu \leqslant \bar{X} + \frac{\sigma}{\sqrt{n}} z_{\alpha/2}\right\} = 1 - \alpha \qquad (7.4.3)$$

这样, 得到 μ 的置信度为 $1 - \alpha$ 的置信区间为

$$\left(\bar{X} - \frac{\sigma}{\sqrt{n}} z_{\alpha/2}, \ \bar{X} + \frac{\sigma}{\sqrt{n}} z_{\alpha/2}\right) \qquad (7.4.4)$$

简写为

$$\left(\bar{X} \pm \frac{\sigma}{\sqrt{n}} z_{\alpha/2}\right) \qquad (7.4.5)$$

例如, 当 $\alpha = 0.05$ 时, $1 - \alpha = 0.95$, 查附表 1 得 $z_{\alpha/2} = z_{0.025} = 1.96$; 又如, 若 $\sigma = 1, n = 16$, $\bar{x} = 5.20$, 得到一个置信度为 0.95 的置信区间为 $\left(5.20 \pm \frac{1}{\sqrt{16}} \times 1.96\right)$, 即 $(4.71, 5.69)$.

注 此时, 该区间已不再是随机区间了, 但可称它为置信度为 0.95 的置信区间, 其含义是指 "该区间包含 μ" 这一陈述的可信程度为 95%. 若写成 $P\{4.71 \leqslant \mu \leqslant 5.69\} = 0.95$ 是错误的, 因为此时该区间要么包含 μ, 要么不包含 μ.

置信度为 $1 - \alpha$ 的置信区间并不是唯一的. 例如, 对于式(7.4.1), 显然也有

$$P\{-z_{4\alpha/5} < Z < z_{\alpha/5}\} = 1 - \alpha \qquad (7.4.6)$$

等价于

$$P\left\{\bar{X} - \frac{\sigma}{\sqrt{n}} z_{\alpha/5} \leqslant \mu \leqslant \bar{X} + \frac{\sigma}{\sqrt{n}} z_{4\alpha/5}\right\} = 1 - \alpha \qquad (7.4.7)$$

故

$$\left(\bar{X} - \frac{\sigma}{\sqrt{n}} z_{\alpha/5}, \bar{X} + \frac{\sigma}{\sqrt{n}} z_{4\alpha/5}\right) \qquad (7.4.8)$$

也是 μ 的一个置信水平为 $1 - \alpha$ 的置信区间, 现将其与式(7.4.4)中令 $\alpha = 0.05$ 所得的置信水平为 0.95 的置信区间相比较, 可知由式(7.4.4)所确定的区间长度为 $2 \times \frac{\sigma}{\sqrt{n}} Z_{0.025} = 3.92 \times \frac{\sigma}{\sqrt{n}}$, 这一长度比区间(7.4.8)的长度 $\frac{\sigma}{\sqrt{n}}(Z_{0.04} + Z_{0.01}) = 4.08 \times \frac{\sigma}{\sqrt{n}}$ 要短, 精度更高, 故由式(7.4.4)给出的区间较式(7.4.8)为优. 容易看出, 像 $N(0,1)$ 分布那样, 如果枢轴量的概率密度是单峰且关于纵轴对称的情况下, 当 n 固定时, 取形如式(7.4.4)那样的置信区间其长度为最短, 自然选用它.

(2) σ^2 为未知, 此时不能使用式(7.4.4)给出的区间, 因其中含有未知参数 σ. 考虑到 S^2 是 σ^2 的无偏估计, 对于式(7.4.1)中的枢轴量, 以 $S = \sqrt{S^2}$ 替换 σ, 据抽样分布的结论:

$$T = \frac{\bar{X} - \mu}{S} \sqrt{n} \sim t(n-1) \qquad (7.4.9)$$

T 的分布不依赖任何参数, 故可选取 T 作为枢轴量, 类似地, 因 T 是对称分布, 故可取

$$P\left\{-t_{\alpha/2}(n-1) < \frac{\bar{X} - \mu}{S/\sqrt{n}} < t_{\alpha/2}(n-1)\right\} = 1 - \alpha \qquad (7.4.10)$$

即
$$P\left\{\overline{X}-\frac{S}{\sqrt{n}}t_{\alpha/2}(n-1)<\mu<\overline{X}+\frac{S}{\sqrt{n}}t_{\alpha/2}(n-1)\right\}=1-\alpha \tag{7.4.11}$$

于是 μ 的一个置信水平为 $1-\alpha$ 的置信区间为

$$\left(\overline{X}\pm\frac{S}{\sqrt{n}}t_{\alpha/2}(n-1)\right) \tag{7.4.12}$$

例7.4.1 设轴承内环的锻压零件的平均高度 X 服从正态分布 $N(\mu,0.4^2)$，现在从中抽取 20 只内环，其平均高度 $\overline{x}=32.3$ mm. 求内环平均高度的置信度为 95% 的置信区间.

解 已知 $\overline{x}=32.3$，$n=20$，$1-\alpha=0.95$，$\alpha/2=0.025$，$z_{\alpha/2}=1.96$，$\sigma^2=0.4^2$，所以由式 (7.4.4)，平均高度 μ 的一个置信水平为 $1-\alpha$ 的置信区间为

$$\left(\overline{X}\pm\frac{\sigma}{\sqrt{n}}z_{\alpha/2}\right)=\left(32.3\pm\frac{0.4}{\sqrt{20}}\times1.96\right)$$

即
$$(32.12, 32.48)$$

例7.4.2 有一大批糖果. 现从中随机地取 16 袋，称得重量(单位: g)如下:

| 506 | 508 | 499 | 503 | 504 | 510 | 497 | 512 |
| 514 | 505 | 493 | 496 | 506 | 502 | 509 | 496 |

设袋装糖果的重量近似地服从正态分布，试求总体均值的置信水平为 0.95 的置信区间.

解 此题中 σ^2 为未知，所以总体均值的一个置信水平为 $1-\alpha$ 的置信区间为

$$\left(\overline{X}\pm\frac{S}{\sqrt{n}}t_{\alpha/2}(n-1)\right)$$

其中
$$n-1=15，\quad \overline{x}=\frac{1}{16}\sum_{i=1}^{16}x_i=503.75，\quad 1-\alpha=0.95，\quad \alpha/2=0.025$$

$$t_{\alpha/2}(n-1)=t_{0.025}(15)=2.1315，\qquad S=\sqrt{\frac{1}{15}\sum_{i=1}^{16}(x_i-\overline{x})^2}=6.2022$$

代入式(7.4.12)便求得总体均值 μ 的一个置信水平为 0.95 的置信区间为

$$\left(503.75\pm\frac{6.2022}{\sqrt{16}}\times2.1315\right)$$

即
$$(500.4, 507.1)$$

2. 方差 σ^2 的置信区间

根据实际问题的需要，只介绍 μ 未知的情况. S^2 是 σ^2 的无偏估计，由定理 6.2.3 知

$$\frac{(n-1)S^2}{\sigma^2}\sim\chi^2(n-1) \tag{7.4.13}$$

且分布不依赖于任何未知参数. 故取 $\dfrac{(n-1)S^2}{\sigma^2}$ 作为枢轴量，即得(图 7.4.2).

$$P\left\{\chi_{1-\alpha/2}^2(n-1)<\frac{(n-1)S^2}{\sigma^2}<\chi_{\alpha/2}^2(n-1)\right\}=1-\alpha \tag{7.4.14}$$

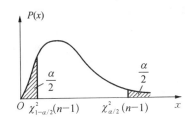

图 7.4.2

即

$$P\left\{\frac{(n-1)S^2}{\chi_{\alpha/2}^2(n-1)} < \sigma^2 < \frac{(n-1)S^2}{\chi_{1-\alpha/2}^2(n-1)}\right\} = 1-\alpha \tag{7.4.15}$$

所以, μ 未知时, 方差 σ^2 的一个置信水平为 $1-\alpha$ 的置信区间为

$$\left(\frac{(n-1)S^2}{\chi_{\alpha/2}^2(n-1)}, \frac{(n-1)S^2}{\chi_{1-\alpha/2}^2(n-1)}\right) \tag{7.4.16}$$

由式(7.4.14), 还可得到标准差 σ 的一个置信水平为 $1-\alpha$ 的置信区间为

$$\left(\frac{\sqrt{(n-1)}S}{\sqrt{\chi_{\alpha/2}^2(n-1)}}, \frac{\sqrt{(n-1)}S}{\sqrt{\chi_{1-\alpha/2}^2(n-1)}}\right) \tag{7.4.17}$$

注 当枢轴量的密度函数不对称时, 如 χ^2 分布和 F 分布, 通常采用"双等尾"原则, 使"上尾"与"下尾"的概率同为 $\alpha/2$, 来确定分位点, 例如, $\chi_{1-\alpha/2}^2(n-1)$ 和 $\chi_{\alpha/2}^2(n-1)$, 进而得到置信区间, 但这样所得到的置信区间的平均长度不是最短的.

思考题 7.4.1 当 μ 已知时, 如何求 σ^2 的置信区间呢?

例 7.4.3 求例 7.4.2 中总体标准差 σ 的置信水平为 0.95 的置信区间.

解 这里 $n-1=15$, $1-\alpha=0.95$, $\alpha/2=0.025$, 查附表 3 得

$$\chi_{\alpha/2}^2(n-1)=\chi_{0.025}^2(15)=27.488, \qquad \chi_{1-\alpha/2}^2(n-1)=\chi_{0.975}^2(15)=6.262$$

又 $s=6.2022$, 由式(7.4.17), 得

$$\frac{\sqrt{n-1}\,s}{\sqrt{\chi_{\alpha/2}^2(n-1)}}=\frac{\sqrt{15}\times 6.2022}{\sqrt{27.488}}=4.58, \qquad \frac{\sqrt{(n-1)}\,s}{\sqrt{\chi_{1-\alpha/2}^2(n-1)}}=\frac{\sqrt{15}\times 6.2022}{\sqrt{6.262}}=9.60$$

故所求的标准差 σ 的一个置信水平为 0.95 的置信区间为 $(4.95, 9.60)$.

7.4.2 两个总体 $N(\mu_1, \sigma_1^2)$, $N(\mu_2, \sigma_2^2)$ 的情况

在实际问题中, 虽然已知产品的某一质量指标服从正态分布, 但由于原料、设备条件、操作人员的不同, 或工艺过程的改变等因素, 引起总体均值、总体方差有所改变, 我们需要知道这些变化有多大, 这就需要考虑两个正态总体均值差或方差比的区间估计问题.

设已给定置信水平为 $1-\alpha$, 并设 $X_1, X_2, \cdots, X_{n_1}$ 为来自正态总体 X, $X \sim N(\mu_1, \sigma_1^2)$, 样本 $Y_1, Y_2, \cdots, Y_{n_2}$ 为来自第二个正态总体 Y, $Y \sim N(\mu_2, \sigma_2^2)$, 这两个样本相互独立. 且设 $\bar{X}, \bar{Y}$ 分别是第一、二个总体的样本均值, S_1^2, S_2^2 分别是第一、二个总体的样本方差.

1. 两个总体均值差 $\mu_1 - \mu_2$ 的置信区间

(1) σ_1^2, σ_2^2 均为已知时. 由于 $\bar{X} \sim N\left(\mu_1, \dfrac{\sigma_1^2}{n_1}\right)$, $\bar{Y} \sim N\left(\mu_2, \dfrac{\sigma_2^2}{n_2}\right)$, 且 $\bar{X}$ 与 $\bar{Y}$ 相互独立, 所以

$\bar{X} - \bar{Y} \sim N\left(\mu_1 - \mu_2, \dfrac{\sigma_1^2}{n_1} + \dfrac{\sigma_2^2}{n_2}\right)$, 且 $\bar{X} - \bar{Y}$ 是 $\mu_1 - \mu_2$ 的最大似然估计, 同时也是无偏估计, 故取

$$Z = \frac{(\bar{X} - \bar{Y}) - (\mu_1 - \mu_2)}{\sqrt{\dfrac{\sigma_1^2}{n_1} + \dfrac{\sigma_2^2}{n_2}}} \sim N(0,1) \tag{7.4.18}$$

作为枢轴量, 可得 $\mu_1 - \mu_2$ 的一个置信水平为 $1 - \alpha$ 的置信区间为

$$\left(\bar{X} - \bar{Y} \pm z_{\alpha/2} \sqrt{\frac{\sigma_1^2}{n_1} + \frac{\sigma_2^2}{n_2}}\right) \tag{7.4.19}$$

(2) $\sigma_1^2 = \sigma_2^2 = \sigma^2$, 但 σ^2 未知. 这时取

$$S_w^2 = \frac{\sum_{i=1}^{n_1}(X_i - \bar{X})^2 + \sum_{j=1}^{n_2}(Y_j - \bar{Y})^2}{n_1 + n_2 - 2} = \frac{(n_1 - 1)S_1^2 + (n_2 - 1)S_2^2}{n_1 + n_2 - 2}$$

作为 σ^2 的估计, 则枢轴量

$$T = \frac{(\bar{X} - \bar{Y}) - (\mu_1 - \mu_2)}{S_w \sqrt{\dfrac{1}{n_1} + \dfrac{1}{n_2}}} \sim t(n_1 + n_2 - 2) \tag{7.4.20}$$

从而可得 $\mu_1 - \mu_2$ 的置信度为 $1 - \alpha$ 的置信区间为

$$\left(\bar{X} - \bar{Y} \pm t_{\alpha/2}(n_1 + n_2 - 2)S_w \sqrt{\frac{1}{n_1} + \frac{1}{n_2}}\right) \tag{7.4.21}$$

(3) 当 σ_1^2, σ_2^2 未知, 且不论两者是否相等, 但 $n_1 = n_2$. 令 $Z_i = X_i - Y_i$, 则

$$Z_i \sim N(\mu_1 - \mu_2, \sigma_1^2 + \sigma_2^2)$$

这时 $\mu_1 - \mu_2$ 的置信水平为 $1 - \alpha$ 的置信区间问题就转化为单个正态总体均值 $\mu = \mu_1 - \mu_2$ 的置信水平为 $1 - \alpha$ 的置信区间问题, 利用式(7.4.12), 读者可自行将结论写出.

(4) 当 σ_1^2, σ_2^2 未知, 但 n_1, n_2 很大(大于 50), 可利用如下近似公式

$$\left(\bar{X} - \bar{Y} \pm z_{\alpha/2} \sqrt{\frac{S_1^2}{n_1} + \frac{S_2^2}{n_2}}\right) \tag{7.4.22}$$

作为 $\mu_1 - \mu_2$ 的一个置信水平为 $1 - \alpha$ 的置信区间.

例7.4.4 为提高某一化学生产过程的得率, 试图采用一种新的催化剂. 为慎重起见, 在实验工厂先进行试验. 设采用原来的催化剂进行了 $n_1 = 8$ 次试验, 得到得率的平均值 $\bar{x} = 91.73$. 样本方差 $s_1^2 = 3.89$; 又采用新的催化剂进行了 $n_2 = 8$ 次试验得到得率的均值 $\bar{y} = 93.75$, 样本方差 $s_2^2 = 4.02$. 假设两总体都可认为服从正态分布, 且方差相等, 两样本独立. 试求两总体均值差 $\mu_1 - \mu_2$ 的置信水平为 0.95 的置信区间.

解 因为两正态总体的方差相等但未知，所以可用式(7.4.21)来求解. 由于

$$1-\alpha = 0.95, \alpha/2 = 0.025, n_1 = n_2 = 8, \quad n_1 + n_2 - 2 = 14, \ t_{0.025}(14) = 2.144\,8$$

此处

$$s_w^2 = \frac{(n_1-1)s_1^2 + (n_2-1)s_2^2}{n_1+n_2-2} = 3.96, \qquad s_w = \sqrt{s_w^2} = \sqrt{3.96} = 1.99$$

故所求的置信区间为

$$\left(\overline{x} - \overline{y} \pm s_w \times t_{0.025}(14) \sqrt{\frac{1}{8} + \frac{1}{8}} \right) = (-2.02 \pm 2.13)$$

即

$$(-4.15, 0.11)$$

注 由于本题所得的置信区间包含零，在实际中认为采用这两种催化剂所得的得率的均值没有显著差别.

思考题 7.4.2 若去掉两总体方差相等这个条件，又将如何求解呢?

2. 两个总体方差比 σ_1^2/σ_2^2 的置信区间

仅讨论 μ_1, μ_2 均未知的情况，μ_1, μ_2 均已知的情形读者可类似推导.

由定理 6.2.5 知

$$F = \frac{S_1^2/S_2^2}{\sigma_1^2/\sigma_2^2} \sim F(n_1-1, n_2-1) \tag{7.4.23}$$

并且 F 的分布不依赖任何未知参数，故可取 F 作为枢轴量，得

$$P\left\{ F_{1-\alpha/2}(n_1-1,n_2-1) < \frac{S_1^2/S_2^2}{\sigma_1^2/\sigma_2^2} < F_{\alpha/2}(n_1-1,n_2-1) \right\} = 1-\alpha \tag{7.4.24}$$

即

$$P\left\{ \frac{S_1^2}{S_2^2} \cdot \frac{1}{F_{\alpha/2}(n_1-1,n_2-1)} < \frac{\sigma_1^2}{\sigma_2^2} < \frac{S_1^2}{S_2^2} \cdot \frac{1}{F_{1-\alpha/2}(n_1-1,n_2-1)} \right\} = 1-\alpha \tag{7.4.25}$$

于是两正态总体方差比 σ_1^2/σ_2^2 的一个置信水平为 $1-\alpha$ 的置信区间为

$$\left(\frac{S_1^2}{S_2^2} \cdot \frac{1}{F_{\alpha/2}(n_1-1,n_2-1)}, \ \frac{S_1^2}{S_2^2} \cdot \frac{1}{F_{1-\alpha/2}(n_1-1,n_2-1)} \right) \tag{7.4.26}$$

例 7.4.5 (续例 7.4.4) 如果不知道两正态总体的方差 σ_1^2, σ_2^2 是否相等，试求方差比 σ_1^2/σ_2^2 的置信水平为 0.95 的置信区间.

解 由于 $1-\alpha = 0.95, \alpha/2 = 0.025, n_1 = n_2 = 8, \ F_{\alpha/2}(n_1-1,n_2-1) = F_{0.025}(7,7) = 4.99$

$$F_{1-\alpha/2}(n_1-1,n_2-1) = F_{0.975}(7,7) = \frac{1}{F_{\alpha/2}(n_2-1,n_1-1)} = \frac{1}{F_{0.025}(7,7)} = \frac{1}{4.99}$$

$$s_1^2 = 1.1^2 = 1.21, \quad s_2^2 = 1.2^2 = 1.44, \quad \alpha = 0.10$$

利用式(7.4.26)，故得 σ_1^2/σ_2^2 的置信水平为 0.95 的置信区间为 $\left(\frac{1.21}{1.44} \times \frac{1}{4.99}, \frac{1.21}{1.44} \times 4.99 \right)$

即为

$$(0.17, 4.19)$$

注 由于本题中 σ_1^2/σ_2^2 的置信区间包含1，在实际中认为 σ_1^2, σ_2^2 两者没有显著差别.

7.5 单侧置信区间

在一些实际问题中，人们感兴趣的有时仅仅是未知参数的一个下限或一个上限，例如，对于某种合金的平均抗压强度来说，我们是希望越大越好，因此人们关心的是平均抗压强度的置信下限；而对于另外一些问题，例如，某种药品的毒性指标，希望越小越好，因此人们关心的是该指标的置信上限. 由此引出单侧置信限的概念.

对于给定值 $\alpha(0 < \alpha < 1)$，若由样本 $X_1, X_2, \cdots, X_n$ 确定的统计量 $\underline{\theta} = \underline{\theta}(X_1, X_2, \cdots, X_n)$，对于任意 $\theta \in \Theta$ 满足 $P\{\theta > \underline{\theta}\} \geqslant 1 - \alpha$，则称随机区间 $(\underline{\theta}, \infty)$ 是 θ 的置信水平为 $1 - \alpha$ 的**单侧置信区间**，$\underline{\theta}$ 称为 θ 的置信水平为 $1 - \alpha$ 的**单侧置信下限**.

类似地，若有统计量 $\overline{\theta} = \overline{\theta}(X_1, X_2, \cdots, X_n)$，对于任意 $\theta \in \Theta$ 满足 $P\{\theta < \overline{\theta}\} \geqslant 1 - \alpha$，则称随机区间 $(-\infty, \overline{\theta})$ 是 θ 的置信水平为 $1 - \alpha$ 的**单侧置信区间**，$\overline{\theta}$ 称为 θ 的置信水平为 $1 - \alpha$ 的**单侧置信上限**.

不难看出，单侧置信上限和单侧置信下限都是置信区间的特殊情形，因此，可以用寻找置信区间的方法来寻找单侧置信上(下)限. 具体来说，可以仿造 7.3 节中构造未知参数 θ 的置信区间的枢轴量法，得到构造未知参数 θ 的单侧置信上(下)限的枢轴量法，其一般步骤如下.

(1) 寻求一个样本 $X_1, X_2, \cdots, X_n$ 和 θ 的函数 $W(X_1, X_2, \cdots, X_n; \theta)$ 作为枢轴量，这一点与构造置信区间的相应步骤完全一样.

(2) 对于给定的置信度 $1 - \alpha$，定出两个常数 a（或 b），使 $P\{a < W\} = 1 - \alpha$（或 $P\{W < b\} = 1 - \alpha$）.

(3) 若能从 $a < W$（或 $W < b$）中得到与之等价的不等式 $\underline{\theta} < \theta$（或 $\theta < \overline{\theta}$），则 $\underline{\theta} = \underline{\theta}(X_1, X_2, \cdots, X_n)$ [或 $\overline{\theta} = \overline{\theta}(X_1, X_2, \cdots, X_n)$] 就是 θ 的一个置信度为 $1 - \alpha$ 的单侧置信下(上)限.

例如，对于单个正态总体 X，若均值 μ，方差 σ^2 均未知，设 $X_1, X_2, \cdots, X_n$ 是总体 X 的一个样本，参照式(7.4.9)~式(7.4.12)，取 T 作为枢轴量，其中：

$$T = \frac{\overline{X} - \mu}{S / \sqrt{n}} \sim t(n-1)$$

由

$$P\left\{\frac{\overline{X} - \mu}{S / \sqrt{n}} < t_\alpha(n-1)\right\} = 1 - \alpha$$

则

$$P\left\{\mu > \overline{X} - \frac{S}{\sqrt{n}} t_\alpha(n-1)\right\} = 1 - \alpha$$

于是，得到 μ 的一个置信水平为 $1 - \alpha$ 的单侧置信区间为

$$\left(\overline{X} - \frac{S}{\sqrt{n}} t_\alpha(n-1), +\infty\right)$$

μ 的一个置信水平为 $1 - \alpha$ 的单侧置信下限为 $\overline{X} - \frac{S}{\sqrt{n}} t_\alpha(n-1)$. 类似地，由

$$P\left\{\frac{\overline{X} - \mu}{S / \sqrt{n}} > t_{1-\alpha}(n-1)\right\} = 1 - \alpha$$

则
$$P\left\{\mu < \overline{X} + \frac{S}{\sqrt{n}}t_\alpha(n-1)\right\} = 1-\alpha$$

得到 μ 的一个置信水平为 $1-\alpha$ 的单侧置信区间为 $\left(-\infty, \overline{X} + \frac{S}{\sqrt{n}}t_\alpha(n-1)\right)$，$\mu$ 的一个置信水平为 $1-\alpha$ 的单侧置信上限为 $\overline{X} + \frac{S}{\sqrt{n}}t_\alpha(n-1)$.

如果求方差 σ^2 的单侧置信上限，那么参照式(7.4.13)～式(7.4.16)，取枢轴量
$$\chi^2 = \frac{(n-1)S^2}{\sigma^2} \sim \chi^2(n-1)$$

由
$$P\left\{\chi_{1-\alpha}^2(n-1) < \frac{(n-1)S^2}{\sigma^2}\right\} = 1-\alpha$$

则
$$P\left\{\sigma^2 < \frac{(n-1)S^2}{\chi_{1-\alpha}^2(n-1)}\right\} = 1-\alpha$$

于是，得到 σ^2 的一个置信水平为 $1-\alpha$ 的单侧置信区间为 $\left(0, \frac{(n-1)S^2}{\chi_{1-\alpha}^2(n-1)}\right)$，$\sigma^2$ 的一个置信水平为 $1-\alpha$ 的单侧置信上限为 $\frac{(n-1)S^2}{\chi_{1-\alpha}^2(n-1)}$.

正态总体参数的置信区间、单侧置信限的有关结论均如表 7.5.1 所示.

表 7.5.1　正态总体参数的置信区间与单侧置信限(置信水平为 $1-\alpha$)

	待估参数	条件	枢轴量 W 的分布	置信区间	单侧置信限
单个正态总体	μ	σ^2 已知	$Z = \dfrac{\overline{X}-\mu}{\sigma/\sqrt{n}} \sim N(0,1)$	$\left(\overline{X} \pm \dfrac{\sigma}{\sqrt{n}}z_{\alpha/2}\right)$	$\overline{\mu} = \overline{X} + \dfrac{\sigma}{\sqrt{n}}z_\alpha$ $\underline{\mu} = \overline{X} - \dfrac{\sigma}{\sqrt{n}}z_\alpha$
	μ	σ^2 未知	$t = \dfrac{\overline{X}-\mu}{S/\sqrt{n}} \sim t(n-1)$	$\left[\overline{X} \pm \dfrac{S}{\sqrt{n}}t_{\alpha/2}(n-1)\right]$	$\overline{\mu} = \overline{X} + \dfrac{S}{\sqrt{n}}t_\alpha(n-1)$ $\underline{\mu} = \overline{X} - \dfrac{S}{\sqrt{n}}t_\alpha(n-1)$
	σ^2	μ 未知	$\chi^2 = \dfrac{(n-1)S^2}{\sigma^2}$	$\left[\dfrac{(n-1)S^2}{\chi_{\alpha/2}^2(n-1)}, \dfrac{(n-1)S^2}{\chi_{1-\alpha/2}^2(n-1)}\right]$	$\overline{\sigma^2} = \dfrac{(n-1)S^2}{\chi_{1-\alpha}^2(n-1)}$ $\underline{\sigma^2} = \dfrac{(n-1)S^2}{\chi_\alpha^2(n-1)}$

待估参数	条件	枢轴量 W 的分布	置信区间	单侧置信限
两个正态总体 $\mu_1-\mu_2$	σ_1^2,σ_2^2 未知	$Z=\dfrac{\overline{X}-\overline{Y}-(\mu_1-\mu_2)}{\sqrt{\dfrac{\sigma_1^2}{n_1}+\dfrac{\sigma_2^2}{n_2}}}\sim N(0,1)$	$\left(\overline{X}-\overline{Y}\pm z_{\alpha/2}\sqrt{\dfrac{\sigma_1^2}{n_1}+\dfrac{\sigma_2^2}{n_2}}\right)$	$\overline{\mu_1-\mu_2}=\overline{X}-\overline{Y}$ $+z_\alpha\sqrt{\dfrac{\sigma_1^2}{n_1}+\dfrac{\sigma_2^2}{n_2}}$ $\underline{\mu_1-\mu_2}=\overline{X}-\overline{Y}$ $-z_\alpha\sqrt{\dfrac{\sigma_1^2}{n_1}+\dfrac{\sigma_2^2}{n_2}}$
$\mu_1-\mu_2$	$\sigma_1^2=\sigma_2^2=\sigma^2$ 未知	$t=\dfrac{\overline{X}-\overline{Y}-(\mu_1-\mu_2)}{S_w\sqrt{\dfrac{1}{n_1}+\dfrac{1}{n_2}}}$ $\sim t(n_1+n_2-2)$ $S_w^2=\dfrac{(n_1-1)S_1^2+(n_2-1)S_2^2}{n_1+n_2-2}$	$\left(\overline{X}-\overline{Y}\pm t_{\alpha/2}(n_1+n_2-2)\right.$ $\left.S_w\sqrt{\dfrac{1}{n_1}+\dfrac{1}{n_2}}\right)$	$\overline{\mu_1-\mu_2}=\overline{X}-\overline{Y}$ $+t_\alpha(n_1+n_2-2)S_w\sqrt{\dfrac{1}{n_1}+\dfrac{1}{n_2}}$ $\underline{\mu_1-\mu_2}=\overline{X}-\overline{Y}$ $-t_\alpha(n_1+n_2-2)S_w\sqrt{\dfrac{1}{n_1}+\dfrac{1}{n_2}}$
$\dfrac{\sigma_1^2}{\sigma_2^2}$	μ_1,μ_2 未知	$F=\dfrac{S_1^2/S_2^2}{\sigma_1^2/\sigma_2^2}$ $\sim F(n_1-1,n_2-1)$	$\left(\dfrac{S_1^2}{S_2^2}\cdot\dfrac{1}{F_{\alpha/2}(n_1-1,n_2-1)},\right.$ $\left.\dfrac{S_1^2}{S_2^2}\cdot\dfrac{1}{F_{1-\alpha/2}(n_1-1,n_2-1)}\right)$	$\overline{\dfrac{\sigma_1^2}{\sigma_2^2}}=\dfrac{S_1^2}{S_2^2}\cdot\dfrac{1}{F_\alpha(n_1-1,n_2-1)}$ $\underline{\dfrac{\sigma_1^2}{\sigma_2^2}}=\dfrac{S_1^2}{S_2^2}\cdot\dfrac{1}{F_{1-\alpha}(n_1-1,n_2-1)}$

例 7.5.1 设某种清漆的 9 个样品, 其干燥时间(单位: h)分别为

6.0　5.7　5.8　6.5　7.0　6.3　5.6　6.1　5.0

设干燥时间为总体 $X\sim N(\mu,\sigma^2)$, 求 μ 的置信度为 0.95 的单侧置信上限.

解 由样本得 $\overline{x}=6.0$, $s^2=0.33$; 由 $\alpha=0.05$, 查附表 2 得 $t_{0.05}(8)=1.8595$, 于是, μ 的置信度为 0.95 的单侧置信上限是

$$\overline{X}+\frac{S}{\sqrt{n}}t_\alpha(n-1)=6.0+\frac{\sqrt{0.33}}{3}\times1.8595=6.356$$

习　题　7

A　类

1. 随机地取 8 只活塞环, 测得它们的直径(单位: mm)分别为

74.001　74.005　74.003　74.001　73.998　74.006　74.002　74.000

试求总体均值 μ 及方差 σ^2 的矩估计值, 并求样本方差 s^2.

2. 设 $X_1, X_2, \cdots, X_n$ 为总体的一个样本，$x_1, x_2, \cdots, x_n$ 为对应的样本值. 求下述各总体密度函数或分布律中未知参数的矩估计和极大似然估计.

(1) $f(x) = \begin{cases} \theta c^{\theta} x^{-(\theta+1)}, & x > c, \\ 0, & 其他, \end{cases}$ 其中 $c > 0$ 为已知，$\theta > 1$ 为未知参数；

(2) $f(x) = \begin{cases} \sqrt{\theta} x^{\sqrt{\theta}-1}, & 0 \leqslant x \leqslant 1, \\ 0, & 其他 \end{cases}$ $(\theta > 0)$，其中 $\theta > 0$ 为未知参数；

(3) $P\{X = x\} = C_m^x p^x (1-p)^{m-x}$ $(x = 0, 1, 2, \cdots, m)$，其中 $0 < p < 1$，p 为未知参数.

3. (1) 设 $X_1, X_2, \cdots, X_n$ 是来自参数为 λ 的泊松分布总体的一个样本，试求 λ 的极大似然估计量和矩估计量；

(2) 设随机变量 X 服从 r, p 为参数的负二项分布，其分布律为

$$P\{X = x_k\} = C_{x_k-1}^{r-1} p^r (1-p)^{x_k-r} \quad (x_k = r, r+1, \cdots)$$

其中：r 已知；p 未知. 设有样本值 $x_1, x_2, \cdots, x_n$，试求 p 的极大似然估计值.

4. 设总体 X 具有分布律如下，其中 $\theta(0 < \theta < 1)$ 为未知参数. 已知取得了样本值 $x_1 = 1, x_2 = 2, x_3 = 1$. 试求 θ 的矩估计值和极大似然估计值.

X	1	2	3
p	θ^2	$2\theta(1-\theta)$	$(1-\theta)^2$

5. 设总体为 $[\theta, 2\theta]$ 上的均匀分布，求参数 θ 的矩估计和极大似然估计.

6. (1) 设 $X_1, X_2, \cdots, X_n$ 是来自正态总体 $N(\mu, \sigma^2)$ 的样本，试求 $P\{\bar{X} < t\}$ 的极大似然估计；

(2) 设 $X_1, X_2, \cdots, X_n$ 是来自正态总体 $N(\mu, 1)$ 的样本，μ 未知，求 $\theta = P\{X > 2\}$ 的极大似然估计.

7. 设 $X_1, X_2, \cdots, X_n$ 是来自总体 X 的一个样本，设 $E(X) = \mu, D(X) = \sigma^2$

(1) 确定常数 c，使 $c\sum_{i=1}^{n-1}(X_{i+1} - X_i)^2$ 为 σ^2 的无偏估计；

(2) 确定常数 c，使 $(\bar{X})^2 - cS^2$ 为 μ^2 的无偏估计.

8. 设 X_1, X_2, X_3, X_4 是来自参数为 θ 的指数分布总体的样本. 其中 θ 未知. 设有估计量:

$$T_1 = \frac{1}{6}(X_1 + X_2) + \frac{1}{3}(X_3 + X_4)$$

$$T_2 = \frac{1}{5}(X_1 + 2X_2 + 3X_3 + 4X_4)$$

$$T_3 = \frac{1}{4}(X_1 + X_2 + X_3 + X_4)$$

(1) 指出哪几个是 θ 的无偏估计量；

(2) 在上述 θ 的无偏估计量中指出哪一个较为有效.

9. (1) 设 $\hat{\theta}$ 为参数 θ 的无偏估计，且有 $D(\hat{\theta}) > 0$，试证：$\widehat{\theta^2} = (\hat{\theta})^2$ 不是 θ^2 的无偏估计；

(2) 试证明均匀分布 $f(x) = \begin{cases} \dfrac{1}{\theta}, & 0 < x \leqslant \theta, \\ 0, & 其他, \end{cases}$ 其中未知参数 θ 的极大似然估计量不是无偏的.

10. 设从均值为 μ，方差为 $\sigma^2 > 0$ 的总体中分别抽取容量为 n_1, n_2 的两独立样本. $\overline{X}$ 和 $\overline{Y}$ 分别是两样本的均值，试证：对于任意常数 $a, b(a+b=1)$，$Z = a\overline{X} + b\overline{Y}$ 都是 μ 的无偏估计，并确定常数 a, b，使得 $D(Z)$ 达到最小.

11. 设有某种油漆的 9 个样品，其干燥时间(单位: h)分别为

$$6.0 \quad 5.7 \quad 5.8 \quad 6.5 \quad 7.0 \quad 6.3 \quad 5.6 \quad 6.1 \quad 5.3$$

设干燥时间总体服从正态分布 $N(\mu, \sigma^2)$，求 μ 的置信水平为 0.95 的置信区间.

(1) 若由以往的经验知 $\sigma = 0.6$ (h)；

(2) 若 σ 为未知.

12. 随机从一批钉子中抽取 6 枚，测得其长度(单位: cm)的样本均值为 $\overline{x} = 2.213$，样本标准差 $S = 0.021$，设该种钉子的长度 X 服从正态分布 $N(\mu, \sigma^2)$，求：

(1) μ 的置信水平为 0.90 的置信区间；

(2) σ^2 的置信水平为 0.95 的置信区间.

13. 随机地从甲批导线中抽取 4 根，又从乙批导线中抽取 5 根，测得电阻(单位: Ω)为

$$\text{甲批导线：} \quad 0.143 \quad 0.142 \quad 0.143 \quad 0.137$$

$$\text{乙批导线：} \quad 0.140 \quad 0.142 \quad 0.136 \quad 0.138 \quad 0.140$$

设测量数据分别来自 $N(\mu_1, \sigma^2)$ 和 $N(\mu_2, \sigma^2)$，且两样本相互独立. 又 μ_1, μ_2, σ^2 均未知，试求 $\mu_1 - \mu_2$ 的置信水平为 0.95 的置信区间.

14. 在一批货物的容量为 100 的样本中，经检验发现有 16 只次品，试求这批货物次品率的置信水平为 0.95 的置信区间.

15. 求第 11 题中 μ 的置信水平为 0.95 的单侧置信上限.

16. 为研究某种汽车轮胎的磨损特性，随机地选择 16 只轮胎，每只轮胎行使到磨损为止，所行使的路程为 $X_1, X_2, \cdots, X_{16}$，假设这些数据来自正态总体 $N(\mu, \sigma^2)$，其中 μ, σ^2 未知，计算得出 $\overline{X} = 41\,117, S = 1\,347$，试求：

(1) μ 的置信水平为 0.95 的单侧置信下限；

(2) 方差 σ^2 的置信水平为 0.95 的单侧置信上限.

17. 求第 13 题中 $\mu_1 - \mu_2$ 的置信水平为 0.95 的单侧置信下限.

18. 设两位化验员 A, B 独立地对某种聚合物含氯量用相同的方法各作 10 次测定，其测定值的样本方差依次为 $S_A^2 = 0.5419, S_B^2 = 0.606\,5$. 设 σ_A^2, σ_B^2 分别为 A, B 所测定的测定值总体的方差，设总体均为正态的，求：

(1) 方差比 σ_A^2 / σ_B^2 的置信水平为 0.95 的置信区间；

(2) 方差比 σ_A^2 / σ_B^2 的置信水平为 0.95 的单侧置信上限.

B 类

19. 选择题.

(1) 设 n 个随机变量 $X_1, X_2, \cdots, X_n$ 独立同分布，

$$DX_i = \sigma^2, \quad \overline{X} = \frac{1}{n}\sum_{i=1}^{n} X_i, \quad S^2 = \frac{1}{n-1}\sum_{i=1}^{n}(X_i - \overline{X})^2$$

则( ).

(A) S 是 σ 的无偏估计量   (B) S 与 $\overline{X}$ 相互独立

(C) S 是 σ 的一致估计量   (D) S 是 σ 的最大似然估计量

(2) 已知总体 X 的期望 $EX=0$, 方差 $DX=\sigma^2$, $X_1,X_2,\cdots,X_n$ 为其简单样本, 均值为 $\overline{X}$, 方差为 S^2, 则 σ^2 的无偏估计量为( ).

(A) $n\overline{X}^2+S^2$ (B) $\dfrac{n}{2}\overline{X}^2+\dfrac{1}{2}S^2$ (C) $\dfrac{n}{3}\overline{X}^2+S^2$ (D) $\dfrac{n}{4}\overline{X}^2+\dfrac{1}{4}S^2$

(3) 设一批零件的长度服从正态分布 $N(\mu,\sigma^2)$, 其中 μ,σ 未知, 现从中随机抽取 16 个零件, 测得样本均值 $\bar{x}=20\,(\text{cm})$, 样本标准差 $s=1\,(\text{cm})$, 则 μ 的置信水平为 0.90 的置信区间是 ( ).

(A) $\left(20-\dfrac{1}{4}t_{0.05}(16),20+\dfrac{1}{4}t_{0.05}(16)\right)$ (B) $\left(20-\dfrac{1}{4}t_{0.1}(16),20+\dfrac{1}{4}t_{0.1}(16)\right)$

(C) $\left(20-\dfrac{1}{4}t_{0.05}(15),20+\dfrac{1}{4}t_{0.05}(15)\right)$ (D) $\left(20-\dfrac{1}{4}t_{0.1}(15),20+\dfrac{1}{4}t_{0.1}(15)\right)$

20. 填空题.

(1) 设总体 X 的方差 $\sigma^2=1$, 根据来自 X 的容量为 100 的简单样本, 测得样本均值为 5, 则 X 的数学期望的置信水平近似等于 0.95 的置信区间是_____;

(2) 设由来自正态总体 $X\sim N(\mu,0.9^2)$ 容量为 9 的子样, 得样本均值 $\overline{X}=5$, 则未知参数 μ 的置信水平为 0.95 的置信区间是_____;

(3) 设总体 X 的概率密度为 $f(x;\theta)=\begin{cases}\mathrm{e}^{-(x-\theta)}, & x\geqslant\theta,\\ 0, & x<\theta,\end{cases}$ 而 $X_1,X_2,\cdots,X_n$ 是来自总体 X 的一个子样, 则未知参数 θ 的矩估计量为_____;

(4) 已知一批零件的长度 X(单位:cm) 服从正态分布 $N(\mu,1)$, 从中随机抽取 16 个零件, 得到长度的平均值为 $40\,(\text{cm})$, 则未知参数 μ 的置信水平为 0.95 的置信区间是_____.

21. 设总体 X 的概率密度为
$$f(x;\lambda)=\begin{cases}\lambda\alpha x^{\alpha-1}\mathrm{e}^{-\lambda x^{\alpha}}, & x\geqslant 0\\ 0, & x\leqslant 0\end{cases}$$
式中: $\lambda>0$ 是未知参数; $\alpha>0$ 是已知常数, 根据来自总体 X 的简单随机样本 $X_1,X_2,\cdots,X_n$, 求 λ 的最大似然估计量 $\hat{\lambda}$.

22. 设总体 X 的概率密度为
$$f(x)=\begin{cases}(\theta+1)x^{\theta}, & 0<x<1\\ 0, & \text{其他}\end{cases}$$
式中: $\theta>-1$ 是未知参数, $X_1,X_2,\cdots,X_n$ 是来自总体 X 的一个容量为 n 的简单随机样本, 分别用矩估计法和最大似然估计法求 θ 的估计量.

23. 设总体 X 的概率密度为

$$f(x) = \begin{cases} \dfrac{6x}{\theta^3}(\theta - x), & 0 < x < \theta \\ 0, & \text{其他} \end{cases}$$

式中: $\theta > -1$ 是未知参数, $X_1, X_2, \cdots, X_n$ 是取自总体 X 的简单随机样本, 求:

(1) θ 的矩估计量 $\hat{\theta}$;   (2) $\hat{\theta}$ 的方差 $D(\hat{\theta})$.

24. 设总体 X 的概率分布为

X	0	1	2	3
p	θ^2	$2\theta(1-\theta)$	θ^2	$1-2\theta$

式中: $\theta\left(0 < \theta < \dfrac{1}{2}\right)$ 是未知参数, 利用总体 X 的如下样本值

$$3, 1, 3, 0, 3, 1, 2, 3$$

求 θ 的矩估计值和最大似然估计值.

25. 设总体 X 的分布函数为

$$F(x; \beta) = \begin{cases} 1 - \dfrac{1}{x^\beta}, & x > 1 \\ 0, & x \leqslant 1 \end{cases}$$

式中: $\beta > 1$ 是未知参数, $X_1, X_2, \cdots, X_n$ 为来自总体 X 的简单随机样本, 求:

(1) β 的矩估计量;

(2) β 的最大似然估计量.

26. 设总体 X 的概率密度为

$$f(x) = \begin{cases} 2e^{-2(x-\theta)}, & x > \theta \\ 0, & x \leqslant \theta \end{cases}$$

式中: $\theta > 0$ 是未知参数, 从总体中抽取简单随机样本 $X_1, X_2, \cdots, X_n$, 记 $\hat{\theta} = \min\{X_1, X_2, \cdots, X_n\}$, 求:

(1) 总体 X 的分布函数 $F(x)$;

(2) 统计量 $\hat{\theta}$ 的分布函数 $F_{\hat{\theta}}(x)$;

(3) 如果用 $\hat{\theta}$ 作为 θ 的估计量, 讨论它是否具有无偏性.

27. 设 $X_1, X_2, \cdots, X_n$ 为来自总体 $N(0, \sigma^2)$ 的简单随机样本, $\overline{X}$ 是样本均值, 记

$$Y_i = X_i - \overline{X} \quad (i = 1, 2, \cdots, n)$$

求:

(1) $D(Y_i)(i = 1, 2, \cdots, n)$;

(2) $\text{Cov}(Y_1, Y_n)$;

(3) 常数 c, 使得 $c(Y_1 + Y_n)^2$ 是 σ^2 的无偏估计量.

28. 假设 0.50, 1.25, 0.80, 2.00 是来自总体 X 的简单随机样本值, 已知 $Y = \ln X \sim N(\mu, 1)$, 求:

(1) X 的期望 EX(记 $EX = b$);

(2) μ 的置信水平为 0.95 的置信区间;

(3) 利用上述结果求 b 的置信水平为 0.95 的置信区间.

29. 从正态总体 $N(4, 36)$ 抽取容量为 n 的样本, 如果要求其样本均值位于区间 $(2, 6)$ 的概率不小于 0.95, 问样本容量 n 至少应取多大?

精彩案例：第二次世界大战中德国坦克数量的估计问题

第二次世界大战时期，军事情报的关键在于获取敌方装备的数量. 当时，同盟国军队希望能够准确估计德军所使用坦克的数量.

具体有两种不同的实现方法：传统的情报采集法与统计学估计法. 后来证实，统计学估计法比传统的情报采集法要准确很多.

统计学的方法不仅用在估计德国坦克的数量上，而且更多地帮助盟军了解德国工业的产量，分析工厂的数量、工厂重要性排序、供应链的长度、产量的变化和原料的使用与分布.

传统的盟军情报收集可以估计德国的坦克产量，从 1940 年 6 月 ~ 1942 年 9 月，每月约产出 1 400 辆坦克，但是通过统计学方法估计的产量平均每月才 256 辆，战争结束后，从捕获的德国产量记录中可以看到每月产量的平均值为 255 辆.

具体来讲，在战场上盟军缴获或击毁一部分的德国坦克，他们发现这些德国坦克是经过编号的，而且从大到小所有的编号是连续的，即如果战场上德国坦克的最小编号是 1, 所有的坦克进行编号后，最大的编号就应该是战场上德国坦克数量的总数.

例如，一次战斗中随机地击毁了 $n=4$ 辆坦克，它们的编号分别为 2, 6, 7, 14 则观察到的最大编号为 $m=14$，问总共有多少坦克？

解 可设德国坦克的编号为 X，则 X 的分布律为

X	1	2	$\cdots$	N
p	$\dfrac{1}{N}$	$\dfrac{1}{N}$	$\cdots$	$\dfrac{1}{N}$

其中，N 为德国坦克的数量.

现抽取样本 $X_1, X_2, \cdots, X_n$，最大次序统计量 $X_{(n)} = \max(X_1, X_2, \cdots, X_n)$，样本的似然函数为

$$L(N) = \begin{cases} \dfrac{1}{N^n}, & 1 \leqslant x_{(1)} \leqslant x_{(2)} \leqslant \cdots \leqslant x_{(n)} \leqslant N \\ 0, & \text{其他} \end{cases}$$

由于 N 越小，似然函数越大，但 $N \geqslant x_{(n)}$，所以 $\hat{N}_{\text{极大}} = X_{(n)}$. 而

$$P(X_{(n)} = k) = \frac{k^n - k^{n-1}}{N^n}, \quad E(X_{(n)}) = \frac{n}{n+1}(N+1), \quad E\left(\frac{n+1}{n}X_{(n)} - 1\right) = N$$

故 $X_{(n)}$ 是 N 的有偏估计，修正后 $\dfrac{n+1}{n}X_{(n)} - 1$ 是 N 的一个无偏估计，则根据上述样本观测值，得德国坦克数量 N 的观测值为

$$\hat{N} = \frac{n+1}{n}X_{(n)} - 1 = \frac{4+1}{4} \times 14 - 1 = 16.5 \, (\text{辆})$$

第8章 假设检验

假设检验是统计推断的另一重要内容,它与参数估计类似,但角度不同.参数估计是利用样本信息对总体的未知参数做出一个优良估计,而假设检验则是先对总体提出一个假设,然后利用样本信息判断这一假设是否成立.假设检验与参数估计一样,在数理统计的理论研究与实际应用中都占有重要地位.本章在讨论假设检验的基本概念后,将重点介绍正态总体参数的假设检验问题.

8.1 假设检验的基本思想与概念

8.1.1 假设检验问题

先从一个例子开始引出假设检验问题.

例 8.1.1 某车间用一台包装机包装葡萄糖.袋装糖的净重是一个随机变量,它服从正态分布.当机器正常时,其均值为 0.5 kg,标准差为 0.015 kg.某次检修后,为检验包装机是否正常,随机地取它所包装的糖 9 袋,称得净重(单位: kg)为

    0.497 0.506 0.518 0.524 0.498 0.511 0.520 0.515 0.512

问检修后机器是否正常?

对这个实际问题可做如下分析.

(1) 这不是一个参数估计问题;

(2) 这是在给定总体 $X \sim N(\mu, 0.015^2)$ 及其样本下,要求对命题"机器正常"即"均值 $\mu = 0.5$"做出"是"还是"否"的判断.这类问题称为统计假设检验问题,简称**假设检验问题**.命题"$\mu = 0.5$"被称为**原假设**,记为 H_0,而与之相对立的命题"$\mu \neq 0.5$"被称为**备择原假设**,记为 H_1;

(3) 本例中总体 X 的分布类型已知,原假设 H_0 与备择假设 H_1 只涉及到参数 μ,该假设检验问题称为**参数假设检验问题**,否则,称为**非参数假设检验问题**;

(4) 只能利用所给的样本对原假设命题"均值 $\mu = 0.5$"是否正确做出判断,这里的"判断"被称为"**检验**"或"**检验法则**",检验结果有两种:

"原假设不正确"——称为拒绝原假设;"原假设正确"——称为接受原假设;

8.1.2 假设检验的基本思想

为说明假设检验的思想,先看一实际例子.

例 8.1.2 一南北向的交通干线,全长 10 km,中间有一隧道,隧道南面 3.5 km,北面 6.5 km,在刚通车的一个月中,隧道南面接连发生了 3 起交通事故,而北面没有发生事故;是

否可以认为隧道南面比北面更容易发生交通事故(或南面是事故多发地段)?

解 不妨假设: "南面不是事故多发地段",把这个作为**原假设**,为便于表示,记

$$概率\ p = P\{某次事故恰好发生在南面\}$$
$$事件\ A = \{3\ 次事故恰好发生在南面\}$$

则本问题可视为一个假设检验问题,提出的假设可如下表示:

$$H_0 : p = 0.35 \leftrightarrow H_1 : p > 0.35(南面更容易发生交通事故)$$

如果原假设成立(通常称"原假设为真"),那么 3 次事故恰好发生在南面的概率,亦即 $P(A) = 0.35^3 \approx 0.049$,而 0.049 是一个小概率,根据统计推断中的小概率原理,小概率事件在一次试验中是不容易发生的,现在既然它发生了,所以有充分的理由否定原假设,接受备择假设"南面是事故多发地段". 当然,从严谨的角度来说,原假设为真时,并不是绝对不会发生事件 A,科学的说法是,宁愿冒 0.049 的风险(后面要说的第一类错误的概率)也要否定"南面不是事故多发地段".

这就是假设检验的基本思想,它类似于数学中的反证法,先假设原假设 H_0 为真,通过样本数据,如果得到一个不合理的结果,那么拒绝原假设,否则接受原假设.

8.1.3 假设检验的基本步骤

下面结合例 8.1.1 来说明假设检验的基本步骤.

1. 建立假设

对于假设检验问题,首先要根据实际问题的背景和要求,提出一对不相容的命题,分别作为原假设与备择假设,如例 8.1.1 中为

$$H_0 : \mu = \mu_0 = 0.5 \leftrightarrow H_1 : \mu \neq \mu_0 \tag{8.1.1}$$

需要指出的是,互换 H_0 与 H_1 中的内容得到的是不同的检验问题.

2. 选择检验统计量,给出拒绝域的形式

由样本对原假设进行判断总是通过一个统计量完成的,该统计量称为**检验统计量**. 因要检验的假设涉及总体均值 μ,由上一章知,样本均值 $\bar{X}$ 是 μ 的一个无偏估计,故首先想到是否可借助样本均值 $\bar{X}$ 这一统计量来进行判断. $\bar{X}$ 的观察值的大小在一定程度上反映 μ 的大小,因此,若假设 H_0 为真,则观察值 $\bar{x}$ 与 μ_0 的偏差 $|\bar{x} - \mu_0|$ 一般不应太大,即太大的可能性很小. 若 $|\bar{x} - \mu_0|$ 过分大时,就怀疑 H_0 的正确性而拒绝 H_0,考虑到当 H_0 为真时 $\dfrac{\bar{X} - \mu_0}{\sigma / \sqrt{n}} \sim N(0,1)$,而衡量 $|\bar{x} - \mu_0|$ 的大小可归结为衡量 $\dfrac{|\bar{x} - \mu_0|}{\sigma / \sqrt{n}}$ 的大小. 可适当选择一正数 k,使当观察值 $\bar{x}$ 满足 $\dfrac{|\bar{x} - \mu_0|}{\sigma / \sqrt{n}} \geq k$ 时就拒绝 H_0,反之,若 $\dfrac{|\bar{x} - \mu_0|}{\sigma / \sqrt{n}} < k$,就接受 H_0. 在这里,$Z = \dfrac{\bar{X} - \mu_0}{\sigma / \sqrt{n}}$ 就是检验统计量,它的一个重要特点是,当 H_0 为真时,其分布不依赖任何参数; 使原假设被拒绝的样本观测值所在的区域被称为**拒绝域**,这里拒绝域为: $W = \{(x_1, x_2, \cdots, x_n) : |Z| \geq k\}$

或简记为 $W = \{|Z| \geq k\}$.

3. 选择显著性水平

对于检验(法则),其完全确定还依赖 k 的取值,不同的 k 对应于不同的检验.当一个检验选定之后,依据样本作出判断时,存在着容易犯**两类错误**的可能.

当实际上 H_0 为真却作出了拒绝 H_0 的决策,这种错误称为**第一类错误**;其发生的概率称为**犯第一类错误的概率**,记为

$$P\{拒 H_0 \big| H_0 真\} \quad 或 \quad P_{\mu_0}\{(x_1, x_2, \cdots, x_n) \in W\} \quad 或 \quad P_{\mu_{0 \in H_0}}\{(x_1, x_2, \cdots, x_n) \in W\}$$

记号 $P_{\mu_0}\{\}$ 表示参数 μ 取 μ_0 时事件 $\{\}$ 的概率, $P_{\mu_{0 \in H_0}}\{\}$ 表示 μ 取 H_0 规定值时事件 $\{\}$ 的概率.

当实际上 H_1 为真却作出了接受 H_0 的决策,这种错误称为**第二类错误**;其发生的概率称为**犯第二类错误的概率**,记为

$$P\{接受 H_0 \big| H_1 真\} \quad 或 \quad P_{\mu_{0 \in H_1}}\{(x_1, x_2, \cdots, x_n) \in \overline{W}\}$$

理想的检验方法应使犯两类错误的概率都很小,但在样本容量给定的情形下,不可能使两者都很小,降低一个,往往使另一个增大.在此背景下,英国统计学家奈曼和皮尔逊提出一种折中方案:寻找检验,控制它犯第一类错误的概率不超过 α ,即满足

$$P\{拒 H_0 \big| H_0 真\} = P_{\mu_0}\{(x_1, x_2, \cdots, x_n) \in W\} \leq \alpha \tag{8.1.2}$$

同时,对于固定的 n ,使第二类错误尽可能地小,并以此来建立评价检验是否最优的标准.关于这一点这里不准备深入讨论,只强调一点,称满足式(8.1.2)的检验为**显著性检验**, $\alpha(0 < \alpha < 1)$ 一般是一个较小的正数,称为**显著性水平**,实际中常取 $0.05, 0.1, 0.01$ 等值.

4. 给出拒绝域

在确定显著性水平后,可以定出拒绝域 W .由于只允许犯这类错误的概率最大为 α ,令式(8.1.2)右端取等号,即令

$$P_{\mu_0}\{(x_1, x_2, \cdots, x_n) \in W\} = P_{\mu_0}\{|Z| \geq k\} = P_{\mu_0}\left\{ \left| \frac{\overline{X} - \mu_0}{\sigma / \sqrt{n}} \right| \geq k \right\} = \alpha \tag{8.1.3}$$

由标准正态分布分位点的定义得(图 8.1.1) $k = z_{\alpha/2}$, $z_{\alpha/2}$ 也称为**临界点**.

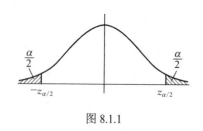

图 8.1.1

故检验问题的拒绝域为

$$W = \{(x_1, x_2, \cdots, x_n) : |Z| \geq z_{\alpha/2}\}$$

或记为 $W = \{|Z| \geq z_{\alpha/2}\}$.如选取显著性水平 $\alpha = 0.05$,则有 $z_{\alpha/2} = z_{0.025} = 1.96$,这时拒绝域为 $W = \{|Z| \geq 1.96\}$.

5. 作出判断

在确定拒绝域 W 后,可以根据样本观测值作出判断.

在本例中取 $\alpha = 0.05$,又已知 $n = 9$, $\sigma = 0.015$,再由样本算得 $\bar{x} = 0.511$,即有

$$z = \left| \frac{\bar{x} - \mu_0}{\sigma / \sqrt{n}} \right| = 2.2 > 1.96$$

说明样本观测值落入拒绝域 W 中, 于是拒绝 H_0, 认为这天包装机工作显著地不正常.

8.1.4 参数假设检验的几种常见形式

形如式(8.1.1)中的备择假设 H_1, 表示 μ 可能大于 μ_0, 也可能小于 μ_0, 称为双边备择假设, 而称形如式(8.1.1)的假设检验为双边备择假设检验, 简称双边检验.

有时, 人们只关心总体的期望是否增大, 如产品的质量、材料的强度、元件的使用寿命等是否随着工艺改革而比以前提高, 此时需检验假设

$$H_0 : \mu \leqslant \mu_0 \leftrightarrow H_1 : \mu > \mu_0 \qquad (8.1.4)$$

形如式(8.1.4)的假设检验称为右边备择假设检验, 简称右边检验. 类似地, 还有一些问题, 如新工艺是否降低了产品中的次品数, 此时要检验假设

$$H_0 : \mu \geqslant \mu_0 \leftrightarrow H_1 : \mu < \mu_0 \qquad (8.1.5)$$

形如式(8.1.5)的假设检验称为左边备择假设检验, 简称左边检验. 右边检验和左边检验统称为单边检验.

参数假设检验常见的就是式(8.1.1)、式(8.1.4)、式(8.1.5)这**三种基本形式**.

在例 8.1.1 中已经讨论了双边假设检验问题的拒绝域, 下面来讨论单边假设检验的拒绝域.

设总体 $X \sim N(\mu, \sigma^2)$, σ 为已知, $X_1, X_2, \cdots, X_n$ 是来自 X 的样本, 给定显著性水平 α, 求单边检验问题(8.1.4)

$$H_0 : \mu \leqslant \mu_0 \leftrightarrow H_1 : \mu > \mu_0$$

的拒绝域.

因 H_0 中的全部 μ 都比 H_1 中的 μ 要小, 当 H_1 为真时, 观察值 $\bar{x}$ 往往偏大, 因此, 拒绝域的形式为

$$W = \{ \bar{x} \geqslant k \} \ (k \text{ 是某一正常数}) \qquad (8.1.6)$$

确定 k 的方法与例 8.1.1 中的做法类似:

$$
\begin{aligned}
P\{ \text{拒} H_0 \big| H_0 \text{真} \} &= P_{\mu \in H_0} \{ \bar{X} \geqslant k \} \\
&= P_{\mu \leqslant \mu_0} \left\{ \frac{\bar{X} - \mu_0}{\sigma / \sqrt{n}} \geqslant \frac{k - \mu_0}{\sigma / \sqrt{n}} \right\} \\
&\leqslant P_{\mu \leqslant \mu_0} \left\{ \frac{\bar{X} - \mu}{\sigma / \sqrt{n}} \geqslant \frac{k - \mu_0}{\sigma / \sqrt{n}} \right\}
\end{aligned}
$$

上式中不等号成立是因 $\mu \leqslant \mu_0$, 当 $\dfrac{\bar{X} - \mu_0}{\sigma / \sqrt{n}} \geqslant \dfrac{k - \mu_0}{\sigma / \sqrt{n}}$ 时, 有 $\dfrac{\bar{X} - \mu}{\sigma / \sqrt{n}} \geqslant \dfrac{k - \mu_0}{\sigma / \sqrt{n}}$, 从而

$$\left\{ \frac{\bar{X} - \mu_0}{\sigma / \sqrt{n}} \geqslant \frac{k - \mu_0}{\sigma / \sqrt{n}} \right\} \subset \left\{ \frac{\bar{X} - \mu}{\sigma / \sqrt{n}} \geqslant \frac{k - \mu_0}{\sigma / \sqrt{n}} \right\}$$

要控制 $P\{ \text{拒} H_0 \big| H_0 \text{真} \} \leqslant \alpha$, 只需令

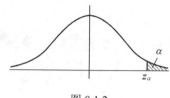

$$P_{\mu \leqslant \mu_0} \left\{ \frac{\overline{X} - \mu}{\sigma / \sqrt{n}} \geqslant \frac{k - \mu_0}{\sigma / \sqrt{n}} \right\} = \alpha \qquad (8.1.7)$$

由于 $\dfrac{\overline{X} - \mu}{\sigma / \sqrt{n}} \sim N(0,1)$，由式 (8.1.7) 得 $\dfrac{k - \mu_0}{\sigma / \sqrt{n}} = z_\alpha$

图 8.1.2

(图 8.1.2)，$k = \mu_0 + \dfrac{\sigma}{\sqrt{n}} z_\alpha$，即得检验问题 (8.1.4) 的拒绝

域为

$$W = \left\{ \overline{X} \geqslant \mu_0 + \frac{\sigma}{\sqrt{n}} z_\alpha \right\}$$

拒绝域通常用另外一种表示形式，即

$$W = \left\{ \frac{\overline{X} - \mu_0}{\sigma / \sqrt{n}} \geqslant z_\alpha \right\} = \{ Z \geqslant z_\alpha \} \qquad (8.1.8)$$

类似地，可得左边检验问题 (8.1.5)

$$H_0 : \mu \geqslant \mu_0 \leftrightarrow H_1 : \mu < \mu_0$$

的拒绝域为

$$W = \left\{ \frac{\overline{X} - \mu_0}{\sigma / \sqrt{n}} \leqslant -z_\alpha \right\} = \{ Z \leqslant -z_\alpha \} \qquad (8.1.9)$$

例 8.1.3 设某电子产品平均寿命 $5\,000\,\text{h}$ 为达到标准, 现从一大批产品中抽出 12 件试验结果如下:

$$5\,059, \quad 3\,897, \quad 3\,631, \quad 5\,050, \quad 7\,474, \quad 5\,077$$
$$4\,545, \quad 6\,279, \quad 3\,532, \quad 2\,773, \quad 7\,419, \quad 5\,116$$

假设该产品的寿命 $X \sim N(\mu, 1\,400)$, 试问此批产品是否合格? ($\alpha = 0.05$)

解 由题意知, 需要检验假设

$$H_0 : \mu \geqslant 5\,000 \leftrightarrow H_1 : \mu < 5\,000$$

这是一个左边检验问题, 其拒绝域如式 (8.1.9) 所示, $W = \{ z \leqslant -z_\alpha = -1.645 \}$ 计算知

$$\overline{x} = 4\,986, \quad n = 12, \quad \sigma = \sqrt{1\,400}$$

则

$$z = \frac{\overline{x} - \mu_0}{\sigma / \sqrt{n}} = \frac{\sqrt{12}\,(4\,986 - 5\,000)}{\sqrt{1\,400}} = -1.296$$

此时 $-1.296 > -1.645$, 检验统计量 z 的样本观测值落在接受域中, 故可接受 H_0, 即认为该批产品合格.

思考题 8.1.1 若假设检验问题是 $H_0 : \mu \leqslant 5\,000 \leftrightarrow H_1 : \mu \geqslant 5\,000$, 根据上述样本观测值, 作出的结论又是什么?

8.1.5 假设检验中的假设选取问题

对于一个实际中的检验问题, 选择哪一个为原假设, 哪一个为备择假设是非常重要的. 由于显著性检验只控制了犯第一类错误的概率, 即

$$P\{(x_1, x_2, \cdots, x_n) \in W | H_0 \text{真}\} \leqslant \alpha \quad (0 < \alpha < 1 \text{是一个较小的正数})$$

这说明如果 H_0 为真的话，观测值落入拒绝域中即 $\{(x_1, x_2, \cdots, x_n) \in W\}$ 是一个小概率事件，根据实际推断原理，即"小概率事件在一次试验中几乎是不可能发生的"原理，现在若出现观测值落入拒绝域中，即 $\{(x_1, x_2, \cdots, x_n) \in W\}$，则有充分的理由拒绝 H_0，换句话说，由观测值作出拒绝 H_0 的判断，理由是充分的；反之，若观测值落入接受域中，即 $\{(x_1, x_2, \cdots, x_n) \in \overline{W}\}$，则将作出接受 H_0 的判断，但因犯第二类错误的概率 $P\{(x_1, x_2, \cdots, x_n) \in \overline{W} | H_1 \text{真}\}$ 可能是一个较大的值，故由观测值作出接受 H_0 的判断，理由是不充分的，准确地应该说"不拒绝 H_0"，但习惯上还是说"接受 H_0".

基于以上的道理，在实际中，如果想要强烈地支持某一命题，那么应将这一命题作为备择假设 H_1，而把它的否命题作为原假设 H_0，例如，想说明新工艺、新方法生产的灯管的平均寿命 μ 有较大提高，假设应取 $H_0: \mu \leqslant \mu_0 \leftrightarrow H_1: \mu > \mu_0$.

另外，原假设和备择假设所处地位是不对等的.因拒绝原假设必须要有充分理由，故原假设通常是受到保护的，而备择假设是当原假设被拒绝后才能被接受.所以，在实际中，一般将经验(或成见)以及久已存在的状况作为原假设.

思考题 8.1.2 某乳制品化工厂生产一种奶粉，以往质量均符合国家标准，蛋白质平均含量 μ 不低于 18.5%，这次从该厂生产的产品中随机抽取若干袋奶粉进行检测，以判断该厂目前产品质量是否可靠，问关于 μ 的检验问题应如何选取？

8.2 正态总体的参数检验

8.2.1 单个正态总体均值 μ 的假设检验

1. σ^2 已知，关于 μ 的检验(Z 检验)

这在前一节讨论过此问题，结论见表 8.2.1.

表 8.2.1 正态总体参数的检验法(显著性水平为 α)

名称	原假设 H_0	备择假设 H_1	检验统计量	拒绝域
1	$\mu \leqslant \mu_0$	$\mu > \mu_0$	$Z = \dfrac{\overline{X} - \mu_0}{\sigma / \sqrt{n}}$	$z \geqslant z_\alpha$
	$\mu \geqslant \mu_0$	$\mu < \mu_0$		$z \leqslant -z_\alpha$
	$\mu = \mu_0$	$\mu \neq \mu_0$		$\lvert z \rvert \geqslant z_{\alpha/2}$
	(σ^2 已知)			
2	$\mu \leqslant \mu_0$	$\mu > \mu_0$	$t = \dfrac{\overline{X} - \mu_0}{S / \sqrt{n}}$	$t \geqslant t_\alpha(n-1)$
	$\mu \geqslant \mu_0$	$\mu < \mu_0$		$t \leqslant -t_\alpha(n-1)$
	$\mu = \mu_0$	$\mu \neq \mu_0$		$\lvert t \rvert \geqslant t_{\alpha/2}(n-1)$
	(σ^2 未知)			

名称	原假设 H_0	备择假设 H_1	检验统计量	拒绝域
3	$\sigma^2 \leqslant \sigma_0^2$	$\sigma^2 > \sigma_0^2$	$\chi^2 = \dfrac{(n-1)S^2}{\sigma_0^2}$	$\chi^2 \geqslant \chi_\alpha^2(n-1)$
	$\sigma^2 \geqslant \sigma_0^2$	$\sigma^2 < \sigma_0^2$		$\chi^2 \leqslant \chi_{1-\alpha}^2(n-1)$
	$\sigma^2 = \sigma_0^2$	$\sigma^2 \neq \sigma_0^2$		$\chi^2 \geqslant \chi_{\alpha/2}^2(n-1)$
	(μ 未知)			或 $\chi^2 \leqslant \chi_{1-\alpha/2}^2(n-1)$
4	$\mu_1 - \mu_2 \leqslant \delta$	$\mu_1 - \mu_2 > \delta$	$Z = \dfrac{(\overline{X} - \overline{Y}) - \delta}{\sqrt{\dfrac{\sigma_1^2}{n_1} + \dfrac{\sigma_2^2}{n_2}}}$	$z \geqslant z_\alpha$
	$\mu_1 - \mu_2 \geqslant \delta$	$\mu_1 - \mu_2 < \delta$		$z \leqslant -z_\alpha$
	$\mu_1 - \mu_2 = \delta$	$\mu_1 - \mu_2 \neq \delta$		$\lvert z \rvert \geqslant z_{\alpha/2}$
	(σ_1^2, σ_2^2 已知)			
5	$\mu_1 - \mu_2 \leqslant \delta$	$\mu_1 - \mu_2 > \delta$	$t = \dfrac{(\overline{X} - \overline{Y}) - \delta}{S_w \sqrt{\dfrac{1}{n_1} + \dfrac{1}{n_2}}}$	$t \geqslant t_\alpha(n_1 + n_2 - 2)$
	$\mu_1 - \mu_2 \geqslant \delta$	$\mu_1 - \mu_2 < \delta$		$t \leqslant -t_\alpha(n_1 + n_2 - 2)$
	$\mu_1 - \mu_2 = \delta$	$\mu_1 - \mu_2 \neq \delta$	$S_w^2 = \dfrac{(n_1-1)S_1^2 + (n_2-1)S_2^2}{n_1 + n_2 - 2}$	$\lvert t \rvert \geqslant t_{\alpha/2}(n_1 + n_2 - 2)$
	(σ_1^2, σ_2^2 相等)			
6	$\mu_1 - \mu_2 \leqslant \delta$	$\mu_1 - \mu_2 > \delta$	$t = \dfrac{\overline{Z} - \delta}{S_z / \sqrt{n}}$	$t \geqslant t_\alpha(n-1)$
	$\mu_1 - \mu_2 \geqslant \delta$	$\mu_1 - \mu_2 < \delta$		$t \leqslant -t_\alpha(n-1)$
	$\mu_1 - \mu_2 = \delta$	$\mu_1 - \mu_2 \neq \delta$		$\lvert t \rvert \geqslant t_{\alpha/2}(n-1)$
	(配对试验)			
7	$\sigma_1^2 \leqslant \sigma_2^2$	$\sigma_1^2 > \sigma_2^2$	$F = \dfrac{S_1^2}{S_2^2}$	$F \geqslant F_\alpha(n_1 - 1, n_2 - 1)$
	$\sigma_1^2 \geqslant \sigma_2^2$	$\sigma_1^2 < \sigma_2^2$		$F \leqslant F_\alpha(n_1 - 1, n_2 - 1)$
	$\sigma_1^2 = \sigma_2^2$	$\sigma_1^2 \neq \sigma_2^2$		$F \leqslant F_{1-\alpha/2}(n_1 - 1, n_2 - 1)$
	(μ_1, μ_2 均未知)			或 $F \geqslant F_{\alpha/2}(n_1 - 1, n_2 - 1)$

在这些检验问题中, 都是利用统计量 $Z = \dfrac{\overline{X} - \mu_0}{\sigma / \sqrt{n}}$ 来确定拒绝域的, 这种检验法常称为 Z 检验法.

2. σ^2 未知, 关于 μ 的检验(t 检验)

设总体 $X \sim N(\mu, \sigma^2)$, 其中 μ, σ^2 未知, $X_1, X_2, \cdots, X_n$ 是来自 X 的样本, 考虑 μ 的双边检验:
$$H_0 : \mu = \mu_0 \leftrightarrow H_1 : \mu \neq \mu_0$$

因为总体方差 σ^2 未知, 此时 $Z = \dfrac{\overline{X} - \mu_0}{\sigma / \sqrt{n}}$ 中含未知参数 σ^2, 已不能作为检验统计量, 而样本方差 $S^2 = \dfrac{1}{n-1} \sum_{i=1}^{n} (X_i - \overline{X})^2$ 是总体方差 σ^2 的无偏估计, 所以 S 替代 σ 可得检验统计量

$$t = \frac{\overline{X} - \mu_0}{S / \sqrt{n}}$$

当观察值 $|t| = \left| \dfrac{\overline{x} - \mu_0}{s / \sqrt{n}} \right|$ 过大时就拒绝 H_0，拒绝域形式为

$$W = \left\{ \left| \frac{\overline{X} - \mu_0}{S / \sqrt{n}} \right| \geqslant k \right\} = \{ |t| \geqslant k \}$$

由抽样分布结论知，当 H_0 为真时，$t \sim t(n-1)$，因此，在给定显著性水平 α 下，由

$$P\{拒绝 H_0 | H_0 为真\} = P_{\mu_0}\{ |t| \geqslant k \} = \alpha$$

得 $k = t_{\alpha/2}(n-1)$，即得拒绝域为

$$W = \{ |t| \geqslant t_{\alpha/2}(n-1) \} \tag{8.2.1}$$

类似地，可得单边检验的拒绝域：假设 $H_0 : \mu \leqslant \mu_0 \leftrightarrow H_1 : \mu > \mu_0$，其检验的拒绝域为 $W = \{ t \geqslant t_\alpha(n-1) \}$；假设 $H_0 : \mu \geqslant \mu_0 \leftrightarrow H_1 : \mu < \mu_0$，其检验的拒绝域为 $W = \{ t \leqslant -t_\alpha(n-1) \}$.

这种利用检验 t 统计量得出的检验法称为 **t 检验法**.

例 8.2.1 某厂生产小型马达，说明书上写着：这种小型马达在正常负载下平均消耗电流不会超过 0.8 A. 现随机抽取 16 台马达试验，求得平均消耗电流为 0.89 A，消耗电流的标准差为 0.32 A. 假设马达所消耗的电流服从正态分布，取显著性水平为 $\alpha = 0.05$，问根据这个样本，能否接受厂方的断言？

解 根据题意，待检假设可设为

$$H_0 : \mu \leqslant \mu_0 = 0.8 \leftrightarrow H_1 : \mu > 0.8$$

因 σ 未知，故采用 t 检验法，检验问题的拒绝域为 $W = \{ t \geqslant t_\alpha(n-1) \}$，其中，$n = 16$，$t_{0.05}(15) = 1.753$，$\overline{x} = 0.89, s = 0.32$，算得

$$t = \frac{\overline{x} - \mu_0}{s / \sqrt{n}} = 1.125 < 1.753$$

t 没有落入域中，故接受原假设，即接受厂方平均消耗电流不会超过 0.8 A 的断言.

8.2.2 单个正态总体方差 σ^2 的假设检验

设总体 $X \sim N(\mu, \sigma^2)$，μ, σ^2 均未知，$X_1, X_2, \cdots, X_n$ 是来自 X 的样本，在给定显著性水平 α 时，考虑检验假设

$$H_0 : \sigma^2 = \sigma_0^2 \leftrightarrow H_1 : \sigma^2 \neq \sigma_0^2 \quad (\sigma_0^2 为已知常数)$$

由于样本方差 S^2 是总体方差的无偏估计，所以当 H_0 为真时，样本方差 S^2 的值应在 σ_0^2 的附近，即 $\dfrac{S^2}{\sigma_0^2}$ 不应过分小于 1 或过分大于 1. 由第 6 章抽样分布结论，当原假设 H_0 成立时，

$$\frac{(n-1)S^2}{\sigma_0^2} \sim \chi^2(n-1)$$

故选取 $\chi^2 = \dfrac{(n-1)S^2}{\sigma_0^2}$ 作为检验统计量，其拒绝域的形式为

$$W = \{\chi^2 \leqslant k_1 \text{ 或 } \chi^2 \geqslant k_2\}$$

其中 k_1, k_2 由下式确定:

$$P\{拒绝 H_0 | H_0 为真\} = P_{\sigma_0^2}\{\chi^2 \leqslant k_1 \text{ 或 } \chi^2 \geqslant k_2\} = \alpha$$

为计算方便, 习惯上取

$$P_{\sigma_0^2}\{\chi^2 \leqslant k_1\} = \frac{\alpha}{2}, \qquad P_{\sigma_0^2}\{\chi^2 \geqslant k_2\} = \frac{\alpha}{2}$$

得 $k_1 = \chi^2_{1-\alpha/2}(n-1)$, $k_2 = \chi^2_{\alpha/2}(n-1)$, 于是拒绝域为

$$W = \{\chi^2 \leqslant \chi^2_{1-\alpha/2}(n-1) \quad \text{或} \quad \chi^2 \geqslant \chi^2_{\alpha/2}(n-1)\} \tag{8.2.2}$$

类似地可得关于方差 σ^2 的两个单边检验的拒绝域: 假设 $H_0: \sigma^2 \leqslant \sigma_0^2 \leftrightarrow H_1: \sigma^2 > \sigma_0^2$, 其检验的拒绝域为

$$W = \{\chi^2 \geqslant \chi^2_{\alpha}(n-1)\} \tag{8.2.3}$$

假设 $H_0: \sigma^2 \geqslant \sigma_0^2 \leftrightarrow H_1: \sigma^2 < \sigma_0^2$, 其检验的拒绝域为

$$W = \{\chi^2 \leqslant \chi^2_{1-\alpha}(n-1)\} \tag{8.2.4}$$

以上检验法称为 χ^2 检验法.

例 8.2.2 某汽车配件厂在新工艺下对加工好的 25 个活塞的直径进行测量, 得样本方差 $s^2 = 0.000\,66$, 已知老工艺生产的活塞直径的方差为 $0.000\,40$. 问改革后活塞直径的方差是否不大于改革前的方差?(取显著性水平 $\alpha = 0.05$)

解 本题为单边假设检验问题, 检验假设可设为

$$H_0: \sigma^2 \leqslant \sigma_0^2 = 0.000\,40 \leftrightarrow H_1: \sigma^2 > 0.000\,40$$

用 χ^2 检验法, 其中, $n = 25, \alpha = 0.05, \chi^2_{\alpha}(n-1) = \chi^2_{0.05}(24) = 36.415$, 拒绝域为

$$W = \{\chi^2 \geqslant \chi^2_{0.05}(24) = 36.415\}$$

由样本计算得检验统计量的观测值为

$$\chi^2 = \frac{(n-1)s^2}{\sigma_0^2} = \frac{24 \times 0.000\,66}{0.000\,40} = 39.6 > 36.415$$

观测值落在拒绝域中, 故拒绝 H_0, 即改革后活塞直径的方差显著大于改革前的方差.

思考题 8.2.1 若 μ 已知, 检验的统计量如何选取?拒绝域是什么?

8.2.3 两个正态总体均值差 $\mu_1 - \mu_2$ 的检验

用 t 检验法还可以检验具有相同方差的两个正态总体均值差的假设.

设 $(X_1, X_2, \cdots, X_{n_1})$ 和 $(Y_1, Y_2, \cdots, Y_{n_2})$ 是分别来自正态总体 $N(\mu_1, \sigma^2)$ 和 $N(\mu_2, \sigma^2)$ 的样本, 且两样本相互独立. 记两样本的均值分别为 $\overline{X}, \overline{Y}$, 两样本的方差分别为 S_1^2, S_2^2, 设 μ_1, μ_2, σ^2 均未知, 现在考虑检验问题:

$$H_0: \mu_1 - \mu_2 = \delta \leftrightarrow H_1: \mu_1 - \mu_2 \neq \delta \quad (\delta \text{ 为已知常数})$$

取显著性水平为 α. 构造下述 t 统计量作为检验统计量:

$$t = \frac{(\bar{X} - \bar{Y}) - \delta}{S_w \sqrt{\dfrac{1}{n_1} + \dfrac{1}{n_2}}}$$

其中

$$S_w = \sqrt{\frac{(n_1 - 1)S_1^2 + (n_2 - 1)S_2^2}{n_1 + n_2 - 2}}$$

由抽样分布结论知, 当 H_0 为真时, $t \sim t(n_1 + n_2 - 2)$, 与单个正态总体的 t 检验相仿, 其拒绝域的形式为 $W = \{|t| \geqslant k\}$, 由 $P\{拒绝 H_0 | H_0 为真\} = P_{\mu_1 - \mu_2 = \delta}\{|t| \geqslant k\} = \alpha$, 可得

$$k = t_{\alpha/2}(n_1 + n_2 - 2)$$

即得拒绝域为

$$W = \{|t| \geqslant t_{\alpha/2}(n_1 + n_2 - 2)\} \tag{8.2.5}$$

类似地可得关于均值差的两个单边检验的拒绝域:

假设检验 $H_0 : \mu_1 - \mu_2 \leqslant \delta \leftrightarrow H_1 : \mu_1 - \mu_2 > \delta$, 拒绝域为

$$W = \{t \geqslant t_{\alpha}(n_1 + n_2 - 2)\} \tag{8.2.6}$$

假设检验 $H_0 : \mu_1 - \mu_2 \geqslant \delta \leftrightarrow H_1 : \mu_1 - \mu_2 < \delta$, 拒绝域为

$$W = \{t \leqslant -t_{\alpha}(n_1 + n_2 - 2)\} \tag{8.2.7}$$

例8.2.3 某厂使用两种不同的原料 A、B 生产同一类型产品, 各在一周的产品中取样分析, 取用原料 A 生产的样品 220 件, 测得平均重量为 2.46 kg, 样本标准差 $s_1 = 0.57$ kg. 取用原料 B 生产的样品 205 件, 测得平均重量为 2.55 kg, 样本标准差为 $s_2 = 0.48$ kg. 设这两个相互独立的样本分别来自两个方差相同的正态总体, 问在水平 0.05 下能否认为用原料 B 生产的产品的平均重量较用原料 A 生产的为大?

解 本题为两个正态总体在方差未知的情形下均值差的左边检验, 应用 t 检验法.

依题意, 需检验假设 $H_0 : \mu_1 - \mu_2 \geqslant 0 \leftrightarrow H_1 : \mu_1 - \mu_2 < 0$, 若接受 H_0, 则认为用原料 B 生产的产品的平均重量不比用原料 A 的大; 否则, 认为用原料 B 生产的产品的平均重量较用原料 A 的为大.

检验统计量

$$t = \frac{\bar{X} - \bar{Y}}{S_w \sqrt{\dfrac{1}{n_1} + \dfrac{1}{n_2}}}$$

拒绝域为

$$W = \{t \leqslant -t_{\alpha}(n_1 + n_2 - 2)\}$$

其中

$$n_1 = 220, \quad \bar{x} = 2.46, \quad s_1 = 0.57; \quad n_2 = 205, \quad \bar{y} = 2.55, \quad s_2 = 0.48$$

$$S_w = \sqrt{\frac{(n_1 - 1)S_1^2 + (n_2 - 1)S_2^2}{n_1 + n_2 - 2}} = \sqrt{\frac{219 \times 0.57^2 + 204 \times 0.48^2}{220 + 205 - 2}} = 0.528\,5$$

$$t = \frac{\bar{x} - \bar{y}}{s_w \sqrt{\dfrac{1}{n_1} + \dfrac{1}{n_2}}} = \frac{2.46 - 2.55}{0.528\,5 \times \sqrt{\dfrac{1}{220} + \dfrac{1}{205}}} = -1.754$$

$$t_{\alpha}(n_1 + n_2 - 2) = t_{0.05}(423) \approx z_{0.05} = 1.645$$

由于 $-1.754 < -1.645$, 所以拒绝原假设, 即认为用原料 B 生产的产品的平均重量较用原料 A

生产的为大.

当两个正态总体的方差 σ_1^2, σ_2^2 均为已知(不一定相等)时, 可以用 Z 检验法来检验两个正态总体均值差的假设问题, 检验统计量取

$$Z = \frac{(\bar{X} - \bar{Y}) - \delta}{\sqrt{\dfrac{\sigma_1^2}{n_1} + \dfrac{\sigma_2^2}{n_2}}} \sim N(0,1) \tag{8.2.8}$$

此时, 均值差 $\mu_1 - \mu_2$ 的三种形式检验问题的拒绝域如表 8.2.1 所示.

8.2.4 成对数据的检验

在对两个总体均值进行比较时, 实际问题中有时是为了比较两种方法、两种类型的优劣, 这时试验数据是成对出现的, 称为**配对试验**, 此时, 不适合采用两个正态总体均值差的 t 检验, 这时应作变换: $Z_i = X_i - Y_i$. 在正态假设下:

$$Z_i \sim N(\mu, \sigma_d^2) \quad (1 \leqslant i \leqslant n)$$

其中: $\mu = \mu_1 - \mu_2, \sigma_d^2 = \sigma_1^2 + \sigma_2^2$, 样本 $Z_1, Z_2, \cdots, Z_n$ 可视为单个正态总体 $N(\mu, \sigma_d^2)$ 的样本, 于是, 问题转化为检验假设

$$H_0 : \mu = 0 \leftrightarrow H_1 : \mu \neq 0$$

看作是单个正态总体在方差未知时, 检验均值是否为 0 的假设检验问题, 由式(8.2.1), 得水平为 α 的拒绝域:

$$W = \left\{ |t| = \frac{|\bar{Z}|}{S_Z / \sqrt{n}} \geqslant t_{\alpha/2}(n-1) \right\} \tag{8.2.9}$$

其中, $\bar{Z} = \bar{X} - \bar{Y}$, $S_Z^2 = \dfrac{1}{n-1} \sum_{i=1}^{n} [X_i - Y_i - (\bar{X} - \bar{Y})]^2$.

成对数据均值差 $\mu_1 - \mu_2$ 的另两种形式检验问题的拒绝域如表 8.2.1 所示.

例 8.2.4 有两台光谱仪, 现在分别用这两台光谱仪对 9 件试块测量其光谱一次, 观察结果如表 8.2.2 所示.

表 8.2.2

x/%	0.20	0.30	0.40	0.50	0.60	0.70	0.80	0.90	1.00
y/%	0.10	0.21	0.52	0.32	0.78	0.59	0.68	0.77	0.89

取显著性水平 $\alpha = 0.05$, 问这两台仪器测量性能有无显著差异?(测量误差可视为服从正态)

解 这是配对试验数据检验问题, 用 t 检验法. 设 $Z_i = X_i - Y_i$ $(1 \leqslant i \leqslant 9)$ 是来自正态总体 $N(\mu_1 - \mu_2, \sigma_1^2 + \sigma_2^2)$ 的样本, $Z_1, Z_2, \cdots, Z_n$ 的一组样本观测值为

0.10, 0.09, −0.12, 0.18, −0.18, 0.11, 0.12, 0.13, 0.11

由题意, 要检验假设 $H_0 : \mu = \mu_1 - \mu_2 = 0 \leftrightarrow H_1 : \mu \neq 0$. 其中, $n = 9$, 计算得

$$\bar{x} = 0.06, \qquad S_Z^2 = \frac{1}{n-1}\sum_{i=1}^{n}[X_i - Y_i - (\bar{X} - \bar{Y})]^2 = 0.015\,05$$

从而

$$|t| = \frac{|\bar{Z}|}{S_Z/\sqrt{n}} = \left|\frac{(0.06 - 0)}{\sqrt{0.015\,05}/\sqrt{9}}\right| = 1.467\,2$$

查 t 分位数表得

$$t_{\alpha/2}(n-1) = t_{0.025}(8) = 2.306$$

显然, $|t| < t_{\alpha/2}(n-1)$, 即该样本观测值没有落入拒绝域内, 故在显著水平 $\alpha = 0.05$ 下, 不能认为这两台光谱仪性能有显著性差异.

8.2.5 两个总体方差比 σ_1^2/σ_2^2 的假设检验

设 $X_1, X_2, \cdots, X_{n_1}$ 和 $Y_1, Y_2, \cdots, Y_{n_2}$ 是分别来自两个正态总体 $N(\mu_1, \sigma_1^2)$ 和 $N(\mu_2, \sigma_2^2)$ 的样本, 且两样本独立, 它们的样本方差分别为 S_1^2, S_2^2 , 且设 $\mu_1, \mu_2, \sigma_1^2, \sigma_2^2$ 均为未知, 考虑检验假设(显著性水平为 α):

$$H_0 : \sigma_1^2 = \sigma_2^2 \leftrightarrow H_1 : \sigma_1^2 \neq \sigma_2^2$$

因为 S_1^2, S_2^2 分别是 σ_1^2, σ_2^2 的无偏估计, 当 H_0 为真时, S_1^2/S_2^2 应在 1 附近摆动, 当此值过大或过小时 H_0 都不大可能成立, 所以取检验统计量

$$F = \frac{S_1^2}{S_2^2}$$

拒绝域的形式为

$$W = \{F \leqslant k_1 \quad \text{或} \quad F \geqslant k_2\}$$

当 H_0 为真时, $F = \dfrac{S_1^2}{S_2^2} = \dfrac{S_1^2/\sigma_1^2}{S_2^2/\sigma_2^2} \sim F(n_1 - 1, n_2 - 1)$, 常数 k_1, k_2 由下式确定:

$$P\{拒绝 H_0 | H_0 为真\} = P_{\sigma_1^2 = \sigma_2^2}\{F \leqslant k_1 \text{ 或 } F \geqslant k_2\} = \alpha$$

为计算方便, 习惯上取

$$P_{\sigma_1^2 = \sigma_2^2}\{F \leqslant k_1\} = \alpha/2, \quad P_{\sigma_1^2 = \sigma_2^2}\{F \geqslant k_2\} = \alpha/2$$

得

$$k_1 = F_{1-\alpha/2}(n_1 - 1, n_2 - 1), \qquad k_2 = F_{\alpha/2}(n_1 - 1, n_2 - 1)$$

由此可得拒绝域为

$$W = \left\{F \leqslant F_{1-\alpha/2}(n_1 - 1, n_2 - 1) \quad \text{或} \quad F \geqslant F_{\alpha/2}(n_1 - 1, n_2 - 1)\right\} \tag{8.2.10}$$

同样, 对方差比也可进行两种形式的单边检验, 其拒绝域的结论一并如表 8.2.1 所示. 上述检验法称为 **F 检验法**.

例 8.2.5 两台机床生产同一个型号的滚珠, 从甲机床生产的滚珠中抽取 8 个, 从乙机床生产的滚珠中抽取 9 个, 测得这些滚珠的直径(单位: mm)如表 8.2.3 所示.

表 8.2.3

甲机床	15.0	14.8	15.2	15.4	14.9	15.1	15.2	14.8	
乙机床	15.2	15.0	14.8	15.1	14.6	14.8	15.1	14.5	15.0

设两台机床生产的滚珠直径分别为 X,Y，且 $X\sim N(\mu_1,\sigma_1^2),Y\sim N(\mu_2,\sigma_2^2)$，试问 X 与 Y 的均值有没有显著差别.（$\alpha=0.05$）

解 本题是在两正态总体方差未知的条件下，对均值差进行双边检验的问题.但由于并不知道 X 和 Y 的方差 σ_1^2 与 σ_2^2 是否相等，所以先必须作两正态总体方差比的检验，即考虑假设

$$H_0:\sigma_1^2=\sigma_2^2 \leftrightarrow H_1:\sigma_1^2\neq\sigma_2^2$$

检验统计量
$$F=\frac{S_1^2}{S_2^2}$$

其拒绝域为

$$W=\{F\leqslant F_{1-\alpha/2}(n_1-1,n_2-1) \quad 或 \quad F\geqslant F_{\alpha/2}(n_1-1,n_2-1)\}$$

其中：$n_1=8,\ \bar{x}=15.05,\ s_1^2=0.045\,7;n_2=9,\ \bar{y}=14.9,\ s_2^2=0.057\,5$.查附表 4 得

$$F_{0.025}(7,8)=4.53, \qquad F_{0.975}(7,8)=\frac{1}{F_{0.025}(8,7)}=\frac{1}{4.90}=0.204$$

拒绝域为 $W=\{F\leqslant 0.204\ 或\ F\geqslant 4.53\}$，计算得 $F=\dfrac{s_1^2}{s_2^2}=0.795$，样本观测值没有落入拒绝域，故接受原假设，认为两正态总体 X 和 Y 的方差是相等的，也称为两总体具有**方差齐性**.

在 $\sigma_1^2=\sigma_2^2=\sigma^2$ 的条件下，再作均值差的 t 检验，即考虑假设

$$H_0:\mu_1-\mu_2=0 \leftrightarrow H_1:\mu_1-\mu_2\neq 0$$

检验统计量
$$t=\frac{\bar{X}-\bar{Y}}{S_w\sqrt{\dfrac{1}{n_1}+\dfrac{1}{n_2}}}$$

其拒绝域为
$$W=\{|t|\geqslant t_{\alpha/2}(n_1+n_2-2)\}$$

代入计算得 $t=\dfrac{|\bar{x}-\bar{y}|}{s_w\sqrt{\dfrac{1}{n_1}+\dfrac{1}{n_2}}}=1.354$，查附表 2 得

$$t_{\alpha/2}(n_1+n_2-2)=t_{0.025}(15)=2.131\,4$$

样本观测值没有落入拒绝域，故接受原假设，认为在水平 $\alpha=0.05$ 下，两台机床生产的滚珠直径没有显著性差别.

*8.2.6 置信区间与假设检验之间的关系

通过前面的讨论，可以发现参数的置信区间与假设检验的接受域之间存在着对应关系，即参数的置信区间为相应参数在假设检验中的接受域.因此，从参数的置信水平为 $1-\alpha$ 的置信区间可以导出相应参数的水平为 α 的假设检验的接受域；反之，从参数的水平为 α 的假设检验的接受域出发，也可导出相应参数的置信水平为 $1-\alpha$ 的置信区间.对此不作详细深入的研究，仅举例说明.

例8.2.6 设 $X_1, X_2, \cdots, X_n$ 是来自总体 $X \sim N(\mu, \sigma^2)$ 的样本，其中 μ 未知，在显著性水平 α 下，检验假设：

$$H_0 : \sigma^2 = \sigma_0^2 \leftrightarrow H_1 : \sigma^2 \neq \sigma_0^2$$

解 在上一章中，已知在均值 μ 未知的条件下，方差 σ^2 的置信水平为 $1-\alpha$ 的置信区间为

$$\left(\frac{(n-1)S^2}{\chi_{\alpha/2}^2(n-1)}, \frac{(n-1)S^2}{\chi_{1-\alpha/2}^2(n-1)} \right)$$

若 H_0 为真，则应有

$$
\begin{aligned}
1 - \alpha &= P\left\{ \frac{(n-1)S^2}{\chi_{\alpha/2}^2(n-1)} < \sigma^2 < \frac{(n-1)S^2}{\chi_{1-\alpha/2}^2(n-1)} \right\} \\
&= P\left\{ \chi_{1-\alpha/2}^2(n-1) < \frac{(n-1)S^2}{\sigma^2} < \chi_{\alpha/2}^2(n-1) \right\} \\
&= P\left\{ \chi_{1-\alpha/2}^2(n-1) < \frac{(n-1)S^2}{\sigma_0^2} < \chi_{\alpha/2}^2(n-1) \right\}
\end{aligned}
$$

等价地有

$$P\left\{ \frac{(n-1)s^2}{\sigma_0^2} \leqslant \chi_{1-\alpha/2}^2(n-1) \ 或 \ \frac{(n-1)s^2}{\sigma_0^2} \geqslant \chi_{\alpha/2}^2(n-1) \right\} = \alpha$$

这说明 $W = \left\{ \frac{(n-1)s^2}{\sigma_0^2} \leqslant \chi_{1-\alpha/2}^2(n-1) \ 或 \ \frac{(n-1)s^2}{\sigma_0^2} \geqslant \chi_{\alpha/2}^2(n-1) \right\}$ 是该检验的显著性水平为 α

下的拒绝域，这与式(8.2.2)中的拒绝域完全一致.反之，由假设检验的接受域也可导出参数的置信区间.

因此，在进行假设检验时，也可以先求出相应参数的置信区间，若 H_0 中的 σ_0^2 的值恰好包含在求出的置信区间内，则说明样本观测值落在接受域内，应接受 H_0，否则，应接受备择假设 H_1.

8.3 假设检验的 p 值检验法

以上讨论的假设检验方法称为**临界值法**，使用临界值法检验有时会出现这样的情况：在一个较大的显著性水平(如 $\alpha = 0.05$)下得到拒绝原假设的结论，但在一个较小的显著性水平(如 $\alpha = 0.01$)下却可能得到接受原假设的结论.这种情况在理论上容易解释：因为显著性水平变小后会导致拒绝域变小.但这在应用中会带来一些麻烦，人们往往要问：究竟取多大的显著性水平呢？

本节介绍另一种被称为 p 值检验法的检验方法.下面先讨论一个例子.

例8.3.1 一只香烟中的尼古丁含量 X 服从正态分布 $N(\mu, 1)$，质量标准规定 μ 不能超过 1.5 mg. 现从某厂生产的香烟中随机抽取 20 支，测得其平均每支香烟的尼古丁含量为 $\bar{x} = 1.97$ mg. 试问该厂生产的香烟尼古丁含量是否符合质量标准的规定？

这是一个右边假设检验问题：

$$H_0 : \mu \leqslant \mu_0 = 1.5 \leftrightarrow H_1 : \mu > \mu_0$$

由于总体方差已知, 采用 Z 检验, 检验统计量为 $Z = \dfrac{\overline{X} - \mu_0}{\sigma / \sqrt{n}}$, 由数据, 算得 Z 的观测值为

$$z_0 = \frac{\overline{x} - \mu_0}{\sigma / \sqrt{n}} = \frac{1.97 - 1.5}{1 / \sqrt{20}} = 2.10$$

概率 $\qquad\qquad P\{Z \geqslant z_0\} = P\{Z \geqslant 2.10\} = 1 - \Phi(2.10) = 0.017\,9$

此概率称为 Z 检验法的右边检验的 p 值, 记为

$$P\{Z \geqslant z_0\} = p \text{值} (= 0.017\,9)$$

若显著性水平 $\alpha \geqslant p = 0.017\,9$, 则对应得临界值 $z_\alpha \leqslant 2.10$, 这表示观测值 $z_0 = 2.10$ 落在拒绝域内, 因而拒绝 H_0 ; 又若显著性水平 $\alpha < p = 0.017\,9$, 则对应得临界值 $z_\alpha > 2.10$, 这表示观测值 $z_0 = 2.10$ 落在接受域内, 因而接受 H_0 .

由此可以看出, p 值 $= P\{Z \geqslant z_0\} = 0.017\,9$ 是原假设 H_0 可被拒绝的最小显著性水平.

定义 8.3.1 在一个假设检验问题中, 利用观测值能够作出拒绝原假设的最小显著性水平称为**检验的 p 值**.

引进检验的 p 值的概念有以下明显优点.

(1) 它比较客观, 避免了事先确定显著性水平;

(2) p 值检验法比临界值法给出了有关拒绝域的更多信息.

在常用的统计软件中, 一般都给出检验问题的 p 值.

应用时, 由检验的 p 值与人们心目中的显著性水平 α 进行比较, 可以很容易做出检验的结论:

(1) 若 $\alpha \geqslant p$, 则在显著性水平 α 下拒绝 H_0 ;

(2) 若 $\alpha < p$, 则在显著性水平 α 下接受 H_0 .

任一检验问题的 p 值都可以根据检验统计量的样本观测值以及检验的拒绝域的形式求出.

例如, 在正态总体 $N(\mu, \sigma^2)$ 均值的检验中, 当 σ^2 未知时, 采用的检验统计量是 $t = \dfrac{\overline{X} - \mu_0}{S / \sqrt{n}}$, 当 $\mu = \mu_0$ 时, $t \sim t(n-1)$. 如果由样本求得统计量 t 的观测值为 t_0 , 那么, 对于均值 μ 的三种检验问题, p 值的计算方法如下:

(1) 在 $H_0 : \mu \leqslant \mu_0 \leftrightarrow H_1 : \mu > \mu_0$ 中, 拒绝域形式为 $W = \{t \geqslant k\}$, 故

$$p \text{值} = P_{\mu_0}\{t \geqslant t_0\} = t_0 \text{ 右侧尾部的面积(图 8.3.1)}$$

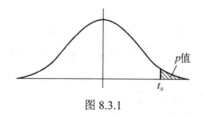

图 8.3.1

(2) 在 $H_0: \mu \geq \mu_0 \leftrightarrow H_1: \mu < \mu_0$ 中, 拒绝域形式为 $W = \{t \leq k\}$, 故

$$p \text{ 值} = P_{\mu_0}\{t \leq t_0\} = t_0 \text{ 左侧尾部的面积(图 8.3.2)}$$

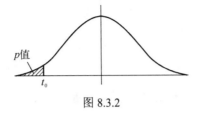

图 8.3.2

(3) 在 $H_0: \mu = \mu_0 \leftrightarrow H_1: \mu \neq \mu_0$ 中, 拒绝域形式为 $W: |t| \geq k$, 故

$$p \text{ 值} = 2 \times P_{\mu_0}\{t \geq |t_0|\} = |t_0| \text{ 右侧尾部面积的 2 倍(图 8.3.3)};$$

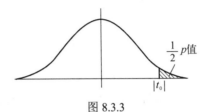

图 8.3.3

例 8.3.2　用 p 值检验法检验例 8.2.1 的检验问题:

$$H_0: \mu \leq \mu_0 = 0.8 \leftrightarrow H_1: \mu > 0.8$$

因 σ 未知, 故采用 t 检验法, 检验统计量 $t = \dfrac{\overline{X} - \mu_0}{S/\sqrt{n}}$ 的观测值为

$$t_0 = \frac{\overline{x} - \mu_0}{s/\sqrt{n}} = 1.125$$

当 $\mu = \mu_0$ 时, $t = \dfrac{\overline{X} - \mu_0}{S/\sqrt{n}} \sim t(n-1)$, 其中, $n = 16$, $p \text{ 值} = P_{\mu_0}\{t \geq 1.125\} = 0.1391 > \alpha = 0.05$,

故接受原假设, 即接受厂方平均消耗电流不会超过 0.8 A 的断言.

　　注　此处计算 p 值, 利用 MATLAB 软件, 代码为 `p=1-tcdf(1.125,15)`

例 8.3.3　用 p 值检验法检验例 8.2.2 的检验问题:

$$H_0: \sigma^2 \leq \sigma_0^2 = 0.00040 \leftrightarrow H_1: \sigma^2 > 0.00040$$

用 χ^2 检验法, 检验统计量 $\chi^2 = \dfrac{(n-1)S^2}{\sigma_0^2}$ 的观测值为

$$\chi_0^2 = \frac{(n-1)s^2}{\sigma_0^2} = \frac{24 \times 0.00066}{0.00040} = 39.6$$

当 $\sigma^2 = \sigma_0^2 = 0.00040$ 时, $\chi^2 = \dfrac{(n-1)S^2}{\sigma_0^2} \sim \chi^2(n-1)$, 其中, $n = 25$

$$p \text{ 值} = P_{\sigma_0^2}\{\chi^2 \geq 39.6\} = 0.0236 < \alpha = 0.05$$

故拒绝 H_0, 即改革后活塞直径的方差显著大于改革前的方差.

　　注　此处计算 p 值, 利用 MATLAB 软件, 代码为 `p=1-chi2cdf(39.6,24)`

例 8.3.4 用 p 值检验法检验例 8.2.5 的检验问题: 两正态总体 X 和 Y 的方差是否相等, 即

$$H_0 : \sigma_1^2 = \sigma_2^2 \leftrightarrow H_1 : \sigma_1^2 \neq \sigma_2^2$$

检验统计量 $F = \dfrac{S_1^2}{S_2^2}$ 的观测值为 $F_0 = \dfrac{s_1^2}{s_2^2} = 0.795$, 则

$$
\begin{aligned}
p\text{值} &= 2 \times \min\{P(F \leqslant F_0), P(F \geqslant F_0)\} \\
&= 2P_{\sigma_1^2 = \sigma_2^2}\{F \leqslant 0.795\} = 2 \times 0.387\,6 = 0.775\,2 > \alpha = 0.05
\end{aligned}
$$

故接受原假设 H_0, 认为两正态总体 X 和 Y 的方差是相等的.

注 此处计算 p 值, 利用 MATLAB 软件, 代码为 `p=2*min([fcdf(x,8,9),1-fcdf(x,8,9)])`

习 题 8

A 类

1. 在某粮店的一批大米中,随机地抽测 6 袋,其质量(单位: kg)为 26.1, 23.6, 25.1, 25.4, 23.7, 24.5.设每袋大米的质量 $X \sim N(0,1)$, 问是否可以认为这批大米的袋重是 25 kg?($\alpha = 0.01$)

2. 某批砂矿的 5 个样品中的镍含量(%)经测定为

$$3.25 \quad 3.27 \quad 3.24 \quad 3.26 \quad 3.24$$

设测定值总体服从正态分布, 但参数均未知, 问在 $\alpha = 0.01$ 下能否接受假设: 这批砂矿的镍含量的均值为 3.25?

3. 设某次考试的考生成绩服从正态分布, 从中随机地抽取 36 位考生的成绩, 算得平均成绩为 66.5 分, 样本标准差为 15 分, 问在显著性水平 0.05 下, 是否可以认为这次考试全体考生的平均成绩仍为 70 分?

4. 要求一种元件平均使用寿命不得低于 1 000 h, 生产者从一批这种元件中随机抽取 25 件, 测得其寿命的平均值为 950 h, 已知该种元件寿命服从标准差为 $\sigma = 100$ h 的正态分布, 试在显著性水平 $\alpha = 0.05$ 下判定这批元件是否合格?设总体均值为 μ 且 μ 未知(即需检验假设 $H_0 : \mu \geqslant 1\,000, H_1 < 1\,000$).

5. 下面列出的是某工厂随机选取的 20 只部件的装配时间(单位: min):

| 9.8 | 10.4 | 10.6 | 9.6 | 9.7 | 9.9 | 10.9 | 11.1 | 9.6 | 10.2 |
| 10.3 | 9.6 | 9.9 | 11.2 | 10.6 | 9.8 | 10.5 | 10.1 | 10.5 | 9.7 |

设装配时间的总体服从正态分布 $N(\mu, \sigma^2)$, μ, σ^2 均未知, 是否可以认为装配时间的均值显著大于 10?($\alpha = 0.05$)

6. 某厂计划投资一万元的广告费以提高某种食品的销售量, 一位商店经理认为, 此项计划可以使每周销售量达到 225 kg.实行此计划一个月后, 调查 16 家商店, 计算得平均每周的销售量为 209 kg, 标准差为 42 kg, 问在 0.05 水平下, 可否认为此项计划达到了该商店经理的预期效果?

7. 设用过去的铸造方法, 零件强度服从正态分布, 其标准差为 1.6 kg/mm². 为了降低成

本, 改变了铸造方法, 测得用新方法铸出的零件强度如下:

 51.9 53.0 52.7 54.1 53.2 52.3 52.5 51.1 54.7

问改变方法后零件强度的方差是否发生了显著变化?(取 $\alpha = 0.05$)

8. 某类钢板每块的重量 X 服从正态分布, 其一项质量指标是钢板重量的方差不得超过 $0.016\,\mathrm{kg}^2$. 现从某天生产的钢板中随机抽取 25 块, 得其样本方差 $s^2 = 0.025\,\mathrm{kg}^2$, 问该天生产的钢板重量的方差是否满足要求?(取 $\alpha = 0.05$)

9. 某厂铸造车间为提高铸件的耐磨性而试制了一种镍合金铸件以取代铜合金铸件, 为此, 从两种铸件中各抽取一个容量分别为 8 和 9 的样本, 测的其硬度为

(单位: HB)

镍合金	76.43	76.21	73.58	69.69	65.29	70.83	82.75	72.34	
铜合金	73.66	64.27	69.34	71.37	69.77	68.12	67.27	68.07	62.61

根据专业经验, 硬度服从正态分布, 且方差保持不变, 试在显著性水平 $\alpha = 0.05$ 下判断镍合金的硬度是否有明显提高.

10. 甲、乙两台机床加工某种零件, 零件的直径服从正态分布, 总体方差反映了加工精度, 为比较两台机床的加工精度有无差别, 现从各自加工的零件中分别抽取 7 件产品和 8 件产品, 测得其直径为

(单位: mm)

X(机床甲)	16.2	16.4	15.8	15.5	16.7	15.6	15.8	
Y(机床乙)	15.9	16.0	16.4	16.1	16.5	15.8	15.7	15.0

问可否在显著性水平 $\alpha = 0.05$ 下认为两台机床的加工精度一致.

11. (1) 用 p 值检验法检验第 3 题中的检验问题;

(2) 用 p 值检验法检验第 7 题中的检验问题;

(3) 用 p 值检验法检验第 10 题中的检验问题.

B 类

12. 设 $X_1, X_2, \cdots, X_{16}$ 是来自总体 $X \sim N(\mu, 4)$ 的样本, 考虑检验问题:

$$H_0 : \mu \leqslant 10 \leftrightarrow H_1 : \mu > 10$$

若该检验问题的拒绝域为: $W = \{\bar{X} \geqslant 11\}$, 其中 $\bar{X} = \dfrac{1}{16}\sum_{i=1}^{n} X_i$, 当 $\mu = 11.5$ 时, 求该检验犯第二类错误的概率.

13. 设 $X_1, X_2, \cdots, X_n$ 是来自总体 $X \sim N(\mu, 1)$ 的样本, 考虑如下的检验问题

$$H_0 : \mu = 2 \leftrightarrow H_1 : \mu = 3$$

若检验问题的拒绝域为 $W = \{\bar{X} \geqslant 2.6\}$ 时:

(1) 当 $n = 20$ 时求检验犯两类错误的概率;

(2) 如果要使检验犯第二类错误的概率 $\beta \leqslant 0.01$, n 最小应取多少?

(3) 证明: 当 $n \to \infty$ 时, $\alpha \to 0, \beta \to 0$.

精彩案例: 手足口病的预警

　　2008年3月28日下午5时, 某儿科主任医师刘晓琳像往常一样走进病房值夜班. 重症监护室里住着两个病情很重的孩子, 症状一模一样: 呼吸困难、口吐粉红色泡沫样痰. 这有肺炎症状, 也表现出急性肺水肿症状, 但是在另外一些症状上, 却又与肺炎相矛盾. 当晚, 这两个小孩的病情突然恶化, 抢救无效因肺出血而死亡. 这时护士过来, 告诉她3月27日也有一名相同症状的孩子死亡. 刘医生立即将这3个病例资料调到一起, 发现患儿都是死于肺炎. 常规的肺炎, 大多是左心衰竭导致死亡. 而这3个孩子都是右心衰竭导致死亡. 职业的敏感和强烈的责任心, 让刘晓琳医生警觉起来. 3月29日, 她将情况向领导进行了汇报. 刘晓琳的预警起到了作用. 4月23日, 经卫生部、省、市专家诊断, 确定该病为手足口病(EV71型病毒感染). 如果没有她的及时预警, 可能会有更多患儿死亡.

　　刘晓琳所作的分析推断过程, 与本章中所说的假设检验的 "反证法" 推断过程是吻合的. 常规的肺炎, 大多是左心衰竭导致死亡. 假设患儿的死因是常规的肺炎(H_0 为真), 发生患儿因右心衰竭而死这种情况是有可能的, 只不过这个概率不大, 而连续3位患儿都因右心衰竭而死这个概率更小了, 出现了不合理的现象, 由此就有充分的理由拒绝原假设 H_0, 她就怀疑这些患儿得的不是常规肺炎(接受备择假设 H_1). 大家熟悉的数学中的反证法是寻找矛盾(不可能发生的事情), 而这里假设检验的反证法是寻找几乎矛盾(几乎不大可能发生的事情). 这样的推断方法对发现问题是非常有帮助的. 事实上, 很多人在实践中都有这样的推断过程, 只不过是没有自觉地意识到而已.

第 9 章 方差分析与回归分析

方差分析和回归分析是数理统计中的重要内容且应用非常广泛, 本书只介绍单因素方差分析和一元线性回归分析.

9.1 单因素方差分析

9.1.1 问题的提出

在科学试验和生产实践中, 影响事物的因素往往是多方面的. 例如, 在某化工生产中, 原料成分、原料剂量、催化剂、反应时间、温度等因素都对产品的质量和数量产生影响. 有的因素影响较大, 有的因素影响较小. 为了能找出对产品质量、数量有显著影响的因素, 并从中得到有影响的因素的适宜组合以提高生产效益, 就需要进行试验. 方差分析就是根据试验结果进行分析、推断各个有关因素对试验结果的影响是否显著的一种统计推断方法.

在试验中, 将所要考察的指标称为**试验指标**. 影响试验指标的条件称为**因素**, 这里的因素主要是指可以人为控制的条件, 如反应温度、原料剂量、反应时间等. 每个因素都属于以下两类之一:

(1) 定性因素(分类性的). 如对农作物亩产量有影响的因素中, 种子品种是一个. 因素所处的状态称为该因素的**水平**. 设选用 4 个种子品种做试验, 可以说, "品种"这个因素有 4 个"水平". 这 4 个品种之间并无数量大小可言, 纯是性质不同, 这种因素称为**定性因素(或定性变量)**.

(2) 定量因素. 例如, "施肥量"(单位: kg/亩)是对农作物产量有影响的一个因素. 这个因素可在某个实数区间内任意取值, 这样的因素称为**定量因素(或定量变量)**.

也有本身为定量因素而将其视为定性因素的. 例如, 在化工生产中, 拿反应温度因素来说, 我们固然可以让它在某一范围内取任何一个值, 但在试验中为了方便起见, 往往把它的取值限定在几个定值上, 如只考虑取 70 ℃、80 ℃、90 ℃, 这时, 就将反应温度视为定性因素, 它有三个水平.

在一个问题中: 若所考虑的因素都是定性因素, 则问题可用方差分析方法分析建模; 若所考虑的因素都是定量因素, 则可用回归分析方法分析建模.

在一个方差分析问题中, 若只有一个因素在改变, 则称此问题为**单因素方差分析**问题, 若有多于一个因素在改变, 则称为**多因素方差分析**. 本书只讨论单因素方差分析.

例 9.1.1 某灯泡厂用 4 种不同的配料方案制成的灯丝生产 4 批灯泡, 在每一批灯泡中随机抽取若干个做寿命试验, 得观测值数据, 如表 9.1.1 所示.

表 9.1.1 灯泡寿命测定值 (单位: h)

灯泡品种(水平)			
A_1	A_2	A_3	A_4
1 600　1 720	1 580	1 460　1 560	1 510　1 680
1 610　1 800	1 640	1 550　1 540	1 520
1 650	1 500	1 600　1 620	1 530
1 680	1 550	1 620	1 570
1 700	1 640	1 540	1 600

这是一个单因素试验问题, 试验的目的是比较这 4 种灯丝生产的灯泡的平均寿命是否存在显著差异. 表中观测值数据可以看成是来自 4 个不同的正态总体的样本观测值, 其中, 每个水平对应于一个总体, 将各个总体的均值依次记为 $\mu_1, \mu_2, \mu_3, \mu_4$, 则本问题转化为需检验

$$H_0 : \mu_1 = \mu_2 = \mu_3 = \mu_4 \leftrightarrow H_1 : \mu_1, \mu_2, \mu_3, \mu_4 \text{ 不全相等}$$

虽然在上一章中讨论过两个正态总体均值的比较问题, 但这里显然不同, 这是一个检验多个(大于 2)正态总体均值是否相等的问题, 处理方法也不同.

9.1.2 单因素方差分析的统计模型

有了前面的例子作为直观背景, 在此提出单因素方差问题的一般模型: 记试验指标为 X, 对其有影响的因素记为 A, 它有 s 个水平 $A_1, A_2, \cdots, A_s$, 在水平 $A_i\,(i = 1, 2, \cdots, s)$ 下进行 $n_i\,(\geqslant 2)$ 次独立试验, 得到的试验结果可列成表 9.1.2 的形式.

表 9.1.2 单因素方差分析试验数据

观察结果	水平			
	A_1	A_2	$\cdots$	A_s
	X_{11}	X_{12}	$\cdots$	X_{1s}
	X_{21}	X_{22}	$\cdots$	X_{2s}
	$\vdots$	$\vdots$		$\vdots$
	$X_{n_1 1}$	$X_{n_2 2}$	$\cdots$	$X_{n_s s}$
样本总和	$T_{\cdot 1}$	$T_{\cdot 2}$	$\cdots$	$T_{\cdot s}$
样本均值	$\overline{X}_{\cdot 1}$	$\overline{X}_{\cdot 2}$	$\cdots$	$\overline{X}_{\cdot s}$
总体均值	μ_1	μ_2	$\cdots$	μ_s

其中, 各个水平 $A_j\,(j = 1, 2, \cdots, s)$ 下的样本 $X_{1j}, X_{2j}, \cdots, X_{n_j j}$ 来自具有相同方差 σ^2, 均值分别为 $\mu_j\,(j = 1, 2, \cdots, s)$ 的正态总体 $N(\mu_j, \sigma^2)$, μ_j, σ^2 均未知, 并且不同水平下的样本相互独立.

若 $X_{ij} \sim N(\mu_j, \sigma^2)$，记 $\varepsilon_{ij} = X_{ij} - \mu_j$，则 $\varepsilon_{ij} \sim N(0, \sigma^2)$ 表示随机误差，这样，上述单因素方差分析模型可表示为

$$
\begin{cases}
X_{ij} = \mu_j + \varepsilon_{ij} & (i = 1, 2, \cdots, n_j; j = 1, 2, \cdots, s) \\
\varepsilon_{ij} \sim N(0, \sigma^2) & \text{且}\, \varepsilon_{ij} \text{相互独立}
\end{cases}
\tag{9.1.1}
$$

对于模型(9.1.1)，方差分析的主要任务如下：

(1) 检验 s 个总体的均值是否全相等，即检验假设：

$$
H_0 : \mu_1 = \mu_2 = \cdots = \mu_s \leftrightarrow H_1 : \mu_1, \mu_2, \cdots, \mu_s \text{不全相等}
\tag{9.1.2}
$$

(2) 给出未知参数 $\mu_1, \mu_2, \cdots, \mu_s, \sigma^2$ 的估计.

为便于讨论，记

$$
n = \sum_{j=1}^{s} n_j, \qquad \mu = \frac{1}{n} \sum_{j=1}^{s} n_j \mu_j
$$

称 μ 为**总平均**，再引入 $\alpha_j = \mu_j - \mu$ $(j = 1, 2, \cdots, s)$，称 α_j 为第 j 个水平对试验指标 X 的效应，且有 $\sum_{j=1}^{s} n_j \alpha_j = 0$.这样模型(9.1.1)可改写成

$$
\begin{cases}
X_{ij} = \mu + \alpha_j + \varepsilon_{ij} & (i = 1, 2, \cdots, n_j; j = 1, 2, \cdots, s) \\
\varepsilon_{ij} \sim N(0, \sigma^2) & \text{且}\, \varepsilon_{ij} \text{相互独立}
\end{cases}
\tag{9.1.3}
$$

假设(9.1.2)等价于

$$
H_0 : \alpha_1 = \alpha_2 = \cdots = \alpha_s \leftrightarrow H_1 : \alpha_1, \alpha_2, \cdots, \alpha_s \text{不全相等}
\tag{9.1.4}
$$

9.1.3 平方和分解

为检验不同水平对试验指标的影响是否有显著差异，就必须对影响的程度予以度量.在方差分析中，常以离差平方和来度量影响的大小，且总是从离差平方和分解入手，导出假设检验的检验统计量.

记 $S_T = \sum_{j=1}^{s} \sum_{i=1}^{n_j} (X_{ij} - \bar{X})^2$，其中

$$
\bar{X} = \frac{1}{n} \sum_{j=1}^{s} \sum_{i=1}^{n_j} X_{ij}
$$

称 S_T 为**总偏差平方和**，简称**总平方和**，它能反映全部试验数据之间的差异.因此 S_T 又称为**总变差**.

又记 $\bar{X}_{\cdot j} = \frac{1}{n_j} \sum_{i=1}^{n_j} X_{ij}$ 为水平 A_j 下的样本均值，则 S_T 可分解为

$$
\begin{aligned}
S_T &= \sum_{j=1}^{s} \sum_{i=1}^{n_j} [(X_{ij} - \bar{X}_{\cdot j}) + (\bar{X}_{\cdot j} - \bar{X})]^2 \\
&= \sum_{j=1}^{s} \sum_{i=1}^{n_j} (X_{ij} - \bar{X}_{\cdot j})^2 + \sum_{j=1}^{s} \sum_{i=1}^{n_j} (\bar{X}_{\cdot j} - \bar{X})^2 + 2\sum_{j=1}^{s} \sum_{i=1}^{n_j} (X_{ij} - \bar{X}_{\cdot j})(\bar{X}_{\cdot j} - \bar{X})
\end{aligned}
$$

注意到上式中交叉项为

$$2\sum_{j=1}^{s}\sum_{i=1}^{n_j}(X_{ij}-\bar{X}_{\cdot j})(\bar{X}_{\cdot j}-\bar{X})$$

$$=\sum_{j=1}^{s}(\bar{X}_{\cdot j}-\bar{X})\sum_{i=1}^{n_j}(X_{ij}-\bar{X}_{\cdot j})$$

$$=\sum_{j=1}^{s}(\bar{X}_{\cdot j}-\bar{X})(\sum_{i=1}^{n_j}X_{ij}-n_j\bar{X}_{\cdot j})=0$$

若记

$$S_E=\sum_{j=1}^{s}\sum_{i=1}^{n_j}(X_{ij}-\bar{X}_{\cdot j})^2 \tag{9.1.5}$$

$$S_A=\sum_{j=1}^{s}n_j(\bar{X}_{\cdot j}-\bar{X})^2=\sum_{j=1}^{s}n_j\bar{X}_{\cdot j}^2-n\bar{X}^2 \tag{9.1.6}$$

则有
$$S_T=S_E+S_A \tag{9.1.7}$$

这里 S_E 反映由随机误差引起的数据间的差异, 称 S_E 为**误差平方和**; S_A 反映由因素 A 的不同水平引起的数据间的差异, 称 S_A 为因素 A 的**效应平方和**.

平方和分解式(9.1.7)具有普遍性, 对多因素方差分析情形, 同样是按上述思想作出总平方和的分解式的.

9.1.4   自由度的概念及自由度的分解式

在统计学中, k 个数据 $Y_1,Y_2,\cdots,Y_k$ 对其均值 $\bar{Y}$ 的偏差平方和, 即

$$Q=(Y_1-\bar{Y})^2+\cdots+(Y_k-\bar{Y})^2=\sum_{i=1}^{k}(Y_i-\bar{Y})^2$$

是用来度量若干个数据间差异(即波动)的大小的一个重要统计量, 在构成 Q 的 k 个偏差 $(Y_1-\bar{Y}),\cdots,(Y_k-\bar{Y})$ 之间有一个恒等式 $\sum_{i=1}^{k}(Y_i-\bar{Y})=0$, 这说明 Q 中独立的偏差只有 $k-1$ 个. 在统计学中把平方和中独立偏差的个数称为该平方和的**自由度**, 常记为 f, 如 Q 的自由度为 $f_Q=k-1$, 自由度是偏差平方和的一个重要参数.

对于式(9.1.7)中的各平方和, 其**自由度**也有相应的分解式:
$$f_T=f_E+f_A \tag{9.1.8}$$

在这里我们不从理论上严格说明, 只给出直观的、容易记忆的结果. 因试验数据共有 n 个, 故 S_T 的自由度为 $f_T=n-1$, 因素 A 有 s 个不同水平, 所以 S_A 的自由度为 $f_A=s-1$, 由式(9.1.8), 误差平方和 S_E 的自由度为

$$f_E=f_T-f_A=n-s$$

9.1.5   检验方法

偏差平方和的大小与数据个数(或自由度)有关, 一般来说, 数据越多, 其偏差平方和越大.

为便于在各个偏差平方和之间进行比较, 统计学上引入**均方和**的概念, 定义为

$$MS = Q/f_Q$$

它表示平均每个自由度上有多少平方和, 能较好地度量一组数据的离散程度.

下面讨论检验统计量的构造, 若因素 A 对试验指标 X 有显著性影响, 即因素 A 的不同水平之间存在显著差异, 则因素 A 的效应平方和 S_A 应显著偏大, 其偏大的程度只有与误差平方和 S_E 进行比较, 用其均方和:

$$MS_A = S_A/f_A, \quad MS_E = S_E/f_E$$

进行比较更为合理, 因为均方和排除了自由度不同所产生的干扰. 故取

$$F = \frac{MS_A}{MS_E} = \frac{S_A/f_A}{S_E/f_E} \tag{9.1.9}$$

作为式(9.1.2)或式(9.1.4)的检验统计量, 拒绝域的形式为 $W = \{F \geqslant c\}$, 为确定临界值 c, 需要利用如下定理:

定理 9.1.1 在单因素方差分析模型(9.1.3)下, 有

(1) $S_E/\sigma^2 \sim \chi^2(n-s)$, 从而 $E(S_E) = (n-s)\sigma^2$;

(2) $E(S_A) = (s-1)\sigma^2 + \sum_{j=1}^{s} n_j\alpha_j^2$, 进一步, 若假设 H_0 成立, 则有

$$S_A/\sigma^2 \sim \chi^2(s-1)$$

(3) S_A 与 S_E 相互独立.

(证明略)

由上述定理知, 若 H_0 成立, 则

$$F = \frac{MS_A}{MS_E} = \frac{S_A/f_A}{S_E/f_E} \sim F(s-1, n-s)$$

因此, 在显著水平 α 下, 检验式(9.1.2)或式(9.1.4)的拒绝域为

$$W = \{F \geqslant F_\alpha(s-1, n-s)\} \tag{9.1.10}$$

即当由样本数据计算出的检验统计量 F 的值满足 $F \geqslant F_\alpha(s-1, n-s)$ 时, 拒绝 H_0, 可以认为在水平 α 下, 因素 A 的不同水平之间存在着显著性差异, 或者说, 因素 A 对试验指标有着显著性影响; 当 $F < F_\alpha(s-1, n-s)$ 时, 接受 H_0, 认为因素 A 对试验指标没有显著性影响.

通常将上述计算过程列成一张表, 称为方差分析表(表9.1.3).

表 9.1.3　方差分析表

方差来源	平方和	自由度	均方	F 比
因素 A	S_A	$s-1$	$MS_A = \dfrac{S_A}{s-1}$	$F = \dfrac{MS_A}{MS_E}$
误差	S_E	$n-s$	$MS_E = \dfrac{S_E}{n-s}$	
总和	S_T	$n-1$		

在实际计算时, 各平方和的计算可按下列简便公式计算:

$$S_T = \sum_{j=1}^{s}\sum_{i=1}^{n_j} X_{ij}^2 - n\bar{X}^2 = \sum_{j=1}^{s}\sum_{i=1}^{n_j} X_{ij}^2 - \frac{T_{\cdot\cdot}^2}{n}$$

$$S_A = \sum_{j=1}^{s} n_j \bar{X}_{\cdot j}^2 - n\bar{X}^2 = \sum_{j=1}^{s} \frac{T_{\cdot j}^2}{n_j} - \frac{T_{\cdot\cdot}^2}{n}$$

$$S_E = S_T - S_A$$

其中: $T_{\cdot j} = \sum_{i=1}^{n_j} X_{ij}$ $(j=1,2,\cdots,s)$; $T_{\cdot\cdot} = \sum_{j=1}^{s}\sum_{i=1}^{n_j} X_{ij}$.

例 9.1.2 对例 9.1.1, 试在显著水平 $\alpha = 0.05$ 下检验:

$$H_0: \mu_1 = \mu_2 = \mu_3 = \mu_4$$

解 $s=4, n_1=7, n_2=5, n_3=8, n_4=6, n=26$

$$S_T = \sum_{j=1}^{4}\sum_{i=1}^{n_j} X_{ij}^2 - \frac{T_{\cdot\cdot}^2}{26} = 66\,611\,900 - \frac{41\,570^2}{26} = 147\,865.38$$

$$S_A = \sum_{j=1}^{s} \frac{T_{\cdot j}^2}{n_j} - \frac{T_{\cdot\cdot}^2}{n} = 64\,414.55$$

$$S_E = S_T - S_A = 83\,450.83$$

计算结果写成方差分析如下(表 9.1.4):

表 9.1.4 例 9.1.2 的方差分析表

方差来源	平方和	自由度	均方	F 比
因素 A	64 414.55	3	21 471.52	5.66
误差	83 450.83	22	3 793.22	
总和	147 865.38	25		

查 F 分布的分位数表得

$$F_\alpha(s-1, n-s) = F_{0.05}(3,22) = 3.05, \qquad F = 5.66 > 3.05$$

因此拒绝 H_0, 即认为这 4 种灯丝生产的灯泡的平均寿命之间存在显著性差异.

9.1.6 参数估计

由模型(9.1.1)知诸 X_{ij} 相互独立, 且 $X_{ij} \sim N(\mu+\alpha_j, \sigma^2)$, 可求出各参数的最大似然估计为

$$\hat{\mu} = \bar{X}, \quad \hat{\mu}_j = \bar{X}_{\cdot j}, \quad \hat{\alpha}_j = \bar{X}_{\cdot j} - \bar{X}, \quad \widehat{\sigma_M^2} = \frac{S_E}{n} \tag{9.1.11}$$

上述参数估计中, 除了 $\widehat{\sigma_M^2}$ 不是参数 σ^2 的无偏估计外, 其余参数的估计都是相应参数的无偏估计. 实际应用中, 参数 σ^2 的估计通常采用其无偏估计

$$\widehat{\sigma^2} = MS_E = \frac{S_E}{n-s} \tag{9.1.12}$$

另外, 由于 $\bar{X}_{\cdot j} \sim N(\mu_j, \sigma^2/n_j)$, $S_E/\sigma^2 \sim \chi^2(n-s)$ 且两者相互独立, 所以

$$\frac{\sqrt{n_j}(\bar{X}_{\cdot j} - \mu_j)}{\sqrt{S_E/f_E}} \sim t(f_E)$$

由此给出 A_j 水平的均值 μ_j 的置信水平为 $1-\alpha$ 的置信区间为

$$\left(\overline{X}_{\cdot j} \pm \hat{\sigma} \cdot t_{\alpha/2}(f_E) \big/ \sqrt{n_j} \right) \tag{9.1.13}$$

例 9.1.3 (续例 9.1.2)求 μ, μ_j, σ^2 的估计值及 μ_j 的置信水平为 $1-\alpha = 0.95$ 的置信区间.

解

$$\hat{\mu} = \overline{X} = 1598.85, \qquad \hat{\mu}_1 = \overline{X}_{\cdot 1} = 1680$$

$$\hat{\mu}_2 = \overline{X}_{\cdot 2} = 1582, \qquad \hat{\mu}_3 = \overline{X}_{\cdot 3} = 1561.25$$

$$\hat{\mu}_4 = \overline{X}_{\cdot 4} = 1568.33, \qquad \hat{\sigma}^2 = MS_E = 3793.22$$

$$\hat{\sigma} = \sqrt{MS_E} = 61.59$$

其中: $t_{\alpha/2}(f_E) = t_{0.025}(22) = 2.0739$; $\hat{\sigma} \cdot t_{\alpha/2}(f_E) = 127.73$. 由式(9.1.13), 则 4 个水平的均值的 0.95 置信区间为

$$\mu_1: \quad \left(1680 \pm 127.73 \big/ \sqrt{7} \right) = (1631.72, 1728.27)$$

$$\mu_2: \quad \left(1680 \pm 127.73 \big/ \sqrt{5} \right) = (1524.88, 1639.12)$$

$$\mu_3: \quad \left(1680 \pm 127.73 \big/ \sqrt{8} \right) = (1516.09, 1606.41)$$

$$\mu_4: \quad \left(1680 \pm 127.73 \big/ \sqrt{6} \right) = (1516.19, 1620.48)$$

至此, 可以看到: 在单因素方差分析中可以得到如下三个结果:

(1) 因素 A 的影响是否显著;

(2) 试验误差的方差 σ^2 的估计;

(3) 诸水平均值 μ_j 的点估计和区间估计.

9.1.7 单因素方差分析的 MATLAB 实现

单因素方差分析库函数: anova1

调用格式:

(1) p=anova1(X)

输入 X 是一个矩阵, 矩阵的同一列数据来自同一总体, 列数等于因素的水平数, 这适用于每个水平下样本的容量相等情形, 返回值 p 为检验的 p 值, 若取显著性水平 $\alpha = 0.05$, 则当 $p < 0.05$ 时, 拒绝原假设, 认为因素 A 对试验指标的影响是显著的. 输出结果中将同时给出方差分析表及各个水平样本数据的 Box 图.

(2) p = anova1(y,group)

输入 X 是一个列向量, 它是将第一个水平的样本观测值到第 s 个水平的样本观测值依次排列而成, group 是一个与 X 同维的列向量, 它的第 i 个元素, 表示 X 中这个位置的数据来自哪个总体, 即 group 的每一个元素值, 代表相应这个数据来自的因素的水平.

例 9.1.4 试对例 9.1.1 问题用 MATLAB 进行分析, 并由返回的结果给予解释.

首先在命令窗口运行代码, 如图 9.1.1 所示.

运行的结果中, 返回的 $p = 0.005$ 小于通常的检验水平 $\alpha = 0.05$, 故说明在水平 $\alpha = 0.05$ 下, 因素对试验指标的影响是显著的.

命令行窗口

不熟悉 MATLAB?请参阅有关快速入门的资源。

```
>> x=[1600 1610 1650 1680 1700 1720 1800 ...
    1580 1640 1500 1550 1640 ...
    1460 1550 1600 1620 1540 1560 1540 1620 ...
    1510 1520 1530 1570 1600 1680]';
group=[1 1 1 1 1 1 1 2 2 2 2 2 ...
    3 3 3 3 3 3 3 3 4 4 4 4 4 4]';
p=anova1(x,group)


p =


    0.0050
```

图 9.1.1　命令窗口运行代码图

MATLAB 将同时给出方差分析表(图 9.1.2)及不同水平样本观测值的 Box 图(图 9.1. 3)

Figure 3: One-way ANOVA

文件(F) 编辑(E) 查看(V) 插入(I) 工具(T) 桌面(D) 窗口(W) 帮助(H)

ANOVA Table

Source	SS	df	MS	F	Prob>F
Groups	64414.6	3	21471.5	5.66	0.005
Error	83450.8	22	3793.2		
Total	147865.4	25			

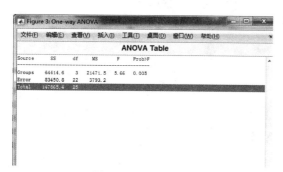

图 9.1.2　方差分析表

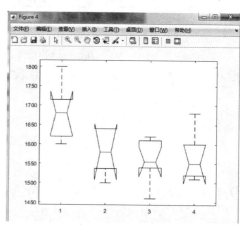

图 9.1.3　不同水平样本观测值的 Box 图

9.2　一元线性回归

9.2.1　变量间的两类关系

在现实世界的许多问题中，普遍存在着变量之间的关系. 一般来说，变量之间的关系分为**确定型**与**非确定型**两类. 确定型关系是指变量间的关系是完全已知、可以用函数关系来描述的，例如，电学中的欧姆定律 $V = IR$ 等. 而非确定型关系是指变量间有关系，但不是确切的函数关系，例如，人的年龄和血压之间的关系，一般来讲，人的年龄大一些，血压就高一些，但并不是年龄已知，就能确定血压的数值. 再如，人的身高与体重、农作物的亩产量与施肥量之间等都属于非确定型关系. 这种呈现非确定型关系的变量间关系又称为**相关关系**. 回归分析是研究相关关系的一种数学工具，也是一种最常用的统计方法. 本书只讨论简单的一元线性回归分析.

变量本身也可分为两类，若一个变量是人力可以控制的、非随机的，称为**控制变量**或**可控变量**，另一个变量是随机的、且随着控制变量的变化而变化，则这个变量被称为**随机变量**或不

可控变量. 控制变量与随机变量之间的关系称为回归关系, 若两个变量都是随机的, 则它们之间的关系被称为相关关系. 两者的差别在于把自变量当作控制变量还是随机变量, 这就是回归与相关的不同之处. 但在解决实际问题时常常把不可控的自变量当作可控变量处理. 今后, 我们对自变量不再区分控制变量与随机变量.

9.2.2　一元线性回归模型

设变量 Y 与 x 之间具有相关关系, 其中 x 为可控变量, 作为自变量; Y 为随机变量, 作为因变量(也称响应变量). 当 x 固定时, Y 是一个随机变量, 因此有一个分布, 如果该分布的数学期望存在, 其期望值应为 x 的函数, 记为 $\mu(x)$, 称为 Y 关于 x 的**回归函数**, $\mu(x)$ 就是我们要寻找的相关关系的表达式.

当 $\mu(x)$ 为关于 x 的线性函数时, 称为**线性回归**, 否则称为**非线性回归**. 进行回归分析时首先是回归函数 $\mu(x)$ 形式的选择, 这需要通过专业知识、实际经验和具体的观测才能确定, 当只有一个自变量时, 通常可采用画散点图的方法进行选择.

例9.2.1　在某种产品表面进行腐蚀刻线试验, 得到腐蚀深度 Y 与腐蚀时间 x 对应的一组观测数据, 如表 9.2.1 所示.

表 9.2.1　腐蚀深度 Y 与腐蚀时间 x 的数据

x/s	5	10	15	20	30	40	50	50	70	90	120
Y/μm	6	10	10	13	16	17	19	23	25	29	46

一般地, 对于 x 取定一组不完全相同的值 $x_1, x_2, \cdots, x_n$, 设 Y_i 为在对应 x_i ($i = 1, 2, \cdots, n$) 处 Y 的观测结果, 称 $(x_1, Y_1), (x_2, Y_2), \cdots, (x_n, Y_n)$ 是一个样本, 相应地, 称 $(x_1, y_1), (x_2, y_2), \cdots, (x_n, y_n)$ 为样本观测值. 把每一数对 (x_i, y_i) 看作直角坐标系中的一个点, 在图上画出这 n 个点, 称该图为**散点图**. 如例 9.2.1 的散点图(图 9.2.1)所示.

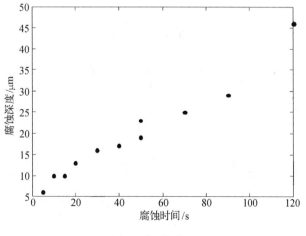

图 9.2.1　散点图

从散点图中可发现 11 个点基本上在一条直线附近, 这说明两个变量有一个线性关系, 即

$\mu(x) = a + bx$，记 y 轴方向上的误差为 ε，进一步假定 $\varepsilon \sim N(0, \sigma^2)$，这里 a, b, σ^2 均为与 x 无关的常数. 则上述假设可写为

$$\begin{cases} Y = a + bx + \varepsilon, \\ \varepsilon \sim N(0, \sigma^2), \end{cases} \quad a, b, \sigma^2 \text{ 为常数} \tag{9.2.1}$$

称式(9.2.1)为一元线性回归模型. 研究一元线性回归模型的主要内容有: 参数估计、显著性检验、预测与控制等.

9.2.3 回归系数的最小二乘估计

取 x 的 n 个不完全相等的值 $x_1, x_2, \cdots, x_n$，得到一组独立观测样本 $(x_1, Y_1), (x_2, Y_2), \cdots, (x_n, Y_n)$，在模型(9.2.1)下，可得如下数据结构:

$$\begin{cases} Y_i = a + bx_i + \varepsilon_i \\ \varepsilon_i \sim N(0, \sigma^2) \text{且相互独立} \end{cases}$$

通常采用最小二乘法估计 a, b，记各次拟合误差的平方和为

$$Q(a, b) = \sum_{i=1}^{n} (Y_i - a - bx_i)^2$$

寻找 a, b，使 $Q(a, b)$ 达到最小，即

$$Q(\hat{a}, \hat{b}) = \min_{a, b} Q(a, b) \tag{9.2.2}$$

这样得到的 $\hat{a}, \hat{b}$ 被称为 a, b 的最小二乘估计，可通过对 $Q(a, b)$ 求偏导数并令它们等于 0 求出，即

$$\begin{cases} \dfrac{\partial Q}{\partial a} = -2 \sum_{i=1}^{n} (Y_i - a - bx_i) = 0 \\ \dfrac{\partial Q}{\partial b} = -2 \sum_{i=1}^{n} (Y_i - a - bx_i) x_i = 0 \end{cases} \tag{9.2.3}$$

称这组方程为**正规方程组**，经过整理可得

$$\begin{cases} na + \left(\sum_{i=1}^{n} x_i \right) b = \sum_{i=1}^{n} Y_i \\ \left(\sum_{i=1}^{n} x_i \right) a + \left(\sum_{i=1}^{n} x_i^2 \right) b = \sum_{i=1}^{n} x_i Y_i \end{cases} \tag{9.2.4}$$

记

$$l_{xy} = \sum_{i=1}^{n} (x_i - \bar{x})(Y_i - \bar{Y}) = \sum_{i=1}^{n} x_i Y_i - n \bar{x} \cdot \bar{Y}$$

$$= \sum_{i=1}^{n} x_i Y_i - \frac{1}{n} \left(\sum_{i=1}^{n} x_i \right) \left(\sum_{i=1}^{n} Y_i \right)$$

$$l_{xx} = \sum_{i=1}^{n} (x_i - \bar{x})^2 = \sum_{i=1}^{n} x_i^2 - n \bar{x}^2 = \sum_{i=1}^{n} x_i^2 - \frac{1}{n} \left(\sum_{i=1}^{n} x_i \right)^2$$

$$l_{yy} = \sum_{i=1}^{n} (Y_i - \bar{Y})^2 = \sum_{i=1}^{n} Y_i^2 - n \bar{Y}^2 = \sum_{i=1}^{n} Y_i^2 - \frac{1}{n} \left(\sum_{i=1}^{n} Y_i \right)^2$$

由式(9.2.4),可得

$$\begin{cases} \hat{b} = l_{xy}/l_{xx} \\ \hat{a} = \overline{Y} - \hat{b}\overline{x} \end{cases} \tag{9.2.5}$$

称方程 $\hat{y} = \hat{a} + \hat{b}x$ 为**线性回归方程**, 其图形被称为**回归直线**.

除了估计回归系数 a, b 外, 还需估计未知参数 σ^2. 注意到 σ^2 反映出观测误差的大小, 样本中有关 σ^2 的信息可由回归方程的**残差**

$$e_i = Y_i - \hat{Y}_i = Y_i - \hat{a} - \hat{b}x_i$$

来体现, 称

$$S_e = \sum_{i=1}^n e_i^2 = \sum_{i=1}^n (Y_i - \hat{Y}_i)^2 = \sum_{i=1}^n (Y_i - \hat{a} - \hat{b}x_i)^2$$

为**残差平方和**. 可以证明:

$$S_e/\sigma^2 \sim \chi^2(n-2) \tag{9.2.6}$$

于是 $E\left(\dfrac{S_e}{n-2}\right) = \sigma^2$, 这说明 $\hat{\sigma}^2 = \dfrac{S_e}{n-2}$ 是 σ^2 的一个无偏估计.

为便于计算, 通常将 S_e 作如下分解:

$$\begin{aligned} S_e &= \sum_{i=1}^n (Y_i - \hat{Y}_i)^2 = \sum_{i=1}^n [(Y_i - \overline{Y}) - (\hat{Y}_i - \overline{Y})]^2 \\ &= \sum_{i=1}^n [(Y_i - \overline{Y}) - \hat{b}(x_i - \overline{x})]^2 \\ &= \sum_{i=1}^n (Y_i - \overline{Y})^2 - 2\hat{b}\sum_{i=1}^n (Y_i - \overline{Y})(x_i - \overline{x}) + (\hat{b})^2 \sum_{i=1}^n (x_i - \overline{x})^2 \\ &= l_{yy} - 2\hat{b}l_{xy} + (\hat{b})^2 l_{xx} = l_{yy} - \hat{b}l_{xy} \end{aligned}$$

即

$$S_e = l_{yy} - \hat{b}l_{xy} \tag{9.2.7}$$

例 9.2.2 求例 9.2.1 中 Y 关于 x 的回归方程, 并求 σ^2 的无偏估计 $\widehat{\sigma^2}$.

解 经计算得 $l_{xx} = 12\,922.72$, $l_{xy} = 3\,952.72$, $l_{yy} = 1\,258.72$, $\overline{x} = 45.45$, $\overline{y} = 19.45$, 代入得

$$\hat{b} = \frac{l_{xy}}{l_{xx}} = 0.306, \quad \hat{a} = \overline{y} - \hat{b}\overline{x} = 5.551$$

于是, 回归直线为 $\hat{y} = 5.551 + 0.306x$, σ^2 的估计值为

$$\widehat{\sigma^2} = \frac{1}{n-2} S_e = \frac{1}{n-2}(l_{yy} - \hat{b}l_{xy}) = 5.52$$

9.2.4 回归方程的显著性检验

从以上求回归直线的过程可以看出, 对任意给出的 n 对观测数据 (x_i, y_i) $(i = 1, 2, \cdots, n)$, 不管 Y 与 x 是否真的有线性关系, 都可以求出 Y 对 x 的回归直线, 但这样给出的回归直线不一定有意义.

要判断回归直线是否有意义, 就必须对回归方程是线性的假设作显著性检验. 注意到在线性回归方程

$$E(Y) = \mu(x) = a + bx$$

中, 若 $b = 0$, 则表示 Y 不依赖 x 而变化, 那么这时求出的回归方程就没有意义, 称回归方程**不显著**; 若 $b \neq 0$, 则当 x 变化时, $E(Y)$ 随 x 的变化而线性变化, 这时称回归方程是**显著**的. 因此, 对回归方程是否有意义作判断, 就是要作如下的显著性检验:

$$H_0 : b = 0 \leftrightarrow H_1 : b \neq 0 \tag{9.2.8}$$

考虑 b 的最小二乘估计 $\hat{b}$, 可以证明:

$$\hat{b} \sim N(b, \sigma^2/l_{xx})$$

又由式 (9.2.6), 可知

$$\frac{(n-2)\widehat{\sigma^2}}{\sigma^2} = \frac{S_e}{\sigma^2} \sim \chi^2(n-2)$$

且 $\hat{b}$ 与 S_e 相互独立, 故统计量

$$t = \frac{\hat{b} - b}{\sqrt{\sigma^2/l_{xx}}} \Big/ \sqrt{\frac{(n-2)\widehat{\sigma^2}}{\sigma^2} \Big/ (n-2)} = \frac{\hat{b} - b}{\hat{\sigma}} \sqrt{l_{xx}} \sim t(n-2) \tag{9.2.9}$$

在 H_0 为真时, 检验统计量可取

$$t = \frac{\hat{b}}{\hat{\sigma}} \sqrt{l_{xx}} \sim t(n-2) \tag{9.2.10}$$

在水平 α 下, 检验的拒绝域为

$$W = \left\{ |t| = \frac{|\hat{b}|}{\hat{\sigma}} \sqrt{l_{xx}} \geqslant t_{\alpha/2}(n-2) \right\} \tag{9.2.11}$$

该检验称为 **t 检验**. 当拒绝 H_0 时, 线性回归方程是显著的, 表明线性回归方程有统计学上的意义. 反之, 就认为线性回归方程是不显著的.

因为 $t \sim t(n-2)$, 有 $t^2 \sim F(1, n-2)$, 所以检验统计量也可以取

$$F = \frac{\hat{b}^2}{\widehat{\sigma^2}} l_{xx} = \frac{\hat{b} l_{xy}}{S_e/(n-2)}$$

仿照方差分析的做法, 数据总的偏差平方和记为 $S_T = \sum_{i=1}^{n}(Y_i - \bar{Y})^2 = l_{yy}$, 称

$$S_R = \sum_{i=1}^{n}(\hat{Y}_i - \bar{Y})^2 = \hat{b} l_{xy}$$

为回归平方和, 由式 (9.2.7) 可知, 平方和有分解式 $S_T = S_R + S_e$. 利用上述记号, 则在 H_0 为真时, 检验统计量

$$F = \frac{S_R}{S_e/(n-2)} \sim F(1, n-2) \tag{9.2.12}$$

在水平 α 下, 检验的拒绝域为

$$W = \{ F \geqslant F_{\alpha}(1, n-2) \} \tag{9.2.13}$$

该检验称为 **F 检验**, 显然它与 t 检验是等价的.

利用式(9.2.9), 还可得到参数 b 的置信度为 $1-\alpha$ 的置信区间:

$$\left(\hat{b}-\frac{\hat{\sigma}}{\sqrt{l_{xx}}}t_{\alpha/2}(n-2),\hat{b}+\frac{\hat{\sigma}}{\sqrt{l_{xx}}}t_{\alpha/2}(n-2)\right) \tag{9.2.14}$$

例9.2.3 试求例 9.2.1 中参数 b 的置信度为 $1-\alpha=0.95$ 的置信区间, 并对回归方程进行显著性检验. ($\alpha=0.05$)

解 由例 9.2.2 知

$$\hat{b}=0.306, \quad \hat{\sigma}=\sqrt{5.52}=2.35, \quad l_{xx}=12\,922.72$$

查附表 2 得 $t_{\alpha/2}(n-2)=t_{0.025}(9)=2.262$, 代入式(9.2.14), 则得参数 b 的置信度为 $1-\alpha=0.95$ 的置信区间为 $(0.259,0.353)$.

关于线性回归方程的显著性检验作 t 检验, 由于

$$|t|=\frac{|\hat{b}|}{\hat{\sigma}}\sqrt{l_{xx}}=\frac{0.306}{2.35}\times\sqrt{12\,922.72}=14.8>t_{0.025}(9)=2.262$$

所以拒绝 H_0, 即认为回归方程是显著的.

对线性回归方程的显著性检验也可用作 F 检验, 由于

$$S_T=l_{yy}=1\,258.72, \quad S_R=\hat{b}l_{xy}=0.306\times3\,952.72=1\,209.54$$

$$S_e=S_T-S_R=1\,258.72-1\,209.54=49.18$$

则有

$$F=\frac{S_R}{S_e/(n-2)}=\frac{1\,209.54}{49.18/9}=221.3>F_{0.05}(1,9)=5.12$$

故拒绝 H_0, 即认为回归方程是显著的. 因此, 结论与作 t 检验的结论是一致的.

9.2.5 用回归模型作预测

当回归方程经过线性假设的检验, 结果是显著的之后, 可以用它来作预测. 所谓预测是指在给定的 $x=x_0$ 处, 而这一点处并未进行观测或者暂时无法观测, 需要以一定的置信度预测对应的因变量 Y_0 的取值范围, 这种预测的取值范围称为**预测区间**. 下面讨论该预测区间的构造, 由式(9.2.1)

$$Y_0=a+bx_0+\varepsilon_0,\varepsilon_0\sim N(0,\sigma^2)$$

知 Y_0 的取值应在回归值 $\hat{Y}_0=\hat{a}+\hat{b}x_0$ 附近, 于是, 取一个以 $\hat{Y}_0$ 为中心的区间 $(\hat{Y}_0-\delta,\hat{Y}_0+\delta)$ 来作为 Y_0 的预测区间, 为确定 δ 的值, 需要利用如下结果:

$$Y_0-\hat{Y}_0\sim N\left(0,\left[1+\frac{1}{n}+\frac{(x_0-\bar{x})^2}{L_{xx}}\right]\sigma^2\right)$$

且 $\widehat{\sigma^2}$ 与 $Y_0-\hat{Y}_0$ 相互独立, 再由

$$\frac{(n-2)\widehat{\sigma^2}}{\sigma^2} = \frac{S_e}{\sigma^2} \sim \chi^2(n-2)$$

因此, 可以构造随机变量

$$t = \frac{(Y_0 - \hat{Y}_0)\bigg/ \sigma\sqrt{1 + \dfrac{1}{n} + \dfrac{(x_0 - \overline{x})^2}{l_{xx}}}}{\sqrt{\dfrac{(n-2)\widehat{\sigma^2}}{\sigma^2(n-2)}}} = \frac{Y_0 - \hat{Y}_0}{\hat{\sigma}\sqrt{1 + \dfrac{1}{n} + \dfrac{(x_0 - \overline{x})^2}{l_{xx}}}} \sim t(n-2)$$

以 t 作为 Y_0 的预测区间的枢轴量(类似于置信区间的处理), 则 Y_0 的置信水平为 $1-\alpha$ 的预测区间为

$$(\hat{Y}_0 - \delta, \hat{Y}_0 + \delta), \qquad \delta = \hat{\sigma}\sqrt{1 + \frac{1}{n} + \frac{(x_0 - \overline{x})^2}{l_{xx}}} \cdot t_{\alpha/2}(n-2) \tag{9.2.15}$$

从式(9.2.15)可以看出, 预测区间的长度 2δ 与样本量 n, x 的偏差平方和 l_{xx}, x_0 到 $\overline{x}$ 的距离 $|x_0 - \overline{x}|$ 有关. x_0 越靠近 $\overline{x}$, 预测的精度就越高; 另外, 若样本中 $x_1, x_2, \cdots, x_n$ 的取值较为集中, 那么 l_{xx} 就较小, 则 δ 就比较大, 就会导致预测精度的降低. 因此, 在收集数据或安排试验时, 要使控制变量的取值 $x_1, x_2, \cdots, x_n$ 尽量分散, 以提高回归方程的预测精度.

当 n 较大(如 $n > 40$)时, t 分布可以用标准正态分布近似, 进一步, 若 x_0 与 $\overline{x}$ 相距不远时, δ 可近似取为

$$\delta \approx \hat{\sigma} \cdot z_{\alpha/2} \tag{9.2.16}$$

线性回归模型除了预测外还可以用来控制, 这里不再讨论.

例 9.2.4 利用例 9.2.1 中的试验结果, 预测腐蚀时间为 75 s 时, 腐蚀深度 Y 的范围.

解 将 $x_0 = 75$ 代入回归方程, 得

$$\hat{Y}_0 = 5.551 + 0.306 \times 75 = 28.501$$

取 $1-\alpha = 0.95$, 则 $t_{\alpha/2}(n-2) = t_{0.025}(9) = 2.262$, 又由例 9.2.2、例 9.2.3, 可知

$$\overline{x} = 45.45 \quad \hat{\sigma} = \sqrt{5.52} = 2.35, \qquad l_{xx} = 12\,922.72$$

应用式(9.2.16), 得

$$\delta = 2.35 \times \sqrt{1 + \frac{1}{11} + \frac{(75 - 45.45)^2}{12\,922.72}} \times 2.262 = 5.721$$

则当腐蚀时间为 75 s 时, 腐蚀深度的置信水平为 0.95 的预测区间为

$$(28.501 - 5.721, 28.501 + 5.721) = (22.78, 34.22)$$

9.2.6 线性回归分析的 MATLAB 实现

线性回归分析的库函数: regress
调用格式:

(1) b=regress(y,X). 其中: y 是响应变量(因变量)的观测值列向量; X 被称为设计矩阵, 维

数为 $n \times (k+1)$；n 为观测次数(样本容量)；k 为控制变量(自变量)的个数, X 的第 1 列必须全为 1, X 的第 2 列至第 $k+1$ 列分别是第 1 至第 k 个控制变量的观测值数据, 返回的 b 是线性回归方程的系数向量；

(2) [b,bint] = regress(y,X) 返回的是 bint 是回归方程系数向量的置信度为 0.95 的置信区间, 每个系数的置信区间为 1 列；

(3) [b,bint,r,rint] = regress(y,X). 其中: 返回 r 的为残差向量；rint 是一个维数为 $n \times 2$ 的矩阵, 为残差的置信度为 0.95 的置信区间；

(4) [b,bint,r,rint,stats]=regress(y,X). 其中: stats 是一个向量, 其元素分别是: 回归决定系数 R^2, F 检验统计量, 检验的 p 值以及方差的估计 $\widehat{\sigma^2}$.

例 9.2.5 对例 9.2.1 中的试验数据, 利用 MATLAB 作回归分析, 并对结果予以解释.

首先在命令窗口运行代码, 如图 9.2.2 所示.

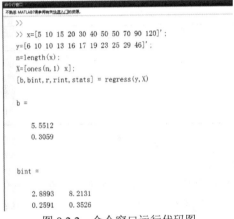

图 9.2.2 命令窗口运行代码图

从运行的输出结果可以看出, 回归方程为 $y = 5.5512 + 0.3059x$

又由

```
stats =
        0.9605   218.9823    0.0000    5.5212
```

知回归决定系数 $R^2 = 0.9605$, 即总的偏差平方和中有 96.05%可以被该回归方程所解释；F 检验统计量观测值为 218.98, 对应的线性回归方程的显著性检验的 p 值为 0.0000, 远小于显著性水平 0.05, 因此, 在水平 0.05 下, 线性回归方程是显著的.

习 题 9

A 类

1. 一实验室用 4 只伏特计测量电压, 每只伏特计用来测量电压为 100 V 的恒定电动势各 5 次, 结果如下:

序号	伏特计			
	A	B	C	D
1	100.9	100.0	100.8	100.4
2	101.1	100.9	100.7	100.1
3	101.8	101.0	100.7	100.3
4	100.9	100.6	100.4	100.2
5	100.4	100.3	100.0	100.0

问这 4 只伏特计之间有无显著差异?($\alpha = 0.05$)

2. 下面给出小白鼠在接种 3 种不同菌型伤寒杆菌后的存活天数,设存活天数服从有相同方差的正态分布.

菌型	鼠										
	1	2	3	4	5	6	7	8	9	10	11
I 型	2	4	3	2	4	7	7	2	5	4	
II 型	5	6	8	5	10	7	12	6	6		
III 型	7	11	6	6	7	9	5	10	6	3	10

(1) 试问 3 种的平均存活天数有无显著差异?($\alpha = 0.05$)

(2) 求出方差 σ^2 的估计;

(3) 试给出每种菌型的平均存活天数的置信水平为 0.95 的置信区间.

3. 为考察某种维尼纶纤维的耐水性能,安排了一组试验,测得甲醛浓度 x 及相应的"缩醇化浓度" Y 数据如下:

(单位: g/L)

x	18	20	22	24	26	28	30
Y	26.86	28.35	28.75	28.87	29.75	30.00	30.36

(1) 试建立 Y 对 x 一元线性回归方程;

(2) 对建立的回归方程作显著性检验($\alpha = 0.01$)

4. 某职工医院用光电比色计检验尿汞时,得尿汞含量与消光系数读数的结果如下:

(单位: mg/L)

尿汞含量 x	2	4	6	8	10
消光系数 Y	64	138	205	285	360

假设 Y 关于 x 的回归是线性回归.

(1) 试求回归系数 a, b 及方差 σ^2 的估计;

(2) 对回归方程作显著性检验($\alpha = 0.05$);

(3) 求出 b 的置信水平为 0.95 的置信区间;

(4) 求当 $x_0 = 12$ 时, Y_0 的置信水平为 0.95 的置信区间.

B 类

5. 试对第 1 题利用 MATLAB 作单因素方差分析, 并对分析结果给予解释.

6. 试对第 3 题利用 MATLAB 作单因素方差分析, 并对分析结果给予解释.

精彩案例: 沸点与气压的 Forbes 公式

19 世纪 40～50 年代, 苏格兰物理学家 James D. Forbes 的理论认为水的沸点(F)与气压(Q)有这样的关系 Forbes 公式: $Q = \alpha e^{\beta F}$, 其中 α, β 是两个正常数.

这个公式告诉人们, 气压 Q 越高, 沸点越高. 众所周知, 山上的气压比平地底, 所以山上水的沸点比平地上水的沸点低 100 ℃. 在 19 世纪 40～50 年代, 人们很难将精密的气压计器材运输上山, 所以计算海拔高度不是一件容易的事情. 有了 Forbes 公式后, 人们就可以通过测量沸点, 运用该公式计算出气压, 然后再根据气压计算出海拔高度. 因而在 Forbes 公式中, 沸点 F 看作是自变量, 气压 Q 看作是因变量. 为了运用 Forbes 公式, 还必须首先得到 α 和 β 的数值, 为此 Forbes 在阿尔卑斯山及苏格兰高地等处测量沸点与气压, 下表列出了他在 17 个地方的测量数据.

沸点/℃	气压/mmHg	沸点/℃	气压/mmHg	沸点/℃	气压/mmHg
90.28	528.066	93.83	606.806	98.61	723.646
90.17	528.066	93.94	609.346	98.11	705.104
92.17	568.960	94.11	610.108	99.28	737.616
92.44	575.818	94.06	609.854	99.94	758.952
93.00	588.010	95.33	638.556	100.11	763.524
93.28	593.090	95.89	674.878		

Forbes 把该问题看成是一个回归问题, 由于自变量沸点 F 和因变量气压 Q 之间的关系不是线性关系, 而是指数曲线关系, 但可以通过变换把它转换成线性关系, 对 Forbes 公式两边取对数, 有

$$\ln(Q) = \ln(\alpha) + \beta F$$

令 $y = \ln(Q), a = \ln(\alpha), x = F$, 再考虑随机误差的影响, 则有一元线性回归模型

$$y = a + \beta x + \varepsilon, \quad \varepsilon \sim N(0, \sigma^2)$$

对上表中的样本数据, 利用回归分析方法, 得到线性关系显著的回归方程为

$$\ln(Q) = 2.922\,8 + 0.037\,13 \cdot F$$

从而有 Forbes 公式

$$Q = 18.593\,3 \cdot e^{0.037\,13 \cdot F}$$

*第 10 章　数学软件与应用实例

随着计算机技术的不断发展, 一些用于数学和工程计算的计算机数学语言和与之配套的数学软件已相当成熟.掌握计算机数学语言和相应的数学软件不但有助于深入理解和掌握数学问题的求解思想, 提高求解数学问题的能力, 而且还可以充分利用该语言, 在其他专业课程的学习中得到积极的帮助.

Mathematica 是目前比较流行的符号运算软件之一, 可以完成微积分、线性代数及数学各个分支公式推演中的符号演算, 而且可以数值求解非线性方程、优化等问题.Maple 是当今世界上最优秀的几个数学软件之一, 适用于解决微积分、解析几何、线性代数、微分方程、计算方法、概率统计等数学分支中的常见计算问题.LINDO 是一种专门用于求解数学规划问题的软件包.它执行速度快, 易于方便地输入、求解和分析数学规划问题.主要用于求解线性规划、非线性规划、二次规划和整数规划等问题, 也可以用于一些线性和非线性方程组的求解以及代数方程求根等.

MATLAB 是一个高性能的科技计算软件, 是 Matrix Laboratory(矩阵实验室)的英文缩写, 广泛应用于数学计算、算法开发、数学建模、系统仿真、数据分析处理及可视化、科学和工程绘图、应用系统开发, 包括建立用户界面.当前它的使用范围涵盖了工业、电子、医疗、建筑等各领域.许多实际问题往往需要对数据进行统计分析, 建立合适的模型, 在统计分析方面, 常用的软件有 SAS、SPSS、S-PLUS 等.这里给出 MATLAB 在统计分析上的应用, 在 MATLAB 较早的版本中, 统计功能不那么强大, 而在 MATLAB6.X 版本中, 仅在统计工具箱中的功能函数就达 200 多个, 功能足以赶超任何其他专用的统计软件, 统计工具箱几乎包括了数理统计方面的所有概念、理论、方法、算法及其实现在应用上, 具有其他软件不可比拟的操作简单, 接口方便, 扩充能力强等优势, 再加上的应用范围广泛, 因此可以预见在统计应用上越来越占有极其重要的地位.本章将结合概率论与数理统计教学介绍该软件在相应领域的应用.

10.1　MATLAB 的基本操作

10.1.1　MATLAB 简介

MATLAB 名字由 Matrix 和 Laboratory 两词的前三个字母组合而成.20 世纪 70 年代后期, 时任美国新墨西哥大学计算机科学系主任的 Cleve Moler 教授出于减轻学生编程负担的动机, 为学生设计了一组调用 LINPACK 和 EISPACK 库程序的 "通俗易用" 的接口, 此即用 FORTRAN 编写的萌芽状态的 MATLAB.

经几年的校际流传, 在 Little 的推动下, 由 Little, Moler, Steve Bangert 合作, 于 1984 年成立了 MathWorks 公司, 并把 MATLAB 正式推向市场.从这时起, MATLAB 的内核采用 C 语言编写, 而且除原有的数值计算能力外, 还新增了数据图视功能.

在欧美大学里, 诸如应用代数、数理统计、自动控制、数字信号处理、模拟与数字通信、时间序列分析、动态系统仿真等课程的教科书都把 MATLAB 作为内容.这几乎成了 20 世纪 90 年代教科书与旧版书籍的区别性标志.在那里, MATLAB 是攻读学位的大学生、硕士生、博士生必须掌握的基本工具.在国际学术界, MATLAB 已经被确认为准确、可靠的科学计算标准软件.在许多国际一流学术刊物上, 尤其是信息科学刊物都可以看到 MATLAB 的应用.在设计研究单位和工业部门, MATLAB 被认作进行高效研究、开发的首选软件工具.例如, 美国 National Instruments 公司信号测量、分析软件 LabVIEW, Cadence 公司信号和通信分析设计软件 SPW 等, 或者直接建筑在 MATLAB 之上, 或者以 MATLAB 为主要支撑; 又如 HP 公司的 VXI 硬件, TM 公司的 DSP, Gage 公司的各种硬卡、仪器等都接受 MATLAB 的支持.

本书介绍的是 MATLAB7.0 版, 启动 MATLAB 后, 显示的窗口如图 10.1.1 所示.

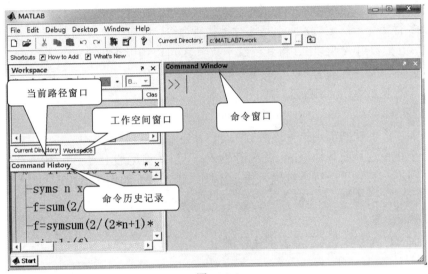

图 10.1.1

Command Window(命令窗口)是用来与 MATLAB 交互的主窗口, 用户可将命令窗口放大, 使用鼠标点 按钮即可独立打开窗口, 如图 10.1.2 所示.在命令窗口中输入指令后, 系统自动反馈信息, 例如, 在命令窗口中输入指令:

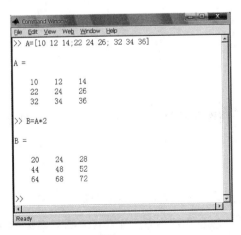

图 10.1.2

```
A = [10 12 14;22 24 26; 32 34 36]
```

系统解释此指令为输入一个 3×3 数组的值，并显示如下结果：

```
A =
        10       12       14
        22       24       26
        32       34       36
```

若继续输入指令：B=A*2，并按回车执行，则显示如下结果：

```
B =
        20       24       28
        44       48       52
        64       68       72
```

如果要多行指令一次运行，而不是逐行地执行命令，可在指令后加上"；"。例如，上例中输入数组 A，并把数组 A 乘以 2，将其值赋予数组 B。可以用以下指令：

```
A=[10 12 14;22 24 26; 32 34 36]
```

此时回车不显示数组 A 赋值结果.

```
B = A*2
```

此行不加"；"，按回车则执行这两行指令，并显示结果.

如果一个指令过长或其他原因，需跨行输入，可以在结尾加上"…"(代表此行指令与下一行连续)，按回车转到下一行继续输入指令。例如，输入下面的指令：

```
>>1*2+3*4+5*6+7*8+9*10+11*12+...%换行
13*14+15*16
```

注　在 MATLAB 中"%"号表示注释语句.

10.1.2　变量和数据操作

1. 变量

在 MATLAB 中，变量名是以字母开头，后接字母、数字或下划线的字符序列，最多 63 个字符。变量名区分字母的大小写.

2. 赋值语句

(1) 变量=表达式；

(2) 表达式.

其中表达式是用运算符将有关运算量连接起来的式子，其结果是一个矩阵.

例如，在 MATLAB 命令窗口输入命令：

```
x=1+2i;
y=3-sqrt(17);
z=(cos(abs(x+y))-sin(78*pi/180))/(x+abs(y))
```

其中 pi 和 i 都是 MATLAB 预先定义的变量，分别代表圆周率 π 和虚数单位.输出结果是：

$$z = $$
$$-0.3488+0.3286i$$

3. 内存变量的管理

(1) 内存变量的删除与修改.

MATLAB 工作空间窗口专门用于内存变量的管理. 在工作空间窗口中可以显示所有内存变量的属性. 当选中某些变量后, 再单击 Delete 按钮, 就能删除这些变量. 当选中某些变量后, 再单击 Open 按钮, 将进入变量编辑器. 通过变量编辑器可以直接观察变量中的具体元素, 也可修改变量中的具体元素.

clear 命令用于删除 MATLAB 工作空间中的变量. who 和 whos 这两个命令用于显示在 MATLAB 工作空间中已经驻留的变量名清单. who 命令只显示出驻留变量的名称, whos 在给出变量名的同时, 还给出它们的大小、所占字节数及数据类型等信息.

(2) 内存变量文件.

利用 MAT 文件可以把当前 MATLAB 工作空间中的一些有用变量长久地保留下来, 扩展名是 .mat. MAT 文件的生成和装入由 save 和 load 命令来完成. 常用格式为

save 文件名 [变量名表] [-append][-ascii]

load 文件名 [变量名表] [-ascii]

其中, 文件名可以带路径, 但不需带扩展名 .mat, 命令隐含了一定对 .mat 文件进行操作. 变量名表中的变量个数不限, 只要内存或文件中存在即可, 变量名之间以空格分隔. 当变量名表省略时, 保存或装入全部变量. -ascii 选项使文件以 ASCII 格式处理, 省略该选项时文件将以二进制格式处理. save 命令中的 -append 选项控制将变量追加到 MAT 文件中.

4. MATLAB 常用数学函数

MATLAB 提供了许多数学函数, 函数的自变量规定为矩阵变量, 运算法则是将函数逐项作用于矩阵的元素上, 因而运算的结果是一个与自变量同维数的矩阵. MATLAB 中常用函数, 如表 10.1.1 所示.

表 10.1.1 常用函数

名称	含义	名称	含义	名称	含义
sin	正弦	csc	余割	atanh	反双曲正切
cos	余弦	asec	反正割	acoth	反双曲余切
tan	正切	acsc	反余割	sech	双曲正割
cot	余切	sinh	双曲正弦	csch	双曲余割
asin	反正弦	cosh	双曲余弦	asech	反双曲正割
acos	反余弦	tanh	双曲正切	acsch	反双曲余割
atan	反正切	coth	双曲余切	atan2	四象限反正切
acot	反余切	asinh	反双曲正弦	exp	e 为底的指数
sec	正割	acosh	反双曲余弦	log	自然对数

名称	含义	名称	含义	名称	含义
log10	10 为底的对数	pow2	2 的幂	abs	绝对值
log2	2 为底的对数	sqrt	平方根	diff	相邻元素的差
min	最小值	max	最大值	length	个数
mean	平均值	median	中位数	sum	总和

例如若用户想计算 $y_1 = \dfrac{2\sin(0.3\pi)}{1+\sqrt{5}}$ 的值, 那么用户应依次键入以下字符:

```
y1=2*sin(0.3*pi)/(1+sqrt(5))
```

按 Enter 键, 该指令便被执行, 并给出以下结果

```
y1 =
    0.5000
```

10.1.3 MATLAB 矩阵

1. 矩阵的建立

1) 直接输入法

最简单的建立矩阵的方法是从键盘直接输入矩阵的元素.具体方法如下: 将矩阵的元素用方括号括起来, 按矩阵行的顺序输入各元素, 同一行的各元素之间用空格或逗号分隔, 不同行的元素之间用分号分隔.例如,

```
A=[10 12 14;22 24 26; 32 34 36]
```

2) 利用 M 文件建立矩阵

对于比较大且比较复杂的矩阵, 可以为它专门建立一个 M 文件.利用 M 文件建立矩阵.步骤如下:

(1) 启动有关编辑程序或 MATLAB 文本编辑器, 并输入待建矩阵;

(2) 把输入的内容以纯文本方式存盘(设文件名为 mymatrix.m);

(3) 在 MATLAB 命令窗口中输入 mymatrix, 即运行该 M 文件.

3) 利用冒号表达式建立一个向量

冒号表达式可以产生一个行向量, 一般格式为

```
e1:e2:e3
```

其中: e1 为初始值; e2 为步长; e3 为终止值.

在 MATLAB 中, 还可以用 linspace 函数产生行向量.其调用格式为

```
linspace(a, b, n)
```

其中: a 和 b 是生成向量的第一个和最后一个元素; n 是元素总数.显然, linspace(a, b, n)与 a:(b−a)/(n−1):b 等价.

2. 特殊矩阵

1) 通用的特殊矩阵

常用的产生通用特殊矩阵的函数有:

zeros: 产生全 0 矩阵(零矩阵);

ones: 产生全 1 矩阵(幺矩阵);

eye: 产生单位矩阵;

rand: 产生 0～1 间均匀分布的随机矩阵;

randn: 产生均值为 0, 方差为 1 的标准正态分布随机矩阵.

例如, 分别建立 3×3、3×2 和与矩阵 A 同样大小的零矩阵.

(1) 建立一个 3×3 零矩阵.

```
zeros(3)
```

(2) 建立一个 3×2 零矩阵.

```
zeros(3, 2)
```

(3) 设 A 为 2×3 矩阵, 则可以用 zeros(size(A))建立一个与矩阵 A 同样大小的零矩阵.

```
A=[1 2 3;4 5 6];       %产生一个 2×3 阶矩阵 A
zeros(size(A))         %产生一个与矩阵 A 同样大小的零矩阵.
```

又如, 建立随机矩阵:

(1) 区间[20, 50]内均匀分布的 5 阶随机矩阵;

(2) 均值为 0.6、方差为 0.1 的 5 阶正态分布随机矩阵.

命令分别如下:

```
x=20+(50-20)*rand(5)
y=0.6+sqrt(0.1)*randn(5)
```

2) 用于专门学科的特殊矩阵

(1) 魔方矩阵. 魔方矩阵有一个有趣的性质, 其每行、每列及两条对角线上的元素和都相等. 对于 n 阶魔方阵, 其元素由 $1, 2, 3, \cdots, n^2$ 共 n^2 个整数组成. MATLAB 提供了求魔方矩阵的函数 magic(n), 其功能是生成一个 n 阶魔方阵.

(2) 范德蒙德(Vandermonde)矩阵. 范德蒙德矩阵最后一列全为 1, 倒数第二列为一个指定的向量, 其他各列是其后列与倒数第二列的点乘积. 可以用一个指定向量生成一个范德蒙德矩阵. 在 MATLAB 中, 函数 vander(V)生成以向量 V 为基础向量的范德蒙德矩阵. 例如, A=vander([1;2;3;5]) 即可得到上述范德蒙德矩阵. 在命令窗口输入:

```
A=vander([1;2;3;5])
```

回车后显示:

```
A =
1        1       1      1
8        4       2      1
27       9       3      1
125      25      5      1
```

10.1.4　MATLAB 运算

1. 基本算术运算

MATLAB 的基本算术运算有：+(加)、−(减)、*(乘)、/(右除)、\(左除)、^(乘方).

注　运算是在矩阵意义下进行的，单个数据的算术运算只是一种特例.

1) 矩阵加减运算

假定有两个矩阵 A 和 B，则可以由 A+B 和 A−B 实现矩阵的加减运算.运算规则是：若 A 和 B 矩阵的维数相同，则可以执行矩阵的加减运算，A 和 B 矩阵的相应元素相加减.如果 A 与 B 的维数不相同，那么 MATLAB 将给出错误信息，提示用户两个矩阵的维数不匹配.

2) 矩阵乘法

假定有两个矩阵 A 和 B，若 A 为 $m \times n$ 矩阵，B 为 $n \times p$ 矩阵，则 C=A*B 为 $m \times p$ 矩阵.

3) 矩阵除法

在 MATLAB 中，有两种矩阵除法运算：\和/，分别表示左除和右除.如果 A 矩阵是非奇异方阵，那么 A\B 和 B/A 运算可以实现.A\B 等效于 A 的逆左乘 B 矩阵，也就是 inv(A)*B，而 B/A 等效于 A 矩阵的逆右乘 B 矩阵，也就是 B*inv(A).

对于含有标量的运算，两种除法运算的结果相同，如 3/4 和 4\3 有相同的值，都等于 0.75.又如，设 a=[10.5, 25]，则 a/5=5\a=[2.1000 5.0000].对于矩阵来说，左除和右除表示两种不同的除数矩阵和被除数矩阵的关系.对于矩阵运算，一般 A\B≠B/A.

4) 矩阵的乘方

一个矩阵的乘方运算可以表示成 A^x，要求 A 为方阵，x 为标量.

2. 点运算

在 MATLAB 中，有一种特殊的运算，因为其运算符是在有关算术运算符前面加点，所以叫点运算.点运算符有 .*、./、.\和.^.两矩阵进行点运算是指它们的对应元素进行相关运算，要求两矩阵的维参数相同.例如，计算矩阵 A=[1 2 3;4 5 6]中每个元素的 5 次方，不能直接输入 A^5，否则会提示如下错误

```
??? Error using ==> ^
Matrix must be square.
```

应该输入 A.^5，按回车键显示：

```
ans =
        1        32       243
     1024      3125      7776
```

3. 关系运算

MATLAB 提供了 6 种关系运算符：<(小于)、<=(小于或等于)、>(大于)、>=(大于或等于)、= =(等于)、～=(不等于).它们的含义不难理解，但要注意其书写方法与数学中的不等式符号不尽相同.关系运算符的运算法则为：

(1) 当两个比较量是标量时，直接比较两数的大小.若关系成立，关系表达式结果为 1，

否则为 0.

(2) 当参与比较的量是两个维数相同的矩阵时, 比较是对两矩阵相同位置的元素按标量关系运算规则逐个进行, 并给出元素比较结果. 最终的关系运算的结果是一个维数与原矩阵相同的矩阵, 它的元素由 0 或 1 组成.

(3) 当参与比较的一个是标量, 而另一个是矩阵时, 则把标量与矩阵的每一个元素按标量关系运算规则逐个比较, 并给出元素比较结果. 最终的关系运算的结果是一个维数与原矩阵相同的矩阵, 它的元素由 0 或 1 组成.

例如, 产生 5 阶随机方阵 A, 其元素为[10, 90]区间的随机整数, 然后判断 A 的元素是否能被 3 整除.

(1) 生成 5 阶随机方阵 A.

```
A=fix((90-10)*rand(5)+10)
```

(2) 判断 A 的元素是否可以被 3 整除.

```
P=rem(A, 3)==0
```

其中, rem(A, 3)是矩阵 A 的每个元素除以 3 的余数矩阵. 此时, 0 被扩展为与 A 同维数的零矩阵, P 是进行等于(==)比较的结果矩阵.

4. 逻辑运算

MATLAB 提供了 3 种逻辑运算符: &(与)、|(或)和~(非). 逻辑运算的运算法则为

(1) 在逻辑运算中, 确认非零元素为真, 用 1 表示, 零元素为假, 用 0 表示;

(2) 设参与逻辑运算的是两个标量 a 和 b, 那么,

a&b a, b 全为非零时, 运算结果为 1, 否则为 0.

a|b a, b 中只要有一个非零, 运算结果为 1.

~a 当 a 是零时, 运算结果为 1; 当 a 非零时, 运算结果为 0.

(3) 若参与逻辑运算的是两个同维矩阵, 那么运算将对矩阵相同位置上的元素按标量规则逐个进行. 最终运算结果是一个与原矩阵同维的矩阵, 其元素由 1 或 0 组成.

(4) 若参与逻辑运算的一个是标量, 一个是矩阵, 那么运算将在标量与矩阵中的每个元素之间按标量规则逐个进行. 最终运算结果是一个与矩阵同维的矩阵, 其元素由 1 或 0 组成.

(5) 逻辑非是单目运算符, 也服从矩阵运算规则.

(6) 在算术、关系、逻辑运算中, 算术运算优先级最高, 逻辑运算优先级最低.

5. 编写与调用函数

前面介绍在 MATLAB 所做的运算, 是适合于所要计算的算式不太长或是想以交谈式方式做运算, 若要计算的算式很长有数十行或是需要一再执行的算式, 则那样的方式就行不通了. MATLAB 提供了所谓的 M-文件的方式, 可让使用者自行将指令及算式写成集合程式然后储存成一个特别的文档, 其扩展名是.m, 譬如 picture.m, 其中的 picture 就是文件名称.

用 MATLAB 语言编写的程序, 称为 M-文件. M-文件可以根据调用方式的不同分为两类: 一种是脚本文件, 它是一种最简单的文件, 仅仅将 MATLAB 中的指令收集在一起. 当在交互提示符处输入文件名执行脚本文件时, MATLAB 在 M-文件内读取并执行指令, 就好像指令是我们输入的. 而且, 似乎我们能够削减 M-文件的内容并将削减过的内容传到 MATLAB 指令

窗口中. 第二种 M-文件包含一个单一函数, 此函数名与此 M-文件名相同. 这种 M-文件包含一段独立的代码, 这段代码具有一个明确规定的输入/输出界面; 那就是说, 传给这段代码一列空变量 arg1, arg2, …, 这段独立代码就能够被调用, 然后返回输出值 out1, out2, …. 一个函数 M-文件的第一个非注释行包含函数标头, 其形式如下:

function [out1, out2, …]=filename(arg1, arg2, …)

编辑 M-文件可以使用各种文本编辑器, MATLAB 中具有内置的 M-文件编辑器.

例如, 计算函数 $y=\dfrac{1}{(x+0.3)^2+0.01}+\dfrac{1}{(x-0.9)^2+0.04}$ 在 $x=1$ 和 $x=2$ 处的函数值, 可按如下步骤操作:

(1) 从 MATLAB 主窗口的 File 菜单中选择 New 菜单项, 再选择 M-file 命令, 屏幕上将出现 MATLAB 文本编辑器窗口. 或在 MATLAB 命令窗口输入命令 edit, 启动 MATLAB 文本编辑器.

(2) 在 MATLAB 文本编辑器中编辑如下代码:

```
function y=myfunction(x)
y=1./((x-0.3).^2+0.01)+ 1./((x-0.9).^2+0.04);
```

(3) 在 MATLAB 文本编辑器中保存文件, 保存的文件在默认情况下与函数名相同.

创建上述 M-文件后, 即可在命令行中调用 myfunction, 输入

```
>> x=[1 2];
>> y=myfunction(x)
```

回车后显示.

10.1.5 MATLAB 符号运算

1. 定义符号变量

1) 用 sym 函数来定义一个符号或符号表达式

sym 函数用来建立单个符号量, 例如, a=sym('a')建立符号变量 a, 此后, 用户可以在表达式中使用变量 a 进行各种运算.

2) syms 函数定义多个符号

syms 函数的一般调用格式为

syms   var1 var2 … varn

函数定义符号变量 var1, var2, …, varn 等. 用这种格式定义符号变量时不要在变量名上加字符分界符('), 变量间用空格而不要用逗号分隔.

2. 极限问题

(1) limit 函数的调用格式为 limit(f, x, a);

(2) limit 函数的另一种功能是求单边极限, 其调用格式为 limit(f, x, a, 'right') 或 limit(f, x, a, 'left'), 缺省为符号变量→a 时函数 f 的极限.

例如, 求极限 $\lim\limits_{x\to\infty} x\left(1+\dfrac{a}{x}\right)^x \sin\dfrac{b}{x}$, 可编写如下程序代码:

```
syms x a b;
f=x*(1+a/x)^x*sin(b/x);
L=limit(f, x, inf)
```

3. 求导函数

diff 函数用以演算一函数的微分, 符号表达式的微分以 4 种形式利用函数:

(1) diff(f)传回 f 对预设独立变数的一次微分值;

(2) diff(f, 't') 传回 f 对独立变数 t 的一次微分值;

(3) diff(f, n) 传回 f 对预设独立变数的 n 次微分值;

(4) diff(f, 't', n) 传回 f 对独立变数 t 的 n 次微分值.

例如, 下述代码为求相关函数的导数:

```
syms a b t x y z;
f=sqrt(1+exp(x));
diff(f)                              %未指定求导变量和阶数, 按缺省规则处理
f=x*cos(x);diff(f, x, 2)             %求 f 对 x 的二阶导数
f1=a*cos(t);f2=b*sin(t);
diff(f2)/diff(f1)                    %按参数方程求导公式求 y 对 x 的导数
(diff(f1)*diff(f2, 2)-diff(f1, 2)*diff(f2))/(diff(f1))^3
                                     %求 y 对 x 的二阶导数
f=x^2+y^2+z^2-a^2;
zx=-diff(f, x)/diff(f, z)            %按隐函数求导公式求 z 对 x 的偏导数.
```

4. 积分问题

1) 不定积分

在 MATLAB 中, 求不定积分的函数是 int, 其调用格式为: int(f, x)

int 函数求函数 f 对变量 x 的不定积分. 参数 x 可以缺省, 缺省原则与 diff 函数相同. 例如, 下述例子为求不定积分的代码:

```
x=sym('x');
f=(3-x^2)^3;
int(f)                               %求不定积分
```

2) 定积分

定积分求解形式为 int(f, a, b)和 int(f, 's', a, b), 其中 a, b 是数值, 求解符号表达式从 a 到 b 的定积分; 形式 int(f, 'm', 'n')和形式 int(f, 's', 'm', 'n'), 其中 m, n 是符号变量, 求解符号表达式从 m 到 n 的定积分. 例如, 下述例子为求定积分的代码:

```
x=sym('x');t=sym('t');
int(abs(1-x), 1, 2)
f=1/(1+x^2);
int(f, -inf, inf)
int(4*t*x, x, 2, sin(t))
```

```
f=x^3/(x-1)^100;
I=int(f, 2, 3)
```

5. 代数方程的符号求解

(1) 线性方程组的符号求解　求解线性代数方程组的函数 linsolve, 其调用格式为

```
linsolve(A, b)
```

例如求解线性方程组 $\begin{cases} x+2y-z=2, \\ x+z=3, \\ x+3y=8 \end{cases}$ 时, 只用给出系数矩阵以及常数项对应的向量, 调用

linsove 函数即可求解, 代码编写如下:

```
A=[1 2 -1; 1 0 1; 1 3 0];
b=[2;3;8];
x=linsolve(A, b)
```

(2) 非线性方程组的符号求解　求解非线性方程组的函数是 solve, 调用格式为

```
solve('eqn1', 'eqn2', …, 'eqnN', 'var1, var2, …, varN')
```

例如, 以下给出了线性方程组的求解示例:

```
x=solve('1/(x+2)+4*x/(x^2-4)=1+2/(x-2)', 'x')
f=sym('x-(x^3-4*x-7)^(1/3)=1');
x=solve(f)
x=solve('2*sin(3*x-pi/4)=1')
x=solve('x+x*exp(x)-10', 'x')
```

10.1.6　基本绘图函数

MATLAB 具有很强的二维三维绘图能力, 限于篇幅这里只介绍最基本的作图函数.

1. 二维数据曲线图

plot(X, Y, S). 其中 X, Y 是向量, 分别表示点集的横坐标和纵坐标, S 代表线型. 此时, MATLAB 作图是通过描点、连线来实现的, 故在画一个曲线图形之前, 必须先取得该图形上的一系列的点的坐标(即横坐标和纵坐标), 然后将该点集的坐标传给 MATLAB 函数画图. 例如, 在 $0 \leqslant x \leqslant 2\pi$ 区间内, 绘制曲线 $y=2\mathrm{e}^{-0.5x}\cos(4\pi x)$, 程序如下:

```
x=0:pi/100:2*pi;
y=2*exp(-0.5*x).*cos(4*pi*x);
plot(x, y)
```

曲线如图 10.1.3 所示.

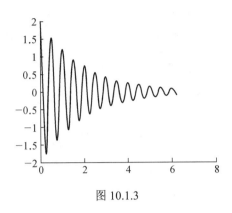

图 10.1.3

2. 符号函数(显函数、隐函数和参数方程)画图

1) ezplot

```
ezplot('f(x)', [a, b])
```

表示在 $a \leqslant x \leqslant b$ 绘制显函数 $f = f(x)$ 的函数图. 例如, 在 $[0, \pi]$ 上画 $y = \sin(x)$ 的图形, 代码如下:

```
ezplot('x(t)', 'y(t)', [tmin, tmax])
```

曲线如图 10.1.4 所示.

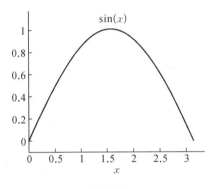

图 10.1.4

表示在区间 $\min \leqslant t \leqslant \max$ 绘制参数方程 $x = x(t), y = y(t)$ 的函数图. 例如, 在 $[0, 2\pi]$ 画 $x = \cos^3 t$, $y = \sin^3 t$ 星形图, 代码如下:

```
ezplot('cos(t)^3', 'sin(t)^3', [0, 2*pi])
ezplot('f(x, y)', [xmin, xmax, ymin, ymax])
```

曲线如图 10.1.5 所示.

表示在区间 $\min \leqslant x \leqslant \max$ 和 $\min \leqslant y \leqslant \max$ 绘制隐函数 $f(x, y) = 0$ 的函数图. 例如, 在 $[-2, 0.5]$, $[0, 2]$ 上画隐函数 $\mathrm{e}^x + \sin(xy) = 0$ 的图, 代码如下:

```
ezplot('exp(x)+sin(x*y)', [-2, 0.5, 0, 2])
```

曲线如图 10.1.6 所示.

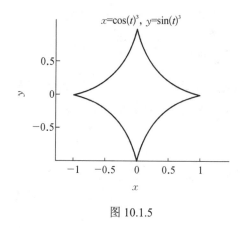

图 10.1.5

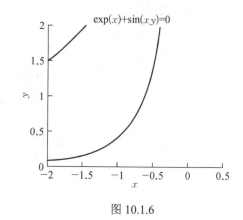

图 10.1.6

2) fplot

```
fplot('fun', lims)
```

表示绘制字符串 fun 指定的函数在 $[x\min, x\max]$ 范围的图形.

注 (1) fun 必须是 M 文件的函数名或是独立变量为 x 的字符串;

(2) fplot 函数不能画参数方程和隐函数图形, 但在一个图上可以画多个图形. 例如, 在[-2, 2]范围内绘制函数 tanh 的图形, 代码如下:

```
fplot('tanh', [-2, 2])
```

曲线如图 10.1.7 所示.

例如, x 的取值范围在 $[-2\pi, 2\pi]$, 画函数 $\sin(x), \cos(x)$ 的图形, 代码如下:

```
fplot('[sin(x), cos(x)]', 2*pi*[-1 1])
```

曲线如图 10.1.8 所示.

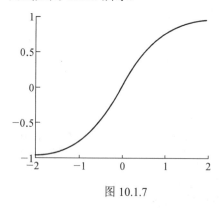

图 10.1.7

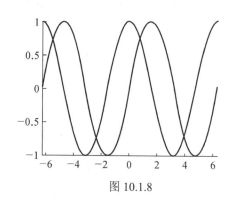

图 10.1.8

3. 三维图形

1) 空间曲线

plot3 函数与 plot 函数用法十分相似, 其调用格式为

```
plot3(x1, y1, z1, 选项1, x2, y2, z2, 选项2, ..., xn, yn, zn, 选项n)
```

其中每一组 x, y, z 组成一组曲线的坐标参数, 选项的定义和 plot 函数相同. 当 x, y, z 是同维向

量时, 则 x, y, z 对应元素构成一条三维曲线.

当 x, y, z 是同维矩阵时, 则以 x, y, z 对应列元素绘制三维曲线, 曲线条数等于矩阵列数. 例如, 在区间 $[0, 10\pi]$ 画出参数曲线 $x = \sin(t)$, $y = \cos(t)$, $z = t$, 代码如下:

```
t = 0:pi/50:10*pi;
plot3(sin(t), cos(t), t);
```

曲线如图 10.1.9 所示.

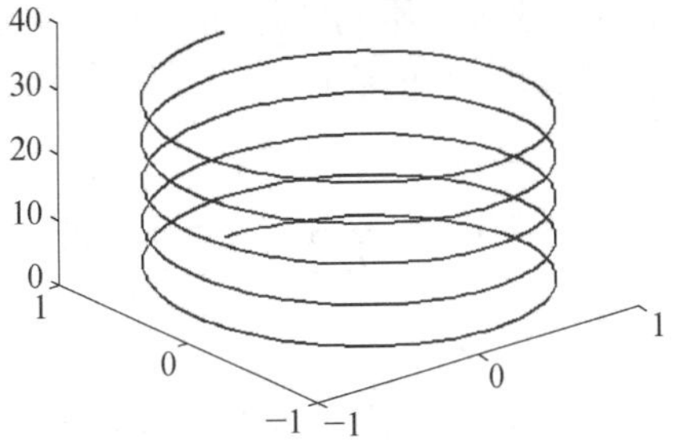

图 10.1.9

2) 空间曲面

三维曲面做图一般分为两步:

步骤 1   产生三维数据

在 MATLAB 中, 利用 meshgrid 函数产生平面区域内的网格坐标矩阵. 其格式为

```
x=a:d1:b;  y=c:d2:d;
[X, Y]=meshgrid(x, y);
```

语句执行后, 矩阵 X 的每一行都是向量 x, 行数等于向量 y 的元素的个数, 矩阵 Y 的每一列都是向量 y, 列数等于向量 x 的元素的个数.

步骤 2   利用绘制三维曲面的函数: surf 函数和 mesh 等函数绘制曲面.

surf 函数和 mesh 函数的调用格式为

```
surf(x, y, z, c)
mesh(x, y, z, c)
```

一般情况下, x, y, z 是维数相同的矩阵. x, y 是网格坐标矩阵, z 是网格点上的高度矩阵, c 用于指定在不同高度下的颜色范围. 例如, 画函数 $z = (x + y)^2$ 的图形, 代码如下:

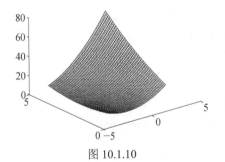

图 10.1.10

```
x=-3:0.1:3;
y=1:0.1:5;
[x, y]=meshgrid(x, y);
Z=(X+Y).^2;
surf(x, y, z)
shading flat %将当前图形变得平滑
```

曲线如图 10.1.10 所示.

例如, 绘制三维曲面图 $z = \sin(x + \sin(y)) - x / 10$, 代码如下:

```
[x, y]=meshgrid(0:0.25:4*pi);
z=sin(x+sin(y))-x/10;
mesh(x, y, z);
axis([0 4*pi 0 4*pi -2.5 1]);
```

曲线如图 10.1.11 所示.

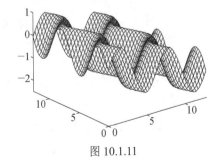

图 10.1.11

此外, 还有带等高线的三维网格曲面函数 meshc 和带底座的三维网格曲面函数 meshz. 其用法与 mesh 类似, 不同的是 meshc 还在 xy 平面上绘制曲面在 z 轴方向的等高线, meshz 还在 xy 平面上绘制曲面的底座.

10.2 概率统计问题的 MATLAB 求解

概率论与数理统计是实验科学中常用的数学分支, 其问题的求解是很重要的, 但有时也是很烦琐的, 传统的方式经常用查询表格的方式解决. MATLAB 语言提供了专用的统计学工具箱, 其中包含大量的函数, 可以直接求解概率论与数理统计领域的问题. 本节对 MATLAB 在处理概率论与数理统计问题中的应用做简单介绍.

10.2.1 常见概率分布的函数

在 MATLAB 中常见的几种分布的命令字符, 如表 10.2.1 所示.

表 10.2.1 MATLAB 中常见的几种分布的命令字符

分布函数名	命令字符	分布函数名	命令字符
正态分布	norm	均匀分布	unif
指数分布	exp	泊松分布	poiss
二项分布	bino	t 分布	t
β分布	beta	F 分布	F

同时, MATLAB 工具箱对每一种分布都提供五类函数, 其命令字符为

概率密度: pdf; 概率分布: cdf; 逆概率分布: inv;

均值与方差: stat; 随机数生成: rnd

借助于例题介绍相关函数的使用方法.

例 10.2.1 (1) 画出正态分布 $N(0,1)$ 和 $N(0,2^2)$ 的概率密度函数图形;

(2) 计算正态分布 $N(0,1)$ 的随机变量在 $x = 0.656\,7$ 处的概率密度 $\varphi(0.656\,7)$;

(3) 求正态分布 $N(0,2^2)$ 的均值与方差;

(4) 计算标准正态分布的概率 $P\{-1 < X < 1\}$;

(5) 取 $\alpha = 0.05$, 求标准正态分布 $N(0,1)$ 的上 α 分位点 z_α.

解 (1) 在 MATLAB 中输入以下命令:

```
x=-6:0.01:6;
y=normpdf(x); z=normpdf(x, 0, 2);
plot(x, y, x, z)
```

可画出正态分布 $N(0,1)$ 和 $N(0,2^2)$ 的概率密度函数图形, 如图 10.2.1 所示.

(2) 在 MATLAB 中输入以下命令:

```
y =pdf('norm', 0.6578, 0, 1)
```

计算结果为

```
    y =
      0.3213
```

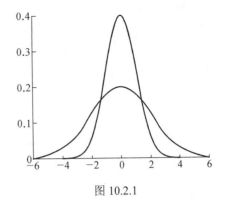

图 10.2.1

上述输入的命令等价于 y=normpdf(0.6578, 0, 1)

注 pdf 概率密度函数的使用方法如下: y=pdf(name, x, A)返回由 name 指定的单参数分布的概率密度, x 为样本数据; y=pdf(name, x, A, B)或 y=pdf(name, x, A, B, C)返回由 name 指定的双参数或三参数分布的概率密度, name 用来指定分布类型的命令字符.

需要说明 y=pdf('norm', x, 0, 1)与 y=normpdf(x, 0, 1)处的密度值. cdf 概率分布函数的使用方法类似于 pdf.

(3) 在 MATLAB 中输入以下命令:

```
[m, v]=noemstat(0, 2)
```

计算结果为

```
m =0;v =4.
```

(4) 在 MATLAB 中输入以下命令:

```
P=normcdf(1)-normcdf(-1)
```

计算结果为

```
p = 0.6827.
```

(5) 设 $X \sim N(0,1)$, 上 α 分位点 z_α 满足条件 $P\{X > z_\alpha\} = \alpha$, 从而 $P\{X \leqslant z_\alpha\} = 1 - \alpha$, 于是当 $\alpha = 0.05$ 时, $P\{X \leqslant z_\alpha\} = 0.95$. 现已知随机变量 $X \leqslant z_\alpha$ 发生的概率为 0.95, 利用 MATLAB 提供的逆概率分布: x=norminv(P, mu, sigma)即可求出分位点 z_α, 在 MATLAB 中输入以下命令:

```
z =norminv(0.95)
```

计算结果为

```
z =1.6449.
```

正态分布是应用广泛的分布, 通过上述方式可以了解其数值特征、密度函数、分布函数及其图形, 并通过 MATLAB 提供的函数计算相关事件的概率.

10.2.2 参数估计

这里只介绍 MATLAB 在正态总体的参数估计中使用方法.

设总体服从正态分布, 则其点估计和区间估计可同时由以下命令获得:

```
[muhat, sigmahat, muci, sigmaci] = normfit(X, alpha)
```

此命令在显著性水平 alpha 下估计数据 X 的参数(alpha 缺省时设定为 0.05), 返回值 muhat 是 X 的均值的点估计值, sigmahat 是标准差的点估计值, muci 是均值的区间估计, sigmaci 是标准差的区间估计.

例 10.2.2 有一大批糖果. 现从中随机地取 16 袋, 称得重量(单位: g)如下:

$$506 \quad 508 \quad 499 \quad 503 \quad 504 \quad 510 \quad 497 \quad 512$$
$$514 \quad 505 \quad 493 \quad 496 \quad 506 \quad 502 \quad 509 \quad 496$$

设袋装糖果的重量近似地服从正态分布, 试求总体均值的置信水平为 0.95 的置信区间.

解 置信区间的求法已在第 7 章介绍过, 当置信水平为 0.95 时, alpha＝0.05. 在 MATLAB 中求解过程如下:

```
X=[506 508 499 503 504 510 497 512 514 505 493 496 506 502 509 496]
[muhat, sigmahat, muci, sigmaci]=normfit(X, 0.05)
```

计算结果为

```
Muhat=503.7500; sigmahat=6.2022;muci=500.4451 507.0549
Simgmaci=4.5816 9.5990
```

即总体均值 μ 的一个置信水平为 0.95 的置信区间为[500.445 1, 507.054 9].

10.2.3 假设检验

MATLAB 的统计学工具箱中提供了多个假设检验的函数, 例如, 正态分布均值的假设检验、正态分布性假设检验和任意分布函数的假设检验. 这里仅对单个正态分布均值的假设检验做以下介绍.

1. 总体方差 σ^2 已知时, 总体均值的检验使用 Z-检验

```
[h, sig, ci]=ztest(x, m, sigma, alpha, tail)
```

检验数据 x 的关于均值的某一假设是否成立, 其中 sigma 为已知方差, alpha 为显著性水平, 究竟检验什么假设取决于 tail 的取值:

tail=0, 检验假设 " x 的均值等于 m "

tail=1, 检验假设 " x 的均值大于 m "

tail=-1, 检验假设 " x 的均值小于 m "

tail 的缺省值为 0, alpha 的缺省值为 0.05.

返回值 h 为一个布尔值, h=1 表示可以拒绝假设, h=0 表示不可以拒绝假设, sig 为假设成立的概率, ci 为均值的 1-alpha 置信区间.

例 10.2.3 MATLAB 统计工具箱中的数据文件 gas. mat 中提供了美国 1993 年一月份和二月份的汽油平均价格(price1, price2 分别是一、二月份的油价, 单位为美分), 它是容量为 20 的双样本. 假设 月份油价的标准偏差是一加仑四分币($\sigma=4$), 试检验一月份油价的均值是否等于 115 (取 $\alpha=0.05$).

解 假设 $H_0: \mu=115$, $H_1: \mu \neq 115$. 在 MATLAB 中, 首先取出数据, 用命令:

```
load gas
```

然后用以下命令检验:

```
[h, sig, ci]=ztest(price1, 115, 4)
```

返回: h=0, sig=0.8668, ci=[113.3970, 116.9030].

检验结果:

(1) 布尔变量 h=0, 表示不拒绝零假设. 说明提出的假设均值 115 是合理的;

(2) sig 值为 0.8668, 远超过 0.05, 不能拒绝零假设;

(3) 95%的置信区间为[113.4, 116.9], 它完全包括 115, 且精度很高.

2. 总体方差 σ^2 未知时, 总体均值的检验使用 t-检验

```
[h, sig, ci]=ttest(x, m, alpha, tail)
```

检验数据 x 的关于均值的某一假设是否成立, 其中 alpha 为显著性水平, 究竟检验什么假设取决于 tail 的取值:

tail=0, 检验假设 " x 的均值等于 m "

tail=1, 检验假设 " x 的均值大于 m "

tail=-1, 检验假设 " x 的均值小于 m "

tail 的缺省值为 0, alpha 的缺省值为 0.05.

返回值 h 为一个布尔值, h=1 表示可以拒绝假设, h=0 表示不可以拒绝假设, sig 为假设成立的概率, ci 为均值的 1-alpha 置信区间.

例 10.2.4 试检验例 10.2.3 中二月份油价 Price2 的均值是否等于 115.

解 假设 $H_0: \mu = 115, H_1: \mu \neq 115$. 在 MATLAB 中, 首先取出数据, 用命令:

```
load gas
```

price2 为二月份的油价, 因为不知总体的方差, 故用以下命令检验:

```
[h, sig, ci]=ttest( price2, 115)
```

返回: h=1, sig=4.9517e-004, ci=[116.8, 120.2].

检验结果:

(1) 布尔变量 h=1, 表示拒绝零假设. 说明提出的假设油价均值 115 是不合理的;

(2) 95%的置信区间为[116.8 120.2], 它不包括 115, 故不能接受假设;

(3) sig 值为 4.9517e-004, 远小于 0.05, 不能接受零假设.

10.3 概率模型与 MATLAB 求解

10.3.1 概率与频率

概率, 又称几率或然率, 是反映某种事件发生的可能性大小的一种数量指标, 它介于 0 与 1 之间, 是该随机事件本身的属性. 频率是指某随机事件在随机试验中实际出现的次数与随机试验进行次数的比值. 伯努利大数定理表明事件发生的频率依概率收敛于事件的概率, 在实际应用中, 当实验次数很大时, 便可以用事件发生的频率来代替概率. 以下通过几个例子来展示这一结论在求解实际问题中的应用.

1. π 的一种概率模型求解方法

我们从蒲丰投针问题谈起. 平面上画有等距离的平行线, 平行线间的距离为 $a(a>0)$, 向平面任意投掷一枚长为 $l(l<a)$ 的针, 试求针与平行线相交的概率. 以 x 表示针的中点与最近一条平行线间的距离, 又以 φ 表示针与此直线间的夹角, 如图 10.3.1 所示. 易知有

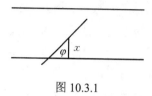

图 10.3.1

$$0 \leqslant x \leqslant \frac{a}{2}, \qquad 0 \leqslant \varphi \leqslant \pi$$

由这两式可以确定 $x-\varphi$ 平面上的一个矩形 Ω. 而针与平行线相交的充要条件是

$$x \leqslant \frac{l}{2}\sin\varphi$$

由这个不等式表示的区域 A 是图 10.3.2 中所示的阴影部分. 由等可能性知

$$P(A) = \frac{S_A}{S_\Omega} = \frac{\int_0^\pi \frac{l}{2}\sin\varphi \, \mathrm{d}\varphi}{\pi \cdot \frac{a}{2}} = \frac{2l}{\pi a}$$

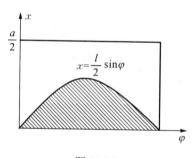

图 10.3.2

若 l, a 为已知, 则以 π 值代入上式即可计算得 $P(A)$ 的值. 反之, 如已知 $P(A)$ 的值, 则可以利用上式去求 π. 而关于 $P(A)$ 的值可用频率去近似. 如投针 N 次, 相交 n 次, 则频率为 $\frac{n}{N}$, 于是 $\pi \approx \frac{2lN}{an}$.

蒲丰指出: π 的数值与 $\frac{n}{N}$ 有关, 他由此求出 π 的近似值为 3.142.

利用上述原理, 求 π 的近似值. 当然不可能真的去投针, 我们采用随机模拟法. 在正方形 $Q = \{(x,y) \mid 0 \leqslant x \leqslant 1, 0 \leqslant y \leqslant 1\}$ 内随机地产生大量的点, 那么落在四分之一圆

$$H = \{(x,y) \mid (x,y) \in Q, x^2 + y^2 \leqslant 1\}$$

内的点数 m 与落在正方形 Q 内的点数 n 之比 m/n, 当 n 充分大时, 接近这两部分图形面积之

比 $\pi/4$，从而 $\pi \approx 4m/n$. 上述方法可描述为概率模型: 投点坐标 (x_i, y_i) $(i = 1, 2, \cdots, n)$，x_i, y_i 是相互独立、在$(0, 1)$内均匀分布的随机变量($(0, 1)$随机数)，点 (x_i, y_i) 落在四分之一单位圆内的概率满足 $y_i \leqslant \sqrt{1 - x_i^2}$，$p = \pi/4 \approx m/n$. 利用计算机模拟可编写如下 M-文件:

```
function p=calp(k)
x=rand(2, k);
m=0;
for i=1:k
     if x(1, i)^2+x(2, i)^2<=1
          m=m+1;
     end
end
p=4*m/k;
```

根据 k(随机生成的$(0, 1)$随机数)的不同，可得到不同近似程度的近似值. 其中随机模拟的关键函数 rand(m, n)表示生成一个满足均匀分布的 m×n 随机矩阵，矩阵的每个元素都在$(0, 1)$之间，特别 rand(n)=rand(n, n).

2. 用随机模拟法计算积分

利用上述随机模拟方法求 π 的近似值，它实际上利用了古典概型中的几何概型，并且利用频率近似代替概率. 可以将上述方法推广到计算积分. 这里只讨论定义在正方形域 $Q = \{(x, y) \mid 0 \leqslant x \leqslant 1, 0 \leqslant y \leqslant 1\}$ 内的函数 $y = f(x)$ 在 $[0, 1]$区间上的积分，有关用随机模拟法计算重积分的方法，读者可参考相关书籍.

一般地设随机变量 (X, Y) 在单位正方形内均匀分布，即联合密度函数为

$$p(x, y) = 1, 0 \leqslant x \leqslant 1, 0 \leqslant y \leqslant 1$$

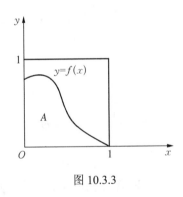

图 10.3.3

如图 10.3.3 所示.

于是由

$$P\{(X, Y) \in A\} = \iint\limits_{(x, y) \in A} p(x, y)\mathrm{d}x\mathrm{d}y = \int_0^1 \mathrm{d}x \int_0^{f(x)} 1\mathrm{d}y = \int_0^1 f(x)\mathrm{d}x$$

可得到启示，要计算 $Q = \{(x, y) \mid 0 \leqslant x \leqslant 1, 0 \leqslant y \leqslant 1\}$ 内的函数 $y = f(x)$ 在$[0, 1]$区间上的积分，利用随机模拟可产生$(0, 1)$随机数 x_i $(i = 1, 2, \cdots, n)$，当 n 很大时，$P\{(X, Y) \in A\} \approx k/n$，其中 k 为落入区域 A 内(满足 $y_i \leqslant f(x_i)$)的点数. 从而可得 $\int_0^1 f(x)\mathrm{d}x \approx k/n$.

例 10.3.1　设 X 服从 $\theta = 3$ 的指数分布，利用随机模拟计算它的分布函数 $F(x)$ 的积分 $\int_0^1 F(x)\mathrm{d}x$.

解　由已知 $F(x) = \begin{cases} 1 - \mathrm{e}^{-x/3}, & x > 0, \\ 0, & x \leqslant 0. \end{cases}$ 利用计算机模拟可编写如下 M 文件:

```
function p=intf(n)
x=rand(2, n);
k=0;
for i=1:n
    if x(2, i)<=1-exp(-1/3*(x(1, i)))
        k=k+1;
    end
end
p=k/n;
```

根据 n(随机生成的(0, 1)随机数)的不同, 可得到不同近似程度的近似值.

上述求积分的方法称为蒙特卡罗(Monte-Carlo)方法. 该方法简单易学, 几乎适用于任何多重积分的情况, 但缺点是计算量大, 精度差.

10.3.2 中心极限定理的演示

中心极限定理是概率论中具有广泛实用意义的重要定理, 是正态分布得以广泛应用的理论基础. 由第 5 章可知, 独立同分布的随机变量的和服从正态分布. 我们用 MATLAB 演示二项分布 $B(n, p)$. 当 n 增大时的演化过程, 检验它的分布率是否以正态分布 $N(np, np(1-p))$ 的概率密度为极限. 在这个程序中绘制二项分布 $B(n, p)$、正态分布 $N(np, np(1-p))$ 以及它们之间的误差函数图形. 其中参数 p=2/3. 程序及运行如下:

```
function btn(n)
p=2/3;
x=1:n;
    y_p=binopdf(x, n, p);
    y_n=normpdf(x, n*p, (n(1)*p*(1-p))^(1/2));
    error=abs(y_p-y_n);
y_n1=normpdf([0:0.1:50], n*p, (n*p*(1-p))^(1/2));
plot(x, y_p, '.', [0:0.1:50], y_n1, '-', x, error, '*')
axis([0, 50, 0, 0.40])
```

在命令窗口运行, 图形如图 10.3.4 所示.

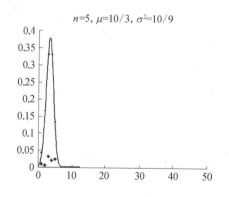

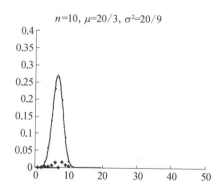

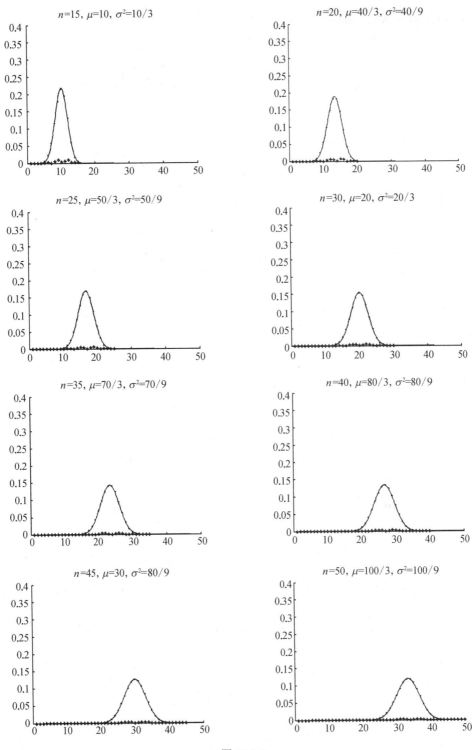

图 10.3.4

10.3.3 报童的利润概率模型及求解

1) 问题和分析

报童每天从发行商处购进报纸零售, 晚上将没有卖掉的报纸退回. 如果每份报纸的购进价为 a, 每份报纸的零售价为 b, 每份报纸的退回价(发行商返回报童的钱)为 c, 且满足 $b \geq a \geq c$, 每天报纸的需求量是随机的. 为了获得最大的利润, 该报童每天应购进多少份报纸? 经调查统计 159 天报纸需求量的情况如表 10.3.1.

表 10.3.1

需求量	100	120	140	160	180	200	220	240	260	280
天数	3	9	13	22	32	35	20	15	8	2

假定 $a = 0.8$ 元, $b = 1$ 元, $c = 0.75$ 元, 为报童提供最佳决策.

分析 每天报纸的需求量随机, 报童每天的利润也是随机的. 只能以长期售报过程中每天的平均利润最大为目标, 确定最佳决策.

数学模型近似 可以通过历史数据得到每天需求量为 r 的天数所占的百分比, 记为 $f(r)$ 近似需求量的分布. 例如, 需要 200 份所占的百分比为 35/159=22%.

决策变量 报童每天购进报纸的份数 n.

平均利润
$$S(n) = \sum_{r=0}^{n-1} [(b-a)r - (a-c)(n-r)] f(r) + \sum_{r=n}^{\infty} [(b-a)n] f(r)$$

模型假设

(1) 每份报纸的购进价为 a, 每份报纸的零售价为 b, 每份报纸的退回价(发行商返回报童的钱)为 c;

(2) 需求为连续随机变量 X, 大致服从正态分布;

(3) 将历史的统计表看作需求量的频率, 由此可以计算需求量的均值和标准差.

报童每天的平均利润:
$$S(n) = \int_0^n [(b-a)x - (a-c)(n-x)] p(x) \mathrm{d}x + \int_n^{\infty} (b-a)n \, p(x) \mathrm{d}x$$

其中, $p(x) = \dfrac{1}{\sqrt{2\pi}\sigma} \exp\left(-\dfrac{(x-\mu)^2}{2\sigma^2}\right)$, μ, σ 可通过假设(3)计算. 将 $S(n)$ 关于 n 求导, 得到

$$S'(n) = -\int_0^n (a-c) p(x) \mathrm{d}x + \int_n^{\infty} (b-a) p(x) \mathrm{d}x = 0$$

从而 $\dfrac{\int_0^n p(x) \mathrm{d}x}{\int_n^{\infty} p(x) \mathrm{d}x} = \dfrac{b-c}{a-c}$, 简化为 $\int_{-\infty}^n p(x) \mathrm{d}x = \dfrac{b-a}{b-c}$, 于是只要给定 b, a, c, 在

$$p(x) = \frac{1}{\sqrt{2\pi}\sigma} \exp\left(-\frac{(x-\mu)^2}{2\sigma^2}\right)$$

的假设及假设(3)下, 可求通过逆概率分布求得最佳购进报纸的份数 n.

定性分析 在 $b \geq a \geq c$ 的条件下讨论 b, a, c 的变化对最佳决策 n 的影响.

(1) 当 $b > a = c$ 时, 即购进价与退回价相同且零售价高于购进价, 报童不承担任何卖不出

去的风险, 他将从发行商处购进尽可能多（无穷多）的报纸. 这样必然造成发行商的损失;

(2) 当 $b=a>c$ 时, 即零售价与购进价相同且高于退回价, 报童无利润可得, 他不从发行商处购进任何报纸$(n \ll 0)$. 这样发行商也无法获得任何利益;

(3) 当 $b>a>c$ 时, 发行商和报童才能获得利益, 报童将根据需求量的随机规律制定自己的应对策略. $b-a$ 越大, 购进量 n 越大; $b-c$ 越大, 购进量 n 越小. 这些都符合直观的理解.

2) MATLAB 定量求解

根据 159 天报纸需求量的分布情况, 利用 MATLAB 求解, 编程如下:

```
a=0.8;b=1;c=0.75;
q=(b-a)/(b-c);
r=[3 9 13 22 32 35 20 15 8 2];
rr=sum(r);
x=110:20:290;                    %需求量取表中小区间的中点
rbar=r*x'/rr                     %计算均值
s=sqrt(r*(x.^2)'/rr-rbar^2)      %计算标准差
n=norminv(q,rbar,s)              %用逆概率分布计算n
```

计算结果:

```
rbar=199.4340; s=38.7095; n=232.0127.
```

即在 $a=0.8$ 元, $b=1$ 元, $c=0.75$ 元, 结合市场 159 天报纸需求量的信息, 可得报童应购进 232 份报纸, 可获得最大的利润.

习 题 10

1. 随机投掷均匀硬币, 编写程序验证硬币上的国徽面朝上与朝下的概率是否都是 1/2.

2. 试绘制出 (μ, σ^2) 分别为 $(-1,1), (0,0.1), (0,1)$ 时正态分布的概率密度函数和分布函数曲线.

3. 试生成满足正态分布 $N(0.5, 1.4^2)$ 的 30 000 个伪随机数, 对其均值和方差进行验证, 并用直方图的方式观察其分布与理论分布是否吻合. 若改变直方图区间的宽度会得出什么结论?

4. 某人进行射击, 设每次射击的命中率为 0.02, 独立射击 400 次, 试求至少击中两次的概率.

5. 设轴承内环的锻压零件的平均高度 X 服从正态分布 $N(\mu, 0.4^2)$, 现在从中抽取 20 只内环, 其平均高度 $\bar{x}=32.3 \, \mathrm{mm}$. 求内环平均高度的置信度为 95% 的置信区间.

6. 一自动车床加工零件的长度服从正态分布, 经过一段时间生产后, 抽取这台车床所加工的 $n=31$ 个零件, 测得数据如下:

零件长度 x_i/mm	10.1	10.3	10.6	11.2	11.5	11.8	12.0
频数 n_i	1	3	7	10	6	3	1

试求加工精度的置信水平为 0.95 的置信区间.

7. 设某电子产品平均寿命 5 000 h 为达到标准, 现从一大批产品中抽出 12 件试验结果如下:

$$5\,059, \quad 3\,897, \quad 3\,631, \quad 5\,050, \quad 7\,474, \quad 5\,077$$
$$4\,545, \quad 6\,279, \quad 3\,532, \quad 2\,773, \quad 7\,419, \quad 5\,116$$

假设该产品的寿命 $X \sim N(\mu, 1400)$, 试问此批产品是否合格? ($\alpha = 0.05$)

8. 有甲、乙两台机床, 加工同样产品, 从这两台机床加工的产品中随机地抽取若干产品, 测得产品直径(单位: mm)如下:

甲	20.5	19.8	19.7	20.4	20.1	20.0	19.6	19.9
乙	19.7	20.8	20.5	19.8	19.4	20.6	19.2	

试比较甲、乙两台机床加工的精度有无显著差异? 显著性水平为 $\alpha = 0.05$.

参 考 文 献

陈萍, 李文, 张正军, 等. 概率统计(第二版). 北京: 科学出版社, 2006.

韩旭里, 谢永钦. 概率论与数理统计. 北京: 北京大学出版社, 2018.

茆诗松, 周纪芗, 张日权. 概率论与数理统计. 北京: 中国统计出版社, 2020.

上海交通大学数学系. 概率论与数理统计(第二版). 北京: 科学出版社, 2007.

盛骤, 谢式千, 潘承毅. 概率论与数理统计. 北京: 高等教育出版社, 2019.

王松桂, 张忠占, 程维虎, 等. 概率论与数理统计. 北京: 科学出版社, 2011.

魏宗舒, 等. 概率论与数理统计教程. 北京: 高等教育出版社, 2020.

薛定宇, 陈阳泉. 高等应用数学问题的 MATLAB 求解. 北京: 清华大学出版社, 2018.

杨万才. 概率论与数理统计. 北京: 科学出版社, 2013.

习题答案

习题 1

A 类

1. (1) $AB\bar{C}$ (2) $A\bar{B}\bar{C}$ (3) ABC (4) $A\cup B\cup C$ (5) $\overline{AB}\bar{C}$

(6) $\bar{A}\bar{B}\cup\bar{A}\bar{C}\cup\bar{B}\bar{C}$ (7) $\bar{A}\cup\bar{B}\cup\bar{C}$ (8) $AB\cup AC\cup BC$

2. (1) $P(A\cup B\cup C)=5/8$ (2) $P(\overline{AB})=0.6$ (3) $P(A\cup B)=0.5$,不独立

3. $\dfrac{252}{2431}$ **4.** (1) $\dfrac{C_{400}^{90}C_{1100}^{110}}{C_{1500}^{200}}$ (2) $1-\dfrac{C_{1100}^{200}+C_{400}^{1}C_{1100}^{199}}{C_{1500}^{200}}$ **5.** $\dfrac{11}{130}$ **6.** $\dfrac{4}{P_{11}^{7}}$

7. (1) $\dfrac{28}{45}$ (2) $\dfrac{1}{45}$ (3) $\dfrac{16}{45}$ (4) $\dfrac{1}{5}$ **8.** $\dfrac{1}{60}$ **9.** $\dfrac{2l}{\pi a}$ **10.** (1) $\dfrac{1}{n}$ (2) $\dfrac{1}{n-k+1}$

11. 0.18 **12.** 略 **13.** 0.25 **14.** 0.0083 **15.** 0.645 **16.** $\dfrac{20}{21}$ **17.** $\dfrac{m}{m+n2^{r}}$

18. $\dfrac{25}{69},\dfrac{28}{69},\dfrac{16}{69}$ **19.** $\dfrac{1}{2}$ **20.** (1) 0.4 (2) 0.4856 **21.** 0.6

B 类

22. $\dfrac{3}{4}$ **23~24.** 略 **25.** $\dfrac{N(n+m)+n}{(n+m)(N+M+1)}$

26. $P(\omega_1\mid X)=0.818$，$P(\omega_2\mid X)=0.182$,根据贝叶斯决策, 这根木材为桦木.

27. 0.146 **28.** $C_{n+m-1}^{m}p^{n}(1-p)^{m}$

习题 2

A 类

1.

X	3	4	5
p_k	1/10	3/10	6/10

Y	1	2	3
p_k	6/10	3/10	1/10

2. (1) $P(X=k)=C_3^k(2/15)^k(13/15)^{3-k}$ $(k=0,1,2,3)$

(2) $P\{X=0\}=22/35,P(X=1)=12/35,P(X=2)=1/35$

3. (1) 1 (2) 1/8 **4.** $P\{X=k\}=0.45(0.55)^{k-1}$ $(k=1,2,\cdots)$

5. $P\{X=k\}=C_{k-1}^{r-1}p^{r}(1-p)^{k-r}$ $(k=r,r+1,\cdots)$

6. $X\sim b(n,p)$ **7.** (1) 0.194 (2) 0.264 **8.** (1) 0.321 (2) 0.243

9. (1) $k=5, P=0.175\,6$ (2) $0.993\,4$ **10.** $\dfrac{2}{3}\mathrm{e}^{-2}$

11. (1) $0.029\,8$ (2) $0.566\,5$ **12.** $0.862\,2$ **13.** 4 名.

14. $P\{X=k\}=p^k(1-p),\ k=0,1,2,3,\ P\{X=4\}=p^4$, $F(x)=\begin{cases}0, & x<0 \\ 0.6, & 0\leqslant x<1 \\ 0.84, & 1\leqslant x<2 \\ 0.936, & 2\leqslant x<3 \\ 0.974\,4, & 3\leqslant x<4 \\ 1, & x\geqslant 4\end{cases}$.

15. C **16.** (1) $a=1, b=-1$ (2) $0.471\,2$ (3) $f(x)=\begin{cases}x\mathrm{e}^{-\frac{x^2}{2}}, & x>0 \\ 0, & x\leqslant 0\end{cases}$

17. (1) $c=100\,0$ (2) $0.470\,6$ (3) $4/9$

18. (1) $A=0.5$; (2) $\dfrac{1}{2}(1-\mathrm{e}^{-1})$ (3) $F(x)=\begin{cases}\dfrac{1}{2}\mathrm{e}^x, & x<0 \\[2mm] 1-\dfrac{1}{2}\mathrm{e}^{-x}, & x\geqslant 0\end{cases}$

19. $f(x)=\begin{cases}100, & |x|\leqslant 0.005 \\ 0, & 其他\end{cases}$, 0.8 **20.** 0.8

21. $P\{X=k\}=C_k^5\mathrm{e}^{-2k}(1-\mathrm{e}^{-2})^{5-k}$ $(k=0,1,2,\cdots,5)$, $0.516\,7$

22. (1) $0.805\,1$ (2) $0.549\,8$ (3) $0.667\,8$ (4) $0.614\,7$ (5) $0.825\,3$

23. 0.2 **24.** 3 次 **25.** 31.2 **26.** 不变

27.

Y	-3	-1	1	3
P	1/8	1/8	1/4	1/2

Z	0	1	4
P	1/8	3/8	1/2

28.

X	-1	0	1
P	$\dfrac{pq^3}{1-q^4}$	$\dfrac{p}{1-q^2}$	$\dfrac{pq}{1-q^4}$

29. $f_Y(y)=\begin{cases}\dfrac{2}{3}\mathrm{e}^{-\frac{2(2-y)}{3}}, & y<2 \\[2mm] 0, & 其他\end{cases}$

30. $f_Y(y)=\dfrac{3(1-y)^2}{\pi[1+(1-y)^6]}$ $(-\infty<y<+\infty)$

31. (1) $f_Y(y)=\begin{cases}\dfrac{1}{y}, & 1<y<e \\[2mm] 0, & 其他\end{cases}$ (2) $f_Y(y)=\begin{cases}\dfrac{1}{2}\mathrm{e}^{-\frac{y}{2}}, & y>0 \\[2mm] 0, & 其他\end{cases}$

32. $f_Y(y) = \begin{cases} \dfrac{2}{\pi\sqrt{1-y^2}}, & 0 < y < 1 \\ 0, & \text{其他} \end{cases}$ **33.** $0.552\,5$

B 类

34. A   **35.** B   **36.** $Y \sim \pi(\lambda p)$ **37.** 105

38. $a > 0$，$4ac - b^2 = 4\pi^2$ **39.** $T \sim E(\lambda)$；$P\{T > 18 \mid T > 8\} = \mathrm{e}^{-10\lambda}$

40. $G(y) = \begin{cases} 0, & y \leqslant 0 \\ y, & 0 < y < 1 \\ 1, & y \geqslant 1 \end{cases}$

习 题 3

A 类

1.

(X, Y)	$(0, 2)$	$(1, 1)$	$(2, 0)$
p_{ij}	0.1	0.6	0.3

2. 不能   **3.** (1) 1/8   (2) 3/8   (3) 27/32   (4) 2/3

4. (1) 21/4   (2) $f_X(x) = \begin{cases} \dfrac{21}{8}x^2(1-x^4), & -1 \leqslant x \leqslant 1, \\ 0, & \text{其他}, \end{cases}$ $f_Y(y) = \begin{cases} \dfrac{7}{2}y^{\frac{5}{2}}, & 0 \leqslant y \leqslant 1 \\ 0, & \text{其他} \end{cases}$

5. $F_X(x) = \begin{cases} 1-\mathrm{e}^{-x}, & x > 0, \\ 0, & \text{其他}, \end{cases}$ $F_Y(y) = \begin{cases} 1-\mathrm{e}^{-y}, & y > 0 \\ 0, & \text{其他} \end{cases}$

6. (1) $f(x,y) = \begin{cases} 2, & 0 \leqslant y \leqslant x, 0 \leqslant x \leqslant 1 \\ 0, & \text{其他} \end{cases}$ (2) 1/3   (3) 0.09

7.

X	0	1	2	3
$P\{X=i \mid Y=0\}$	1/8	3/8	3/8	1/8

Y	0	1
$P\{Y=j \mid X=2\}$	1/2	1/2

8. $f_X(x) = \begin{cases} \mathrm{e}^{-x}, & x > 0 \\ 0, & \text{其他} \end{cases}$ $f_Y(y) = \begin{cases} y\mathrm{e}^{-y}, & y > 0 \\ 0, & \text{其他} \end{cases}$

9. 当 $|y| < r$ 时，$f_{X|Y}(x|y) = \begin{cases} \dfrac{1}{2\sqrt{r^2-y^2}}, & -\sqrt{r^2-y^2} < x < \sqrt{r^2-y^2} \\ 0, & \text{其他} \end{cases}$

当 $|x| < r$ 时，$f_{Y|X}(y|x) = \begin{cases} \dfrac{1}{2\sqrt{r^2-x^2}}, & -\sqrt{r^2-x^2} < y < \sqrt{r^2-x^2} \\ 0, & \text{其他} \end{cases}$

10. 当 $0 < y < 1$ 时,$f_{X|Y}(x|y) = \begin{cases} \dfrac{2x}{y^2}, & 0 \leqslant x \leqslant y \\ 0, & \text{其他} \end{cases}$

当 $0 < x < 1$ 时,$f_{Y|X}(y|x) = \begin{cases} \dfrac{2y}{1-x^2}, & x \leqslant y \leqslant 1 \\ 0, & \text{其他} \end{cases}$

11. (1) 独立　　(2) 不独立　　**12.** 略

13.

$X+Y$	-2	-1	0	1	2
P	1/4	1/4	1/6	1/4	1/12

$X-Y$	-1	0	1	2	3
P	1/4	1/4	1/8	1/4	1/8

XY	-2	-1	0	1
P	1/8	1/6	11/24	1/4

Y/X	-1	$-1/2$	0	1
P	1/8	1/6	11/24	1/4

14. $f_Z(z) = \begin{cases} 0, & z < 0 \text{ 或 } z > 2 \\ z, & 0 < z < 1 \\ 2-z, & 1 < z < 2 \end{cases}$　　**15.** $f_R(z) = \begin{cases} \dfrac{1}{15\,000}(600z - 60z^2 + z^3), & 0 \leqslant z < 10 \\ \dfrac{1}{15\,000}(20-z)^3, & 10 \leqslant z \leqslant 20 \\ 0, & \text{其他} \end{cases}$

16. 1/48　　**17.** $f_Z(z) = \begin{cases} 0, & z < 0 \\ \dfrac{1}{2}\mathrm{e}^{-\frac{z}{2}}, & z \geqslant 0 \end{cases}$　　**18.** $f_Z(z) = \begin{cases} z\mathrm{e}^{-z^2/2}, & z \geqslant 0 \\ 0, & \text{其他} \end{cases}$

19. $f_S(s) = \begin{cases} \dfrac{1}{2}\ln\dfrac{2}{s}, & 0 < s < 2 \\ 0, & \text{其他} \end{cases}$　　**20.** 略　　**21.** 不独立

B 类

22. C　　**23.** D

24. $P\{X=i, Y=j\} = C_{m_1}^i C_{m_2}^j C_{n-m_1-m_2}^{k-i-j} \big/ C_n^k \quad (i=1,2,\cdots,m_1;\ j=1,2,\cdots,m_2;\ i+j \leqslant k)$

$P\{X=i, Y=j\} = C_k^i C_{k-i}^j \left(\dfrac{m_1}{n}\right)^i \left(\dfrac{m_2}{n}\right)^j \left(1 - \dfrac{m_1}{n} - \dfrac{m_2}{n}\right)^{k-i-j} \quad (i,j=1,2,\cdots,n; i+j \leqslant k)$

25. $P\{X=n\} = \dfrac{\mathrm{e}^{-14}14^n}{n!} \quad (n=0,1,2,\cdots) \qquad P\{Y=i\} = \dfrac{\mathrm{e}^{-7.14}(7.14)^i}{i!} \quad (i=0,1,2,\cdots)$

当 $i=0,1,2,\cdots$ 时,$P\{X=n|Y=i\} = \dfrac{\mathrm{e}^{-6.86}(6.86)^{n-i}}{(n-i)!} \quad (n=i,i+1,\cdots)$

当 $n=0,1,2,\cdots$ 时，$P\{Y=i\,|\,X=n\}=\dbinom{n}{i}(0.51)^i(0.49)^{n-i}\quad(i=0,1,\cdots,n)$

26. $1/24\quad 1/12\quad 3/8$ **27.** (1) $f(x,y)=\begin{cases}\dfrac{1}{2}\mathrm{e}^{-\frac{y}{2}}, & 0<x<1,\ y>0\\[2mm]0, & \text{其他}\end{cases}$ (2) 0.1445

28. 略 **29.** $f_Z(z)=\begin{cases}\dfrac{z}{\sigma^2}\mathrm{e}^{-z^2/(2\sigma^2)}, & z\geqslant 0\\[2mm]0, & \text{其他}\end{cases}$ **30.** $p(u)=\begin{cases}\dfrac{1}{2}(2-u), & 0<u<2\\[2mm]0, & \text{其他}\end{cases}$

31. (1) 0.5 (2) 0.8

习 题 4

A 类

1. $-0.2,0.6,3.6$ **2.** $\dfrac{9}{2}$ **3.** a **4.** 略 **5.** 1.0556 **6.** $\dfrac{1}{\lambda}(1-\mathrm{e}^{-\lambda})$ **7.** $1\,500$

8. $2,\dfrac{1}{3}$ **9.** $2,0,-\dfrac{1}{15},5$

10.

(1)

X ＼ Y	1	2	3	$P\{X=i\}$
1	1/9	0	0	1/9
2	2/9	1/9	0	3/9
3	2/9	2/9	1/9	5/9
$P\{Y=j\}$	5/9	3/9	1/9	1

(2) $\dfrac{22}{9}$

11. $\dfrac{4}{5},\dfrac{3}{5},\dfrac{1}{2},\dfrac{16}{15}$ **12.** $\dfrac{\pi}{24}(a+b)(a^2+b^2)$ **13.** $\dfrac{35}{3}$ **14.** $\dfrac{2}{3}R$

15. $\sqrt{\dfrac{\pi}{2}}\sigma,\dfrac{4-\pi}{2}\sigma^2$ **16.** $\mu,\dfrac{\sigma^2}{n}$

17. (1) $7,37.25$ (2) $W\sim N(2080,65^2)$，$V\sim N(80,1525)$，0.9789，0.1539

18. 39 **19~20** 略 **21.** (1) $\dfrac{1}{3},3$ (2) 0 (3) 不相互独立 **22.** $\dfrac{7}{6},\dfrac{7}{6},-\dfrac{1}{36},-\dfrac{1}{11},\dfrac{5}{9}$

23. $0,0$ **24.** $\dfrac{a^2-b^2}{a^2+b^2}$ **25.** $p\geqslant\dfrac{8}{9}$

B 类

26. (1) $\dfrac{n}{n+1}$ (2) $\dfrac{1}{n+1}$ **27.** (1) $\dfrac{n+1}{2}$ (2) $\dfrac{n+1}{2}$ **28.** $\alpha\beta,\alpha\beta^2$

29. (1) $\dfrac{1}{4}$, 不存在, $-2, \dfrac{1}{3}$ (2) $\sqrt{\dfrac{6}{7}}$ **30.** 略

习 题 5

A 类

1. 0.998 4   **2.** (1) 0.180 2   (2) 443   **3.** 0.921 3   **4.** 254

5. (1) 0.125 1   (2) 0.993 8   **6.** 830   **7.** 0.683 9

B 类

8. 234 000   **9.** (1) 0.894 4   (2) 0.137 9

习 题 6

A 类

1. $P\{X_1 = x_1,\ X_2 = x_2, \cdots,\ X_6 = x_6\} = \mathrm{e}^{-6\lambda} \dfrac{\lambda^{\sum\limits_{i=1}^{6} x_i}}{\prod\limits_{i=1}^{6} x_i!}$ **2.** $\lambda,\ \dfrac{\lambda}{n},\ \left(1-\dfrac{1}{n}\right)\lambda$

3. 0.829 3   **4.** $t(10)$ **5.** 略   **6.** (1) 0.991 6   (2) 0.890 4   (3) 96

B 类

7. (1) 1, 2   (2) $\dfrac{\sqrt{6}}{2}$, 3   **8.** (1) 0.091 8   (2) 0.682 6   **9.** (1) 0.99   (2) $D(S^2) = 2\sigma^2/15$

10. $\dfrac{1}{T^2} \sim F(n,1)$ **11.** 0.95   **12.** $\dfrac{1}{8}$ **13.** $f_T(t) = \begin{cases} \dfrac{9t^8}{\theta^9}, & 0 < t < \theta \\ 0, & 其他 \end{cases}$ **14.** 2

习 题 7

A 类

1. $\hat{\mu} = 74.002, \widehat{\sigma^2} = 6 \times 10^{-6}, s^2 = 6.86 \times 10^{-6}$

2. (1) $\hat{\theta} = \dfrac{\overline{X}}{\overline{X} - c}, \hat{\theta}_L = \dfrac{n}{\sum\limits_{i=1}^{n} \ln X_i - n \ln c}$ (2) $\hat{\theta} = \left(\dfrac{\overline{X}}{\overline{X} - 1}\right)^2, \hat{\theta}_L = \dfrac{n^2}{(\sum\limits_{i=1}^{n} \ln X_i)^2}$ (3) $\hat{p} = \dfrac{\overline{X}}{m}, \hat{p}_L = \dfrac{\overline{X}}{m}$

3. (1) $\hat{\lambda} = \overline{X}, \hat{\lambda}_L = \overline{X}$ (2) $\hat{p} = \dfrac{r}{\overline{x}}$

4. $\hat{\theta} = \dfrac{5}{6}, \hat{\theta}_L = \dfrac{5}{6}$ **5.** $\hat{\theta} = \dfrac{2\overline{X}}{3}, \hat{\theta}_L = \dfrac{1}{2}\max\{X_1, X_2, \cdots, X_n\}$

6. (1) $\Phi\left(\dfrac{t - \overline{X}}{S_n}\right)$ (2) $1 - \Phi(2 - \overline{x})$ **7.** (1) $\dfrac{1}{2(n-1)}$ (2) $\dfrac{1}{n}$

8. (1) T_1, T_3 无偏　(2) T_3 更有效　　**9.** 略　　**10.** $a=\dfrac{n_1}{n_1+n_2}, b=\dfrac{n_2}{n_1+n_2}$

11. (1) $(5.608, 6.392)$　　(2) $(5.558, 6.442)$

12. (1) $(2.106, 2.140)$　　(2) $(0.357, 8.223)$　　　　**13.** $(-0.002, 0.006)$

14. $(0.101, 0.244)$　　　　**15.** σ 为已知时, 6.329;　σ 为未知时, 6.356

16. (1) 4.526　　(2) 3 748 262.6　　**17.** -0.0012

18. (1) $(0.222, 3.601)$　　(2) 2.84

B 类

19. (1)C　　(2)B　　(3)C

20. (1) $(4.804, 5.196)$　　(2) $(4.412, 5.588)$　　(3) $\dfrac{1}{n}\sum\limits_{i=1}^{n}X_i-1$　　(4) $(39.51, 40.49)$

21. $\hat{\lambda}=\dfrac{n}{\sum\limits_{i=1}^{n}X_i^{\alpha}}$　　　　　　**22.** $\hat{\theta}=\dfrac{2\bar{X}-1}{1-\bar{X}}, \hat{\theta}=-1-\dfrac{n}{\sum\limits_{i=1}^{n}\ln X_i}$

23. (1) $\hat{\theta}=2\bar{X}$　　(2) $D(\hat{\theta})=\dfrac{\theta^2}{5n}$　　　　**24.** $\hat{\theta}=\dfrac{1}{4}, \hat{\theta}=\dfrac{7-\sqrt{13}}{12}$

25. (1) $\hat{\beta}=\dfrac{\bar{X}}{\bar{X}-1}$　　(2) $\hat{\beta}=\dfrac{n}{\sum\limits_{i=1}^{n}\ln X_i}$

26. (1) $F(x)=\begin{cases}1-\mathrm{e}^{-2(x-\theta)}, & x\geqslant\theta \\ 0, & x<\theta\end{cases}$　　(2) $F_{\hat{\theta}}(x)=\begin{cases}1-\mathrm{e}^{-2n(x-\theta)}, & x\geqslant\theta \\ 0, & x<\theta\end{cases}$　　(3)不具有

27. (1) $D(Y_i)=\dfrac{n-1}{n}\sigma^2$　　(2) $\mathrm{Cov}(Y_1,Y_n)=-\dfrac{\sigma^2}{n}$　　(3) $c=\dfrac{n}{2(n-2)}$

28. (1) $\mathrm{e}^{\mu+\frac{1}{2}}$　　(2) $(-0.98, 0.98)$　　(3) $(\mathrm{e}^{-0.48}, \mathrm{e}^{1.48})$

29. $n\geqslant 35$

习 题 8

A 类

1. 可以认为这批大米的袋重是 25 kg

2. 可以认为这批砂矿的镍含量的均值为 3.25

3. 可以认为这次考试全体考生的平均成绩为 70 分

4. 不合格

5. 可以认为装配时间的均值显著大于 10

6. 可以认为此项计划达到了该商店经理的预期效果

7. $H_0:\sigma^2=1.6^2$, 接受 H_0

8. $H_0:\sigma^2\leqslant 0.016$, 拒绝 H_0

9. $H_0 : \mu_1 - \mu_2 = 0,$ 拒绝 H_0

10. $H_0 : \sigma_1^2 = \sigma_2^2$，接受 H_0

11. 略

B 类

12. $1 - \Phi(1)$

13. (1) $\alpha = 1 - \Phi(2.68) = 0.003\,7$，$\beta = 1 - \Phi(1.79) = 0.036\,7$　　(2) $n \geqslant 34$

习　题　9

1. 4 只伏特计之间有显著差异

2. (1) 3 种的平均存活天数有显著差异

(2) 2.259　　(3) $(2.534, 5.466)$，$(5.675, 8.765)$，$(5.872, 8.668)$

3. (1) $\hat{Y} = 22.649 + 0.264x$　　(2) 显著

4. (1) $\hat{a} = -11.30$，$\hat{b} = 36.95$，$\widehat{\sigma^2} = 12.37$　　(2) 显著　　(3) $(35.18, 38.72)$

(4) $(415.87, 448.33)$

5~6 略

习　题　10

1~4 略

5. $(32.12, 32.48)$

6. 0.183

7. 可以认为合格

8. 不能认为两台机床的加工精度有显著差异

附录 常用概率论表

附表 1 标准正态分布表

$$\Phi(x) = \int_{-\infty}^{x} \frac{1}{\sqrt{2\pi}} \mathrm{e}^{-\frac{t^2}{2}} \mathrm{d}t$$

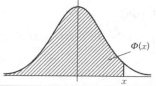

z	0	1	2	3	4	5	6	7	8	9
0.0	0.500 0	0.504 0	0.508 0	0.512 0	0.516 0	0.519 9	0.523 9	0.527 9	0.531 9	0.535 9
0.1	0.539 8	0.543 8	0.547 8	0.551 7	0.555 7	0.559 6	0.563 6	0.567 5	0.571 4	0.575 4
0.2	0.579 3	0.583 2	0.587 1	0.591 0	0.594 8	0.598 7	0.602 6	0.606 4	0.610 3	0.614 1
0.3	0.617 9	0.621 7	0.625 5	0.629 3	0.633 1	0.636 8	0.640 6	0.644 3	0.648 0	0.651 7
0.4	0.655 4	0.659 1	0.662 8	0.666 4	0.670 0	0.673 6	0.677 2	0.680 8	0.684 4	0.687 9
0.5	0.691 5	0.695 0	0.698 5	0.701 9	0.705 4	0.708 8	0.712 3	0.715 7	0.719 0	0.722 4
0.6	0.725 8	0.729 1	0.732 4	0.735 7	0.738 9	0.742 2	0.745 4	0.748 6	0.751 8	0.754 9
0.7	0.758 0	0.761 2	0.764 2	0.767 3	0.770 4	0.773 4	0.776 4	0.779 4	0.782 3	0.785 2
0.8	0.788 1	0.791 0	0.793 9	0.796 7	0.799 6	0.802 3	0.805 1	0.807 9	0.810 6	0.813 3
0.9	0.815 9	0.818 6	0.821 2	0.823 8	0.826 4	0.828 9	0.831 5	0.834 0	0.836 5	0.838 9
1.0	0.841 3	0.843 8	0.846 1	0.848 5	0.850 8	0.853 1	0.855 4	0.857 7	0.859 9	0.862 1
1.1	0.864 3	0.866 5	0.868 6	0.870 8	0.872 9	0.874 9	0.877 0	0.879 0	0.881 0	0.883 0
1.2	0.884 9	0.886 9	0.888 8	0.890 7	0.892 5	0.894 4	0.896 2	0.898 0	0.899 7	0.901 5
1.3	0.903 2	0.904 9	0.906 6	0.908 2	0.909 9	0.911 5	0.913 1	0.914 7	0.916 2	0.917 7
1.4	0.919 2	0.920 7	0.922 2	0.923 6	0.925 1	0.926 5	0.927 9	0.929 2	0.930 6	0.931 9
1.5	0.933 2	0.934 5	0.935 7	0.937 0	0.938 2	0.939 4	0.940 6	0.941 8	0.943 0	0.944 1
1.6	0.945 2	0.946 3	0.947 4	0.948 5	0.949 5	0.950 5	0.951 5	0.952 5	0.953 5	0.954 5
1.7	0.955 4	0.956 4	0.957 3	0.958 2	0.959 1	0.959 9	0.960 8	0.961 6	0.962 5	0.963 3
1.8	0.964 1	0.964 9	0.965 6	0.966 4	0.967 1	0.967 8	0.968 6	0.969 3	0.970 0	0.970 6
1.9	0.971 3	0.971 9	0.972 6	0.973 2	0.973 8	0.974 4	0.975 0	0.975 6	0.976 2	0.976 7
2.0	0.977 3	0.977 8	0.978 3	0.978 8	0.979 3	0.979 8	0.980 3	0.980 8	0.981 2	0.981 7
2.1	0.982 1	0.982 6	0.983 0	0.983 4	0.983 8	0.984 2	0.984 6	0.985 0	0.985 4	0.985 7
2.2	0.986 1	0.986 5	0.986 8	0.987 1	0.987 5	0.987 8	0.988 1	0.988 4	0.988 7	0.989 0
2.3	0.989 3	0.989 6	0.989 8	0.990 1	0.990 4	0.990 6	0.990 9	0.991 1	0.991 3	0.991 6
2.4	0.991 8	0.992 0	0.992 2	0.992 5	0.992 7	0.992 9	0.993 1	0.993 2	0.993 4	0.993 6
2.5	0.993 8	0.994 0	0.994 1	0.994 3	0.994 5	0.994 6	0.994 8	0.994 9	0.995 1	0.995 2
2.6	0.995 3	0.995 5	0.995 6	0.995 7	0.995 9	0.996 0	0.996 1	0.996 2	0.996 3	0.996 4
2.7	0.996 5	0.996 6	0.996 7	0.996 8	0.996 9	0.997 0	0.997 1	0.997 2	0.997 3	0.997 4
2.8	0.997 4	0.997 5	0.997 6	0.997 7	0.997 7	0.997 8	0.997 9	0.998 0	0.998 0	0.998 1
2.9	0.998 1	0.998 2	0.998 3	0.998 3	0.998 4	0.998 4	0.998 5	0.998 5	0.998 6	0.998 6
3.0	0.998 7	0.998 7	0.998 7	0.998 8	0.998 8	0.998 9	0.998 9	0.998 9	0.999 0	0.999 0

附表 2 t 分布表

$P\{t(n) > t_\alpha(n)\} = \alpha$

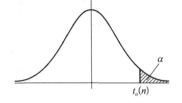

n	α						
	0.20	0.15	0.10	0.05	0.025	0.01	0.005
1	1.376 4	1.962 6	3.077 7	6.313 8	12.706 0	31.821 0	63.657 0
2	1.060 7	1.386 2	1.885 6	2.920 0	4.302 7	6.964 6	9.924 8
3	0.978 5	1.249 8	1.637 7	2.353 4	3.182 4	4.540 7	5.840 9
4	0.941 0	1.189 6	1.533 2	2.131 8	2.776 4	3.746 9	4.604 1
5	0.919 5	1.155 8	1.475 9	2.015 0	2.570 6	3.364 9	4.032 1
6	0.905 7	1.134 2	1.439 8	1.943 2	2.446 9	3.142 7	3.707 4
7	0.896 0	1.119 2	1.414 9	1.894 6	2.364 6	2.998 0	3.499 5
8	0.888 9	1.108 1	1.396 8	1.859 5	2.306 0	2.896 5	3.355 4
9	0.883 4	1.099 7	1.383 0	1.833 1	2.262 2	2.821 4	3.249 8
10	0.879 1	1.093 1	1.372 2	1.812 5	2.228 1	2.763 8	3.169 3
11	0.875 5	1.087 7	1.363 4	1.795 9	2.201 0	2.718 1	3.105 8
12	0.872 6	1.083 2	1.356 2	1.782 3	2.178 8	2.681 0	3.054 5
13	0.870 2	1.079 5	1.350 2	1.770 9	2.160 4	2.650 3	3.012 3
14	0.868 1	1.076 3	1.345 0	1.761 3	2.144 8	2.624 5	2.976 8
15	0.866 2	1.073 5	1.340 6	1.753 1	2.131 4	2.602 5	2.946 7
16	0.864 7	1.071 1	1.336 8	1.745 9	2.119 9	2.583 5	2.920 8
17	0.863 3	1.069 0	1.333 4	1.739 6	2.109 8	2.566 9	2.898 2
18	0.862 1	1.067 2	1.330 4	1.734 1	2.100 9	2.552 4	2.878 4
19	0.861 0	1.065 5	1.327 7	1.729 1	2.093 0	2.539 5	2.860 9
20	0.860 0	1.064 0	1.325 3	1.724 7	2.086 0	2.528 0	2.845 3
21	0.859 1	1.062 7	1.323 2	1.720 7	2.079 6	2.517 6	2.831 4
22	0.858 3	1.061 4	1.321 2	1.717 1	2.073 9	2.508 3	2.818 8

n	α						
	0.20	0.15	0.10	0.05	0.025	0.01	0.005
23	0.857 5	1.060 3	1.319 5	1.713 9	2.068 7	2.499 9	2.807 3
24	0.856 9	1.059 3	1.317 8	1.710 9	2.063 9	2.492 2	2.796 9
25	0.856 2	1.058 4	1.316 3	1.708 1	2.059 5	2.485 1	2.787 4
26	0.855 7	1.057 5	1.315 0	1.705 6	2.055 5	2.478 6	2.778 7
27	0.855 1	1.056 7	1.313 7	1.703 3	2.051 8	2.472 7	2.770 7
28	0.854 7	1.056 0	1.312 5	1.701 1	2.048 4	2.467 1	2.763 3
29	0.854 2	1.055 3	1.311 4	1.699 1	2.045 2	2.462 0	2.756 4
30	0.853 8	1.054 7	1.310 4	1.697 3	2.042 3	2.457 3	2.750 0
31	0.853 4	1.054 1	1.309 5	1.695 5	2.039 5	2.452 8	2.744 0
32	0.853 0	1.053 5	1.308 6	1.693 9	2.036 9	2.448 7	2.738 5
33	0.852 7	1.053 0	1.307 7	1.692 4	2.034 5	2.444 8	2.733 3
34	0.852 3	1.052 5	1.307 0	1.690 9	2.032 2	2.441 1	2.728 4
35	0.852 0	1.052 0	1.306 2	1.689 6	2.030 1	2.437 7	2.723 8
36	0.851 7	1.051 6	1.305 5	1.688 3	2.028 1	2.434 5	2.719 5
37	0.851 4	1.051 2	1.304 9	1.687 1	2.026 2	2.431 4	2.715 4
38	0.851 2	1.050 8	1.304 2	1.686 0	2.024 4	2.428 6	2.711 6
39	0.850 9	1.050 4	1.303 6	1.684 9	2.022 7	2.425 8	2.707 9
40	0.850 7	1.050 0	1.303 1	1.683 9	2.021 1	2.423 3	2.704 5
41	0.850 5	1.049 7	1.302 5	1.682 9	2.019 5	2.420 8	2.701 2
42	0.850 3	1.049 4	1.302 0	1.682 0	2.018 1	2.418 5	2.698 1

附表3 χ²分布表

$P\{\chi^2(n) > \chi_\alpha^2(n)\} = \alpha$

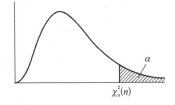

n	α									
	0.995	0.99	0.975	0.95	0.90	0.10	0.05	0.025	0.01	0.005
1	0.000	0.000	0.001	0.004	0.016	2.706	3.842	5.024	6.635	7.879
2	0.010	0.020	0.051	0.103	0.211	4.605	5.992	7.378	9.210	10.597
3	0.072	0.115	0.216	0.352	0.584	6.251	7.815	9.348	11.345	12.838
4	0.207	0.297	0.484	0.711	1.064	7.779	9.488	11.143	13.277	14.860
5	0.412	0.554	0.831	1.146	1.610	9.236	11.070	12.833	15.086	16.750
6	0.676	0.872	1.237	1.635	2.204	10.645	12.592	14.449	16.812	18.548
7	0.989	1.239	1.690	2.167	2.833	12.017	14.067	16.013	18.475	20.278
8	1.344	1.647	2.180	2.733	3.490	13.362	15.507	17.535	20.090	21.955
9	1.735	2.088	2.700	3.325	4.168	14.684	16.919	19.023	21.666	23.589
10	2.156	2.558	3.247	3.940	4.865	15.987	18.307	20.483	23.209	25.188
11	2.603	3.054	3.816	4.575	5.578	17.275	19.675	21.920	24.725	26.757
12	3.074	3.571	4.404	5.226	6.304	18.549	21.026	23.337	26.217	28.300
13	3.565	4.107	5.009	5.892	7.042	19.812	22.362	24.736	27.688	29.819
14	4.075	4.660	5.629	6.571	7.790	21.064	23.685	26.119	29.141	31.319
15	4.601	5.229	6.262	7.261	8.547	22.307	24.996	27.488	30.578	32.801
16	5.142	5.812	6.908	7.962	9.312	23.542	26.296	28.845	32.000	34.267
17	5.697	6.408	7.564	8.672	10.085	24.769	27.587	30.191	33.409	35.718
18	6.265	7.015	8.231	9.391	10.865	25.989	28.869	31.526	34.805	37.156
19	6.844	7.633	8.907	10.117	11.651	27.204	30.144	32.852	36.191	38.582
20	7.434	8.260	9.591	10.851	12.443	28.412	31.410	34.170	37.566	39.997
21	8.034	8.897	10.283	11.591	13.240	29.615	32.671	35.479	38.932	41.401
22	8.643	9.543	10.982	12.338	14.041	30.813	33.924	36.781	40.289	42.796
23	9.260	10.196	11.689	13.091	14.848	32.007	35.172	38.076	41.638	44.181

n	α									
	0.995	0.99	0.975	0.95	0.90	0.10	0.05	0.025	0.01	0.005
24	9.886	10.856	12.401	13.848	15.659	33.196	36.415	39.364	42.980	45.559
25	10.520	11.524	13.120	14.611	16.473	34.382	37.652	40.646	44.314	46.928
26	11.160	12.198	13.844	15.379	17.292	35.563	38.885	41.923	45.642	48.290
27	11.808	12.879	14.573	16.151	18.114	36.741	40.113	43.195	46.963	49.645
28	12.461	13.565	15.308	16.928	18.939	37.916	41.337	44.461	48.278	50.993
29	13.121	14.256	16.047	17.708	19.768	39.087	42.557	45.722	49.588	52.336
30	13.787	14.953	16.791	18.493	20.599	40.256	43.773	46.979	50.892	53.672
31	14.458	15.655	17.539	19.281	21.434	41.422	44.985	48.232	52.191	55.003
32	15.134	16.362	18.291	20.072	22.271	42.585	46.194	49.480	53.486	56.328
33	15.815	17.074	19.047	20.867	23.110	43.745	47.400	50.725	54.776	57.648
34	16.501	17.789	19.806	21.664	23.952	44.903	48.602	51.966	56.061	58.964
35	17.192	18.509	20.569	22.465	24.797	46.059	49.802	53.203	57.342	60.275
36	17.887	19.233	21.336	23.269	25.643	47.212	50.998	54.437	58.619	61.581
37	18.586	19.960	22.106	24.075	26.492	48.363	52.192	55.668	59.893	62.883
38	19.289	20.691	22.878	24.884	27.343	49.513	53.384	56.896	61.162	64.181
39	19.996	21.426	23.654	25.695	28.196	50.660	54.572	58.120	62.428	65.476
40	20.707	22.164	24.433	26.509	29.051	51.805	55.758	59.342	63.691	66.766

附表 4 　F 分布表

$$P\{F(n_1, n_2) > F_\alpha(n_1, n_2)\} = \alpha$$

$(\alpha = 0.10)$

n_2 \\ n_1	1	2	3	4	5	6	7	8	9	10	12	15	20	24	30	40	60	120	∞
1	39.86	49.50	53.59	55.83	57.24	58.20	58.91	59.44	59.86	60.20	60.71	61.22	61.74	62.00	62.27	62.53	62.79	63.06	63.36
2	8.53	9.00	9.16	9.24	9.29	9.33	9.35	9.37	9.38	9.39	9.41	9.42	9.44	9.45	9.46	9.47	9.47	9.48	9.49
3	5.54	5.46	5.39	5.34	5.31	5.28	5.27	5.25	5.24	5.23	5.22	5.20	5.18	5.18	5.17	5.16	5.15	5.14	5.13
4	4.54	4.32	4.19	4.11	4.05	4.01	3.98	3.95	3.94	3.92	3.90	3.87	3.84	3.83	3.82	3.80	3.79	3.78	3.76
5	4.06	3.78	3.62	3.52	3.45	3.40	3.37	3.34	3.32	3.30	3.27	3.24	3.21	3.19	3.17	3.16	3.14	3.12	3.11
6	3.78	3.46	3.29	3.18	3.11	3.05	3.01	2.98	2.96	2.94	2.90	2.87	2.84	2.82	2.80	2.78	2.76	2.74	2.72
7	3.59	3.26	3.07	2.96	2.88	2.83	2.78	2.75	2.72	2.70	2.67	2.63	2.59	2.58	2.56	2.54	2.51	2.49	2.47
8	3.46	3.11	2.92	2.81	2.73	2.67	2.62	2.59	2.56	2.54	2.50	2.46	2.42	2.40	2.38	2.36	2.34	2.32	2.29
9	3.36	3.01	2.81	2.69	2.61	2.55	2.51	2.47	2.44	2.42	2.38	2.34	2.30	2.28	2.25	2.23	2.21	2.18	2.16
10	3.29	2.92	2.73	2.61	2.52	2.46	2.41	2.38	2.35	2.32	2.28	2.24	2.20	2.18	2.16	2.13	2.11	2.08	2.06
11	3.23	2.86	2.66	2.54	2.45	2.39	2.34	2.30	2.27	2.25	2.21	2.17	2.12	2.10	2.08	2.05	2.03	2.00	1.97
12	3.18	2.81	2.61	2.48	2.39	2.33	2.28	2.24	2.21	2.19	2.15	2.10	2.06	2.04	2.01	1.99	1.96	1.93	1.90
13	3.14	2.76	2.56	2.43	2.35	2.28	2.23	2.20	2.16	2.14	2.10	2.05	2.01	1.98	1.96	1.93	1.90	1.88	1.85
14	3.10	2.73	2.52	2.39	2.31	2.24	2.19	2.15	2.12	2.10	2.05	2.01	1.96	1.94	1.91	1.89	1.86	1.83	1.80
15	3.07	2.70	2.49	2.36	2.27	2.21	2.16	2.12	2.09	2.06	2.02	1.97	1.92	1.90	1.87	1.85	1.82	1.79	1.76
16	3.05	2.67	2.46	2.33	2.24	2.18	2.13	2.09	2.06	2.03	1.99	1.94	1.89	1.87	1.84	1.81	1.78	1.75	1.72
17	3.03	2.64	2.44	2.31	2.22	2.15	2.10	2.06	2.03	2.00	1.96	1.91	1.86	1.84	1.81	1.78	1.75	1.72	1.69
18	3.01	2.62	2.42	2.29	2.20	2.13	2.08	2.04	2.00	1.98	1.93	1.89	1.84	1.81	1.78	1.75	1.72	1.69	1.66
19	2.99	2.61	2.40	2.27	2.18	2.11	2.06	2.02	1.98	1.96	1.91	1.86	1.81	1.79	1.76	1.73	1.70	1.67	1.63

n_1

n_2	1	2	3	4	5	6	7	8	9	10	12	15	20	24	30	40	60	120	∞
20	2.97	2.59	2.38	2.25	2.16	2.09	2.04	2.00	1.96	1.94	1.89	1.84	1.79	1.77	1.74	1.71	1.68	1.64	1.61
21	2.96	2.57	2.36	2.23	2.14	2.08	2.02	1.98	1.95	1.92	1.88	1.83	1.78	1.75	1.72	1.69	1.66	1.62	1.59
22	2.95	2.56	2.35	2.22	2.13	2.06	2.01	1.97	1.93	1.90	1.86	1.81	1.76	1.73	1.70	1.67	1.64	1.60	1.57
23	2.94	2.55	2.34	2.21	2.11	2.05	1.99	1.95	1.92	1.89	1.85	1.80	1.74	1.72	1.69	1.66	1.62	1.59	1.55
24	2.93	2.54	2.33	2.19	2.10	2.04	1.98	1.94	1.91	1.88	1.83	1.78	1.73	1.70	1.67	1.64	1.61	1.57	1.53
25	2.92	2.53	2.32	2.18	2.09	2.02	1.97	1.93	1.89	1.87	1.82	1.77	1.72	1.69	1.66	1.63	1.59	1.56	1.52
26	2.91	2.52	2.31	2.17	2.08	2.01	1.96	1.92	1.88	1.86	1.81	1.76	1.71	1.68	1.65	1.61	1.58	1.54	1.50
27	2.90	2.51	2.30	2.17	2.07	2.00	1.95	1.91	1.87	1.85	1.80	1.75	1.70	1.67	1.64	1.60	1.57	1.53	1.49
28	2.89	2.50	2.29	2.16	2.06	2.00	1.94	1.90	1.87	1.84	1.79	1.74	1.69	1.66	1.63	1.59	1.56	1.52	1.48
29	2.89	2.50	2.28	2.15	2.06	1.99	1.93	1.89	1.86	1.83	1.78	1.73	1.68	1.65	1.62	1.58	1.55	1.51	1.47
30	2.88	2.49	2.28	2.14	2.05	1.98	1.93	1.88	1.85	1.82	1.77	1.72	1.67	1.64	1.61	1.57	1.54	1.50	1.46
40	2.84	2.44	2.23	2.09	2.00	1.93	1.87	1.83	1.79	1.76	1.71	1.66	1.61	1.57	1.54	1.51	1.47	1.42	1.38
60	2.79	2.39	2.18	2.04	1.95	1.87	1.82	1.77	1.74	1.71	1.66	1.60	1.54	1.51	1.48	1.44	1.40	1.35	1.29
120	2.75	2.35	2.13	1.99	1.90	1.82	1.77	1.72	1.68	1.65	1.60	1.55	1.48	1.45	1.41	1.37	1.32	1.26	1.19
∞	2.71	2.30	2.08	1.95	1.85	1.77	1.72	1.67	1.63	1.60	1.55	1.49	1.42	1.38	1.34	1.30	1.24	1.17	1.00

($\alpha = 0.05$)

n_1

n_2	1	2	3	4	5	6	7	8	9	10	12	15	20	24	30	40	60	120	∞
1	161.5	199.5	215.7	224.6	230.2	234.0	236.8	238.9	240.5	241.9	243.9	246.0	248.0	249.1	250.1	251.1	252.2	253.3	254.4
2	18.5	19.0	19.2	19.2	19.3	19.3	19.4	19.4	19.4	19.4	19.4	19.4	19.4	19.5	19.5	19.5	19.5	19.5	19.5
3	10.13	9.55	9.28	9.12	9.01	8.94	8.89	8.85	8.81	8.79	8.74	8.70	8.66	8.64	8.62	8.59	8.57	8.55	8.53
4	7.71	6.94	6.59	6.39	6.26	6.16	6.09	6.04	6.00	5.96	5.91	5.86	5.80	5.77	5.75	5.72	5.69	5.66	5.63
5	6.61	5.79	5.41	5.19	5.05	4.95	4.88	4.82	4.77	4.74	4.68	4.62	4.56	4.53	4.50	4.46	4.43	4.40	4.37

n_2	n_1 1	2	3	4	5	6	7	8	9	10	12	15	20	24	30	40	60	120	∞
6	5.99	5.14	4.76	4.53	4.39	4.28	4.21	4.15	4.10	4.06	4.00	3.94	3.87	3.84	3.81	3.77	3.74	3.70	3.67
7	5.59	4.74	4.35	4.12	3.97	3.87	3.79	3.73	3.68	3.64	3.57	3.51	3.44	3.41	3.38	3.34	3.30	3.27	3.23
8	5.32	4.46	4.07	3.84	3.69	3.58	3.50	3.44	3.39	3.35	3.28	3.22	3.15	3.12	3.08	3.04	3.01	2.97	2.93
9	5.12	4.26	3.86	3.63	3.48	3.37	3.29	3.23	3.18	3.14	3.07	3.01	2.94	2.90	2.86	2.83	2.79	2.75	2.71
10	4.96	4.10	3.71	3.48	3.33	3.22	3.14	3.07	3.02	2.98	2.91	2.85	2.77	2.74	2.70	2.66	2.62	2.58	2.54
11	4.84	3.98	3.59	3.36	3.20	3.09	3.01	2.95	2.90	2.85	2.79	2.72	2.65	2.61	2.57	2.53	2.49	2.45	2.40
12	4.75	3.89	3.49	3.26	3.11	3.00	2.91	2.85	2.80	2.75	2.69	2.62	2.54	2.51	2.47	2.43	2.38	2.34	2.30
13	4.67	3.81	3.41	3.18	3.03	2.92	2.83	2.77	2.71	2.67	2.60	2.53	2.46	2.42	2.38	2.34	2.30	2.25	2.21
14	4.60	3.74	3.34	3.11	2.96	2.85	2.76	2.70	2.65	2.60	2.53	2.46	2.39	2.35	2.31	2.27	2.22	2.18	2.13
15	4.54	3.68	3.29	3.06	2.90	2.79	2.71	2.64	2.59	2.54	2.48	2.40	2.33	2.29	2.25	2.20	2.16	2.11	2.07
16	4.49	3.63	3.24	3.01	2.85	2.74	2.66	2.59	2.54	2.49	2.42	2.35	2.28	2.24	2.19	2.15	2.11	2.06	2.01
17	4.45	3.59	3.20	2.96	2.81	2.70	2.61	2.55	2.49	2.45	2.38	2.31	2.23	2.19	2.15	2.10	2.06	2.01	1.96
18	4.41	3.55	3.16	2.93	2.77	2.66	2.58	2.51	2.46	2.41	2.34	2.27	2.19	2.15	2.11	2.06	2.02	1.97	1.92
19	4.38	3.52	3.13	2.90	2.74	2.63	2.54	2.48	2.42	2.38	2.31	2.23	2.16	2.11	2.07	2.03	1.98	1.93	1.88
20	4.35	3.49	3.10	2.87	2.71	2.60	2.51	2.45	2.39	2.35	2.28	2.20	2.12	2.08	2.04	1.99	1.95	1.90	1.84
21	4.32	3.47	3.07	2.84	2.68	2.57	2.49	2.42	2.37	2.32	2.25	2.18	2.10	2.05	2.01	1.96	1.92	1.87	1.81
22	4.30	3.44	3.05	2.82	2.66	2.55	2.46	2.40	2.34	2.30	2.23	2.15	2.07	2.03	1.98	1.94	1.89	1.84	1.78
23	4.28	3.42	3.03	2.80	2.64	2.53	2.44	2.37	2.32	2.27	2.20	2.13	2.05	2.01	1.96	1.91	1.86	1.81	1.76
24	4.26	3.40	3.01	2.78	2.62	2.51	2.42	2.36	2.30	2.25	2.18	2.11	2.03	1.98	1.94	1.89	1.84	1.79	1.73
25	4.24	3.39	2.99	2.76	2.60	2.49	2.40	2.34	2.28	2.24	2.16	2.09	2.01	1.96	1.92	1.87	1.82	1.77	1.71
26	4.23	3.37	2.98	2.74	2.59	2.47	2.39	2.32	2.27	2.22	2.15	2.07	1.99	1.95	1.90	1.85	1.80	1.75	1.69
27	4.21	3.35	2.96	2.73	2.57	2.46	2.37	2.31	2.25	2.20	2.13	2.06	1.97	1.93	1.88	1.84	1.79	1.73	1.67
28	4.20	3.34	2.95	2.71	2.56	2.45	2.36	2.29	2.24	2.19	2.12	2.04	1.96	1.91	1.87	1.82	1.77	1.71	1.65

n_2									n_1										
	1	2	3	4	5	6	7	8	9	10	12	15	20	24	30	40	60	120	∞
29	4.18	3.33	2.93	2.70	2.55	2.43	2.35	2.28	2.22	2.18	2.10	2.03	1.94	1.90	1.85	1.81	1.75	1.70	1.64
30	4.17	3.32	2.92	2.69	2.53	2.42	2.33	2.27	2.21	2.16	2.09	2.01	1.93	1.89	1.84	1.79	1.74	1.68	1.62
40	4.08	3.23	2.84	2.61	2.45	2.34	2.25	2.18	2.12	2.08	2.00	1.92	1.84	1.79	1.74	1.69	1.64	1.58	1.51
60	4.00	3.15	2.76	2.53	2.37	2.25	2.17	2.10	2.04	1.99	1.92	1.84	1.75	1.70	1.65	1.59	1.53	1.47	1.39
120	3.92	3.07	2.68	2.45	2.29	2.18	2.09	2.02	1.96	1.91	1.83	1.75	1.66	1.61	1.55	1.50	1.43	1.35	1.25
∞	3.84	3.00	2.61	2.37	2.21	2.10	2.01	1.94	1.88	1.83	1.75	1.67	1.57	1.52	1.46	1.39	1.32	1.22	1.00

$(\alpha = 0.025)$

n_2									n_1										
	1	2	3	4	5	6	7	8	9	10	12	15	20	24	30	40	60	120	∞
1	648	800	864	900	922	937	948	957	963	969	977	985	993	997	1001	1006	1010	1014	1018
2	38.5	39.0	39.2	39.2	39.3	39.3	39.4	39.4	39.4	39.4	39.4	39.4	39.4	39.5	39.5	39.5	39.5	39.5	39.5
3	17.4	16.0	15.4	15.1	14.9	14.7	14.6	14.5	14.5	14.4	14.3	14.3	14.2	14.1	14.1	14.0	14.0	13.9	13.9
4	12.2	10.6	9.98	9.60	9.36	9.20	9.07	8.98	8.90	8.84	8.75	8.66	8.56	8.51	8.46	8.41	8.36	8.31	8.26
5	10.01	8.43	7.76	7.39	7.15	6.98	6.85	6.76	6.68	6.62	6.52	6.43	6.33	6.28	6.23	6.18	6.12	6.07	6.02
6	8.81	7.26	6.60	6.23	5.99	5.82	5.70	5.60	5.52	5.46	5.37	5.27	5.17	5.12	5.07	5.01	4.96	4.90	4.85
7	8.07	6.54	5.89	5.52	5.29	5.12	4.99	4.90	4.82	4.76	4.67	4.57	4.47	4.42	4.36	4.31	4.25	4.20	4.14
8	7.57	6.06	5.42	5.05	4.82	4.65	4.53	4.43	4.36	4.30	4.20	4.10	4.00	3.95	3.89	3.84	3.78	3.73	3.67
9	7.21	5.71	5.08	4.72	4.48	4.32	4.20	4.10	4.03	3.96	3.87	3.77	3.67	3.61	3.56	3.51	3.45	3.39	3.33
10	6.94	5.46	4.83	4.47	4.24	4.07	3.95	3.85	3.78	3.72	3.62	3.52	3.42	3.37	3.31	3.26	3.20	3.14	3.08
11	6.72	5.26	4.63	4.28	4.04	3.88	3.76	3.66	3.59	3.53	3.43	3.33	3.23	3.17	3.12	3.06	3.00	2.94	2.88
12	6.55	5.10	4.47	4.12	3.89	3.73	3.61	3.51	3.44	3.37	3.28	3.18	3.07	3.02	2.96	2.91	2.85	2.79	2.73
13	6.41	4.97	4.35	4.00	3.77	3.60	3.48	3.39	3.31	3.25	3.15	3.05	2.95	2.89	2.84	2.78	2.72	2.66	2.60

n_2	n_1																		
	1	2	3	4	5	6	7	8	9	10	12	15	20	24	30	40	60	120	∞
14	6.30	4.86	4.24	3.89	3.66	3.50	3.38	3.29	3.21	3.15	3.05	2.95	2.84	2.79	2.73	2.67	2.61	2.55	2.49
15	6.20	4.77	4.15	3.80	3.58	3.41	3.29	3.20	3.12	3.06	2.96	2.86	2.76	2.70	2.64	2.59	2.52	2.46	2.40
16	6.12	4.69	4.08	3.73	3.50	3.34	3.22	3.12	3.05	2.99	2.89	2.79	2.68	2.63	2.57	2.51	2.45	2.38	2.32
17	6.04	4.62	4.01	3.66	3.44	3.28	3.16	3.06	2.98	2.92	2.82	2.72	2.62	2.56	2.50	2.44	2.38	2.32	2.25
18	5.98	4.56	3.95	3.61	3.38	3.22	3.10	3.01	2.93	2.87	2.77	2.67	2.56	2.50	2.44	2.38	2.32	2.26	2.19
19	5.92	4.51	3.90	3.56	3.33	3.17	3.05	2.96	2.88	2.82	2.72	2.62	2.51	2.45	2.39	2.33	2.27	2.20	2.13
20	5.87	4.46	3.86	3.51	3.29	3.13	3.01	2.91	2.84	2.77	2.68	2.57	2.46	2.41	2.35	2.29	2.22	2.16	2.09
21	5.83	4.42	3.82	3.48	3.25	3.09	2.97	2.87	2.80	2.73	2.64	2.53	2.42	2.37	2.31	2.25	2.18	2.11	2.04
22	5.79	4.38	3.78	3.44	3.22	3.05	2.93	2.84	2.76	2.70	2.60	2.50	2.39	2.33	2.27	2.21	2.14	2.08	2.00
23	5.75	4.35	3.75	3.41	3.18	3.02	2.90	2.81	2.73	2.67	2.57	2.47	2.36	2.30	2.24	2.18	2.11	2.04	1.97
24	5.72	4.32	3.72	3.38	3.15	2.99	2.87	2.78	2.70	2.64	2.54	2.44	2.33	2.27	2.21	2.15	2.08	2.01	1.94
25	5.69	4.29	3.69	3.35	3.13	2.97	2.85	2.75	2.68	2.61	2.51	2.41	2.30	2.24	2.18	2.12	2.05	1.98	1.91
26	5.66	4.27	3.67	3.33	3.10	2.94	2.82	2.73	2.65	2.59	2.49	2.39	2.28	2.22	2.16	2.09	2.03	1.95	1.88
27	5.63	4.24	3.65	3.31	3.08	2.92	2.80	2.71	2.63	2.57	2.47	2.36	2.25	2.19	2.13	2.07	2.00	1.93	1.85
28	5.61	4.22	3.63	3.29	3.06	2.90	2.78	2.69	2.61	2.55	2.45	2.34	2.23	2.17	2.11	2.05	1.98	1.91	1.83
29	5.59	4.20	3.61	3.27	3.04	2.88	2.76	2.67	2.59	2.53	2.43	2.32	2.21	2.15	2.09	2.03	1.96	1.89	1.81
30	5.57	4.18	3.59	3.25	3.03	2.87	2.75	2.65	2.57	2.51	2.41	2.31	2.20	2.14	2.07	2.01	1.94	1.87	1.79
40	5.42	4.05	3.46	3.13	2.90	2.74	2.62	2.53	2.45	2.39	2.29	2.18	2.07	2.01	1.94	1.88	1.80	1.72	1.64
60	5.29	3.93	3.34	3.01	2.79	2.63	2.51	2.41	2.33	2.27	2.17	2.06	1.94	1.88	1.82	1.74	1.67	1.58	1.48
120	5.15	3.80	3.23	2.89	2.67	2.52	2.39	2.30	2.22	2.16	2.05	1.95	1.82	1.76	1.69	1.61	1.53	1.43	1.31
∞	5.02	3.69	3.12	2.79	2.57	2.41	2.29	2.19	2.11	2.05	1.94	1.83	1.71	1.64	1.57	1.48	1.39	1.27	1.00

$(\alpha = 0.01)$

n_2	n_1																		
	1	2	3	4	5	6	7	8	9	10	12	15	20	24	30	40	60	120	∞
1	4 052	5 000	5 403	5 625	5 764	5 859	5 928	5 981	6 023	6 056	6 106	6 157	6 209	6 235	6 261	6 287	6 313	6 339	6 637
2	98.5	99.0	99.2	99.2	99.3	99.3	99.4	99.4	99.4	99.4	99.4	99.4	99.4	99.5	99.5	99.5	99.5	99.5	99.5
3	34.1	30.8	29.5	28.7	28.2	27.9	27.7	27.5	27.3	27.2	27.1	26.9	26.7	26.6	26.5	26.4	26.3	26.2	26.1
4	21.2	18.0	16.7	16.0	15.5	15.2	15.0	14.8	14.7	14.5	14.4	14.2	14.0	13.9	13.8	13.7	13.7	13.6	13.5
5	16.3	13.3	12.1	11.0	11.0	10.7	10.5	10.3	10.2	10.1	9.89	9.72	9.55	9.47	9.38	9.29	9.20	9.11	9.02
6	13.7	10.9	9.78	9.15	8.75	8.47	8.26	8.10	7.98	7.87	7.72	7.56	7.40	7.31	7.23	7.14	7.06	6.97	6.88
7	12.2	9.55	8.45	7.85	7.46	7.19	6.99	6.84	6.72	6.62	6.47	6.31	6.16	6.07	5.99	5.91	5.82	5.74	5.65
8	11.3	8.65	7.59	7.01	6.63	6.37	6.18	6.03	5.91	5.81	5.67	5.52	5.36	5.28	5.20	5.12	5.03	4.95	4.86
9	10.6	8.02	6.99	6.42	6.06	5.80	5.61	5.47	5.35	5.26	5.11	4.96	4.81	4.73	4.65	4.57	4.48	4.40	4.31
10	10.0	7.56	6.55	5.99	5.64	5.39	5.20	5.06	4.94	4.85	4.71	4.56	4.41	4.33	4.25	4.17	4.08	4.00	3.91
11	9.65	7.21	6.22	5.67	5.32	5.07	4.89	4.74	4.63	4.54	4.40	4.25	4.10	4.02	3.94	3.86	3.78	3.69	3.60
12	9.33	6.93	5.95	5.41	5.06	4.82	4.64	4.50	4.39	4.30	4.16	4.01	3.86	3.78	3.70	3.62	3.54	3.45	3.36
13	9.07	6.70	5.74	5.21	4.86	4.62	4.44	4.30	4.19	4.10	3.96	3.82	3.66	3.59	3.51	3.43	3.34	3.25	3.17
14	8.86	6.51	5.56	5.04	4.70	4.46	4.28	4.14	4.03	3.94	3.80	3.66	3.51	3.43	3.35	3.27	3.18	3.09	3.00
15	8.68	6.36	5.42	4.89	4.56	4.32	4.14	4.00	3.89	3.80	3.67	3.52	3.37	3.29	3.21	3.13	3.05	2.96	2.87
16	8.53	6.23	5.29	4.77	4.44	4.20	4.03	3.89	3.78	3.69	3.55	3.41	3.26	3.18	3.10	3.02	2.93	2.84	2.75
17	8.40	6.11	5.19	4.67	4.34	4.10	3.93	3.79	3.68	3.59	3.46	3.31	3.16	3.08	3.00	2.92	2.83	2.75	2.65
18	8.29	6.01	5.09	4.58	4.25	4.01	3.84	3.71	3.60	3.51	3.37	3.23	3.08	3.00	2.92	2.84	2.75	2.66	2.57
19	8.18	5.93	5.01	4.50	4.17	3.94	3.77	3.63	3.52	3.43	3.30	3.15	3.00	2.92	2.84	2.76	2.67	2.58	2.49
20	8.10	5.85	4.94	4.43	4.10	3.87	3.70	3.56	3.46	3.37	3.23	3.09	2.94	2.86	2.78	2.69	2.61	2.52	2.42
21	8.02	5.78	4.87	4.37	4.04	3.81	3.64	3.51	3.40	3.31	3.17	3.03	2.88	2.80	2.72	2.64	2.55	2.46	2.36
22	7.95	5.72	4.82	4.31	3.99	3.76	3.59	3.45	3.35	3.26	3.12	2.98	2.83	2.75	2.67	2.58	2.50	2.40	2.31
23	7.88	5.66	4.76	4.26	3.94	3.71	3.54	3.41	3.30	3.21	3.07	2.93	2.78	2.70	2.62	2.54	2.45	2.35	2.26
24	7.82	5.61	4.72	4.22	3.90	3.67	3.50	3.36	3.26	3.17	3.03	2.89	2.74	2.66	2.58	2.49	2.40	2.31	2.21
25	7.77	5.57	4.68	4.18	3.86	3.63	3.46	3.32	3.22	3.13	2.99	2.85	2.70	2.62	2.54	2.45	2.36	2.27	2.17

n_2	n_1																		
	1	2	3	4	5	6	7	8	9	10	12	15	20	24	30	40	60	120	∞
26	7.72	5.53	4.64	4.14	3.82	3.59	3.42	3.29	3.18	3.09	2.96	2.82	2.66	2.58	2.50	2.42	2.33	2.23	2.13
27	7.68	5.49	4.60	4.11	3.78	3.56	3.39	3.26	3.15	3.06	2.93	2.78	2.63	2.55	2.47	2.38	2.29	2.20	2.10
28	7.64	5.45	4.57	4.07	3.75	3.53	3.36	3.23	3.12	3.03	2.90	2.75	2.60	2.52	2.44	2.35	2.26	2.17	2.06
29	7.60	5.42	4.54	4.04	3.73	3.50	3.33	3.20	3.09	3.00	2.87	2.73	2.57	2.49	2.41	2.33	2.23	2.14	2.03
30	7.56	5.39	4.51	4.02	3.70	3.47	3.30	3.17	3.07	2.98	2.84	2.70	2.55	2.47	2.39	2.30	2.21	2.11	2.01
40	7.31	5.18	4.31	3.83	3.51	3.29	3.12	2.99	2.89	2.80	2.66	2.52	2.37	2.29	2.20	2.11	2.02	1.92	1.80
60	7.08	4.98	4.13	3.65	3.34	3.12	2.95	2.82	2.72	2.63	2.50	2.35	2.20	2.12	2.03	1.94	1.84	1.73	1.60
120	6.85	4.79	3.95	3.48	3.17	2.96	2.79	2.66	2.56	2.47	2.34	2.19	2.03	1.95	1.86	1.76	1.66	1.53	1.38
∞	6.64	4.61	3.78	3.32	3.02	2.80	2.64	2.51	2.41	2.32	2.19	2.04	1.88	1.79	1.70	1.59	1.47	1.32	1.00

$(\alpha = 0.005)$

n_2	n_1																		
	1	2	3	4	5	6	7	8	9	10	12	15	20	24	30	40	60	120	∞
1	16 211	20 000	21 615	22 500	23 056	23 437	23 715	23 925	24 091	24 224	24 426	24 630	24 836	24 940	25 044	25 148	25 253	25 367	25 476
2	198.5	199.0	199.2	199.3	199.3	199.3	199.4	199.4	199.4	199.4	199.4	199.4	199.5	199.5	199.5	199.5	199.5	199.5	199.5
3	55.6	49.8	47.5	46.2	45.4	44.8	44.4	44.1	43.9	43.7	43.4	43.1	42.8	42.6	42.5	42.3	42.1	42.0	41.8
4	31.3	26.3	24.3	23.2	22.5	22.0	21.6	21.4	21.1	21.0	20.7	20.4	20.2	20.0	19.9	19.8	19.6	19.5	19.3
5	22.8	18.3	16.5	15.6	14.9	14.5	14.2	14.0	13.8	13.6	13.4	13.1	12.9	12.8	12.7	12.5	12.4	12.3	12.1
6	18.6	14.5	12.92	12.03	11.46	11.07	10.79	10.6	10.4	10.3	10.0	9.81	9.59	9.47	9.36	9.24	9.12	9.00	8.88
7	16.2	12.40	10.88	10.05	9.52	9.16	8.89	8.68	8.51	8.38	8.18	7.97	7.75	7.65	7.53	7.42	7.31	7.19	7.08
8	14.7	11.04	9.60	8.81	8.30	7.95	7.69	7.50	7.34	7.21	7.01	6.81	6.61	6.50	6.40	6.29	6.18	6.06	5.95
9	13.6	10.11	8.72	7.96	7.47	7.13	6.88	6.69	6.54	6.42	6.23	6.03	5.83	5.73	5.62	5.52	5.41	5.30	5.19
10	12.8	9.43	8.08	7.34	6.87	6.54	6.30	6.12	5.97	5.85	5.66	5.47	5.27	5.17	5.07	4.97	4.86	4.75	4.64
11	12.23	8.91	7.60	6.88	6.42	6.10	5.86	5.68	5.54	5.42	5.24	5.05	4.86	4.76	4.65	4.55	4.45	4.34	4.23

n_2	1	2	3	4	5	6	7	8	9	10	12	15	20	24	30	40	60	120	∞
12	11.75	8.51	7.23	6.52	6.07	5.76	5.52	5.35	5.20	5.09	4.91	4.72	4.53	4.43	4.33	4.23	4.12	4.01	3.90
13	11.37	8.19	6.93	6.23	5.79	5.48	5.25	5.08	4.94	4.82	4.64	4.46	4.27	4.17	4.07	3.97	3.87	3.76	3.65
14	11.06	7.92	6.68	6.00	5.56	5.26	5.03	4.86	4.72	4.60	4.43	4.25	4.06	3.96	3.86	3.76	3.66	3.55	3.44
15	10.80	7.70	6.48	5.80	5.37	5.07	4.85	4.67	4.54	4.42	4.25	4.07	3.88	3.79	3.69	3.59	3.48	3.37	3.26
16	10.58	7.51	6.30	5.64	5.21	4.91	4.69	4.52	4.38	4.27	4.10	3.92	3.73	3.64	3.54	3.44	3.33	3.22	3.11
17	10.38	7.35	6.16	5.50	5.07	4.78	4.56	4.39	4.25	4.14	3.97	3.79	3.61	3.51	3.41	3.31	3.21	3.10	2.98
18	10.22	7.21	6.03	5.37	4.96	4.66	4.44	4.28	4.14	4.03	3.86	3.68	3.50	3.40	3.30	3.20	3.10	2.99	2.87
19	10.07	7.09	5.92	5.27	4.85	4.56	4.34	4.18	4.04	3.93	3.76	3.59	3.40	3.31	3.21	3.11	3.00	2.89	2.78
20	9.94	6.99	5.82	5.17	4.76	4.47	4.26	4.09	3.96	3.85	3.68	3.50	3.32	3.22	3.12	3.02	2.92	2.81	2.69
21	9.83	6.89	5.73	5.09	4.68	4.39	4.18	4.01	3.88	3.77	3.60	3.43	3.24	3.15	3.05	2.95	2.84	2.73	2.61
22	9.73	6.81	5.65	5.02	4.61	4.32	4.11	3.94	3.81	3.70	3.54	3.36	3.18	3.08	2.98	2.88	2.77	2.66	2.55
23	9.63	6.73	5.58	4.95	4.54	4.26	4.05	3.88	3.75	3.64	3.47	3.30	3.12	3.02	2.92	2.82	2.71	2.60	2.48
24	9.55	6.66	5.52	4.89	4.49	4.20	3.99	3.83	3.69	3.59	3.42	3.25	3.06	2.97	2.87	2.77	2.66	2.55	2.43
25	9.48	6.60	5.46	4.84	4.43	4.15	3.94	3.78	3.64	3.54	3.37	3.20	3.01	2.92	2.82	2.72	2.61	2.50	2.38
26	9.41	6.54	5.41	4.79	4.38	4.10	3.89	3.73	3.60	3.49	3.33	3.15	2.97	2.87	2.77	2.67	2.56	2.45	2.33
27	9.34	6.49	5.36	4.74	4.34	4.06	3.85	3.69	3.56	3.45	3.28	3.11	2.93	2.83	2.73	2.63	2.52	2.41	2.29
28	9.28	6.44	5.32	4.70	4.30	4.02	3.81	3.65	3.52	3.41	3.25	3.07	2.89	2.79	2.69	2.59	2.48	2.37	2.25
29	9.23	6.40	5.28	4.66	4.26	3.98	3.77	3.61	3.48	3.38	3.21	3.04	2.86	2.76	2.66	2.56	2.45	2.33	2.21
30	9.18	6.35	5.24	4.62	4.23	3.95	3.74	3.58	3.45	3.34	3.18	3.01	2.82	2.73	2.63	2.52	2.42	2.30	2.18
40	8.83	6.07	4.98	4.37	3.99	3.71	3.51	3.35	3.22	3.12	2.95	2.78	2.60	2.50	2.40	2.30	2.18	2.06	1.93
60	8.49	5.80	4.73	4.14	3.76	3.49	3.29	3.13	3.01	2.90	2.74	2.57	2.39	2.29	2.19	2.08	1.96	1.83	1.69
120	8.18	5.54	4.50	3.92	3.55	3.28	3.09	2.93	2.81	2.71	2.54	2.37	2.19	2.09	1.98	1.87	1.75	1.61	1.43
∞	7.88	5.30	4.28	3.72	3.35	3.09	2.90	2.74	2.62	2.52	2.36	2.19	2.00	1.90	1.79	1.67	1.53	1.36	1.00

n_1